MASTER ARCHIVE
Earth Federation Force
MOBILE SUIT
RGM-79 GM

Earth Federation Force RGM-79

RGM-79研發史 006 History of RGM-79 development
RGM-79構造解說 024 Structure of RGM-79
吉姆突擊型 048 RGM-79 VARIATIONS RGM-79G/GS GM COMMAND
初期型吉姆／吉姆改 056 RGM-79 VARIATIONS RGM-79C/[E] GM C-TYPE
MS的機體控制與操縱系統 062 Oparating system of Mobilesuit
陸戰型吉姆 070 RGM-79 VARIATIONS RGM-79[G] GM GROUND TYPE
吉姆Ⅱ＆吉姆Ⅲ 076 RGM-79 VARIATIONS RGM-79R GM II, RGM-86G/R GM III
吉姆系武裝一覽 088 Armaments of RGM-79
吉姆狙擊型 100 RGM-79 VARIATIONS RGM-79SC GM SNIPER CUSTOM, RGM-79SP GM SNIPER II
聯邦軍的MS運用構想 110 Mobile suit Oparation Planning
吉姆加農 116 RGM-79 VARIATIONS RGC-80 GM CANNON
吉姆配色版本 120 GM SERIES COLOR VARIATION

■Text
大脇千尋 (048-053, 056-060, 070-085, 100-109, 116-127)
岡島正晃 (006-023)
大里 元 (024-033, 037-043)
上石神威 (088-099)
橋村 空 (034-036, 046-047, 062-069, 110-115)

1：進行換裝與補給作業訓練中的吉姆。許多架吉姆是隨著濱松計畫增量生產的船艦，一同從賈布羅發射太空。為了令地球駕駛員盡快掌握如何在太空操作，因此在前往所羅門的途中也頻繁於軌道上展開訓練。

Earth Federation Force
MOBILE SUIT
RGM-79 GM

401
404
402

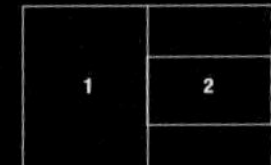

1：這種紅白塗裝是RGM-79吉姆最標準的配色。紅色部位乃是因散熱而產生高溫的裝甲集中設置處，可說是一種視覺警告。在地面環境中，憑藉胸部排氣組件就能充分散熱，因此裝甲面的散熱管道可經由切換模式做出物理性關閉。另外，考量到不影響駕駛員登降，機體正面的腹部下側並未設置散熱管道。
整面護盾之所以採用醒目的紅色，亦有說法指出紅色可發揮誤導敵方MS偵察感測器的效果，使敵機在瞄準目標時，會優先瞄準護盾而非機身主體。
2：這是從母艦上出擊，啟動推進背包的主推進器，透過噴射二次加速的RGM-79A。雖然傳統型火箭推進器難以微調輸出功率，不過在攜帶護盾等裝備的情況下，包含左右輸出功率差異的控制在內，MS的推進系統其實已獲得大幅改善。

History of RGM-79 development

RGM-79研發史

一年戰爭與MS的登場

一年戰爭於U.C.0079年時爆發，這是人類史上第一場太空艦隊戰，這場全面戰爭亦以造成人類史上最恐怖的災難聞名。在開戰初期便動用核武，還對某些太空殖民地全面性展開毒氣攻擊，甚至以居民全數死亡的殖民地作為質量炸彈，執行令澳洲大陸雪梨灣整個從地圖上消失的「不列顛作戰」──即使處於戰時狀況，然而開戰才短短數月，吉翁軍便做出只能以惡魔行徑來形容的作戰行動。這場戰爭，可說是人類親手造成令自身種族死亡超過半數的慘劇。

為何人類會做出這種令人悲痛不已的暴行呢？這個答案只能從社會和心理層面尋求解釋，姑且交由歷史哲學相關人士探討。不過若是純粹從戰史面來分析，這可說是令軍事教範產生劇烈轉變的契機。說到底，在這場戰爭中對地球聯邦政府宣戰的SIDE 3，亦即吉翁公國，在國力上其實只有聯邦陣營的三十分之一。根據傳統的軍事常識來判斷，照理來說一掀起戰端後，聯邦軍應該早在造成此等慘劇之前就能阻止吉翁軍才是。

然而，吉翁公國軍早已備妥足以顛覆壓倒性差距的祕密策略，那正是米諾夫斯基粒子和機動戰士（MS）。

在這兩者誕生之前，太空戰鬥就等同於「運用太空艦隊進行砲戰」。由大口徑MEGA粒子砲和精密導向兵器平台的太空船艦編組成艦隊，運用雷達偵察鎖定敵方位置，從超長程動用壓倒性火力令敵方化為灰燼。這正是實質上唯一的「戰鬥」行為，況且在船艦方面，聯邦軍的持有數量是單一殖民地國家之類組織遠不可及，這亦是地球聯邦軍顧盼自雄之處。

但是吉翁公國所使用的米諾夫斯基粒子，卻足以化解這等「大艦巨砲主義」。U.C.0040年代時，米諾夫斯基博士在當時名為穆佐的SIDE 3發現這種嶄新的基本粒子。這種粒子在散布至一定的密度時會形成立體方格構造，具有能夠使電磁波衰減的效果，從微波到超長波均無例外。換句話說，一旦將這種粒子散布在戰鬥空域裡，雷達就會完全派不上用場，甚至還有可能令電腦的精密電路發生錯誤。

即使所處環境散布這種粒子也照樣能驍勇善戰的，正是吉翁公國軍所研發的新兵器「MS」。雖然這是一種有人類十倍大的「人型機動兵器」，卻能發揮出與龐大身軀完全不相襯的高度敏捷性，逼近聯邦軍艦隊發動攻擊。只要揮舞「手腳」進行AMBAC機動，即可流暢地轉換方向，得以閃避聯邦船艦動作相對遲鈍的砲火射擊，進而深入敵艦以火器迎頭痛擊。這等光景簡直就像是虻靈活飛行貼近目標，然後利用致命毒針接連奪走笨重巨象群的性命一樣。在這等嶄新戰術之下，就算聯邦軍向來以精良的強大兵力為傲，照樣在開戰後沒多久的「一週戰爭」和「魯姆戰役」接連遭到毀滅性打擊。另外，吉翁公國旗下的MS還擁有具備高度通用性的「雙手」，可藉此操作武器發射核彈、設置毒氣槽攻擊殖民地，發揮各種作戰用途。吉翁公國軍也因此接連執行諸多行徑如同惡魔的作戰舉措。

換句話說，一年戰爭之所以會造成前所未有的災難，或者該說造就情勢往這個方向發展的關鍵要素之一，正在於名為MS的這項新兵器。

如同前述，在甫開戰之際擁有這種新兵器的，其實唯有吉翁公國軍一方。聯邦軍可說是接連敗北，在開戰一個月後，也就是U.C.0079年2月，吉翁公國軍就已進攻到地球本土。然而後勤難以建立完整的補給線，使得吉翁公國軍的進擊也從這個時間點開始陷入停滯。話雖如此，地球也已有八成區域落入其勢力掌控下。

不過正如歷史所述，在U.C.0080年元旦時，這場戰爭以聯邦軍獲勝的形式落幕。在無從招架的情況下，敗北也才過八個月，聯邦軍究竟是如何顛覆當初的劣勢呢？

用不著多說大家也都曉得，首要功臣乃是聯邦軍旗下的MS。隨著RGM-79，以「吉姆」這個名稱廣為眾人所知的主力MS登場，聯邦軍開始陸續擊敗吉翁公國軍，最後總算為這場史上最慘烈的戰爭劃下句點。

本書將以冠有「一年戰爭頂尖名機」稱號的吉姆系列為主題，詳述其研發經緯與相關資訊。

1：在溫哥華基地完成地面運作試驗，準備運至賈布羅太空港的最初期機型RGM-79A吉姆。由於賈布羅沒有地面設施，得利用米迪亞運輸機經海面航線運往該地。花了兩個星期進行各種重力環境下的運用測試後，除了局部發射至太空送往軌道，亦陸續分派給各部隊，準備執行反攻作戰後的掃蕩行動。

Earth Federation
RGM-79
History of
M-79 develop

聯邦軍研發MS的起源

時至今日，一年戰爭這場惡夢仍在許多人的記憶中留下深刻的傷痕。因此對於如同該場戰爭象徵的MS，許多人都主觀認定「那是吉翁公國軍發明的惡魔兵器」；至於在戰爭後期才大舉湧現的聯邦軍製MS，則抱有「吃足苦頭後，聯邦軍才模仿吉翁軍研發出的兵器」這類看法。雖然前述說法大致來說正確，不過時間點方面仍需要仔細推敲一番。吉翁軍的MS確實打破既有常識，可說是劃時代的新兵器，不過要說聯邦陣營在開戰前對於MS研發毫無著墨，甚至對其存在一無所知，這種說法就未免太荒誕無稽。根據紀錄，最早的聯邦軍製MS實戰，亦即MS之間的對戰紀錄其實早在U.C.0079年9月18日，也就是RX-78-2鋼彈與MS-06F薩克Ⅱ在SIDE 7爆發的那場戰鬥。即使聯邦的國力確實勝出吉翁許多，在開戰後才從無到有展開研發，不管怎麼算都不可能在該時間點造就這等成果。

事實上，聯邦軍針對MS展開基礎研究的時間點理應提早許多才是。就現有資料來看，最直接的契機應該就是T・Y・米諾夫斯基博士於U.C.0072年流亡至聯邦一事，這個說法也是現今的主流。米諾夫斯基博士在U.C.0069年時，在自命為吉翁公國的SIDE 3草創米諾夫斯基物理學。他當然曉得自己構思的理論被運用到兵器上，因此在他流亡到聯邦尋求庇護後，至少在這個時間點應該有局部聯邦軍高層能理解並預測日後MS可能造成的威脅。況且到U.C.0075年，聯邦軍也已經掌握MS-05，也就是「薩克Ⅰ」的相關情資。甚至有說法指出，聯邦軍在此時擄獲因意外事故而漂流在太空中的機體※。

明明就獲得這些情資，可是聯邦軍兵器研發局的應對速度卻極為遲鈍。就結果來看，直到U.C.0075年的年度會計，聯邦議會才核可對MS這種新型兵器進行基礎研究的預算。雖然協請具相關技術的133間企業協力並提供研發資金，不過充其量只是打算向假想敵的吉翁公國展現科技實力，談不上體認到採用同類型兵器的必要性。當時批准預算的名目是「研發地面&殖民地內戰鬥用新兵器」，從這點就能看出聯邦軍的想法。

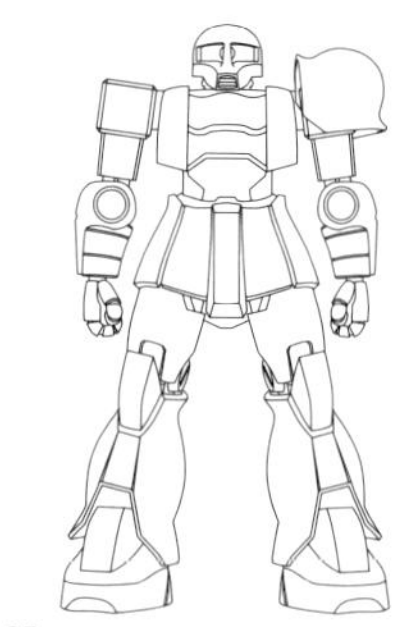
■MS-05

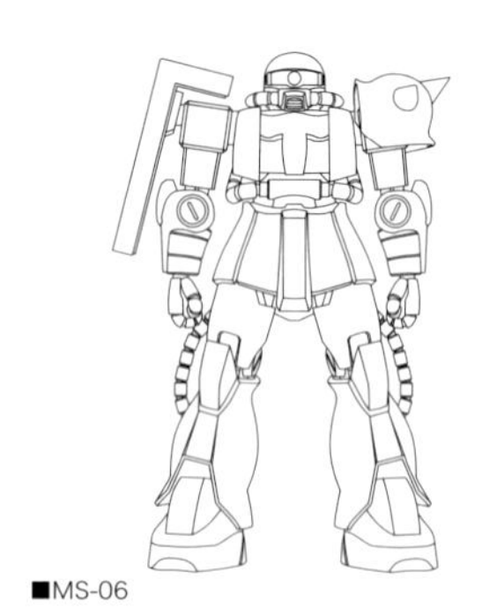
■MS-06

日益高漲的MS威脅論，以及次世代試作機所需規格

結果直到聯邦軍艦隊付出慘痛代價，對MS抱持輕視態度的聯邦軍高層才整個改觀，不過就第一線層級而言，其實早在革命事件後，就足以令其廣泛認知MS具備何等威脅。U.C.0077年7月，於SIDE 6（利亞）爆發的革命中，公國軍派出MS-05介入，更在兩小時內就瓦解革命勢力。雖然當時並未散布米諾夫斯基粒子，但在這次的事件中至少充分證明一點──那就是傳統陸戰兵器根本無從和MS相抗衡。目睹該事件後，在聯邦軍體系裡屬於非主流派的殖民地防衛軍和地面軍無比震撼，他們也迅速改觀，正視持有己方陣營製MS的必要性。

然而對聯邦軍來說最為不幸的，乃在於軍隊上下完全取得共識一事實質上並不可行，因為整個組織實在過於龐大。理所當然地，MS的威脅並未凝聚共識，許多幕僚也都抱持懷疑態度，甚至擱置不理。畢竟就艦隊戰力來說，作為假想敵的吉翁公國軍等勢力對聯邦軍根本不足以構成威脅，主流派的艦隊派系幕僚對於米諾夫斯基粒子、「荒唐的機器人兵器」等新事物，多半也只是認為「對方大概另有企圖吧」，會有這類想法也並不令人意外。再加上此等龐大官僚體系本來就是傾向以「維持現狀」為優先，這可說是自然不過的結果。

聯邦軍陸軍省對現況感到焦慮，於是率先提案獨自研發足以對抗MS的陸戰兵器。不過當時聯邦陸軍對於MS這種兵器的理解和技術層面都毫無根基可言，因此在U.C.0078年3月完成的，正是與MS似同而非的大型MBT（主力戰車）「RTX-44」。用不著多說，藉由加大戰車這類傳統兵器的尺寸以求與MS相抗衡，這種想法原本就不太可行，完成的機體在各種模擬實驗中也都徹底敗在MS-05手下。結果就是被揶揄為「巨大鐵塊」。

陸軍省眼見事態嚴重（或許該說是為了挽回被軍方高層內部輕視的顏面），遂向同樣抱有危機感的宇宙軍、部分殖民地防衛軍一起向聯邦議會展開政治遊說，結果成功讓議會在U.C.0078年3月核可研發MS和試作新兵器的預算。該計畫被稱為「RX計畫」，原本被視為無稽的MS研發計畫總算獲得轉機，開始往具體實現的方向發展。

在RX計畫這個階段，由於設計研發也是遍及全軍種的龐大規模，因此對各軍方研究機關和民間企業來說，明顯是個「能明確保證研發預算」的計畫。不過對於名義上負責統籌整個計畫的聯邦軍兵器開發局而言，當然不希望重蹈RTX-44的覆轍，於是一開始就擬定以下的性能要求。

1：針對假想敵吉翁公國軍的MS-05，必須擁有足以一舉擊毀的火力。
2：同樣地，裝甲防禦力必須足以承受被MS-05主力火器ZMP-47D 105毫米機關槍直接命中的攻擊。
3：能夠配備足以對應近、中、遠程等各種戰鬥形式的兵裝，呈現多種裝備形態。

1：投入月面領土擴張戰的MS-06薩克Ⅱ部隊。從行動時期和部署的部隊推測，應為初期型的C型才是。此機型不僅可在無重力環境從事反艦戰，即便身處月面和大氣層內等重力環境下，亦充分展現公國軍主力兵器的存在感。

※擄獲MS-05的漂流實機
就戰後公布的資料來看，公國軍進行小行星移動作業時發生事故，導致MS-05薩克Ⅰ漂流在太空中，令聯邦軍對於人型兵器的研究推進一大步。當時是由先進軍事技術研究所負責調查這架機體並提出報告，不過該單位不認為只具備近程偵察裝置的人型機體就足以作為兵器，推論這或許只是軍事作戰中隨行的工程機具。不過既然有著鎮壓殖民地暴動之類的特定用途，仍有可能作為兵器使用，這也是後來基礎研究的核可依據所在。

※從目視極限距離外鎖定目標
在散布米諾夫斯基粒子列為標準戰鬥守則的一年戰爭之前，戰鬥單位除了倚賴自身的偵察&索敵偵測裝置之外，亦會與偵察機或著重長程偵察的偵察機連結，藉此對超長程外目標發動攻擊，這在當時是理所當然之事。亦有說法指出，設計為長程支援用的RX計畫機體之一「RX-75鋼坦克」就能像這樣與衛星網連線，進而執行精密的長程砲擊。不過一年戰爭甫開戰不久，就發生以殖民地墜落攻擊為首的戰鬥行為，不僅衛星軌道因此散布大量太空垃圾，衛星資訊網也遭到毀滅性的打擊。在奠定散布米諾夫斯基粒子的戰術之後，這類高精確度的砲擊支援系統更是完全無從發揮機能。

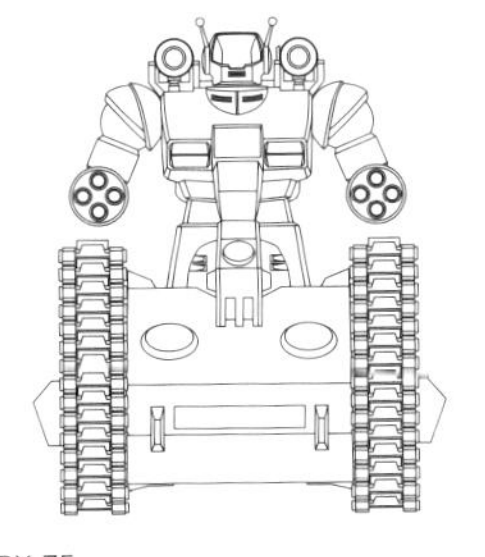

■RX-75

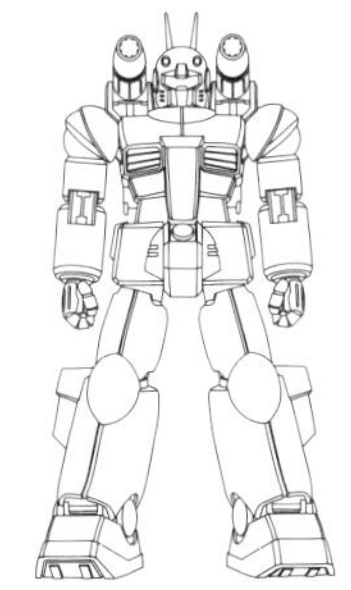

■RX-77

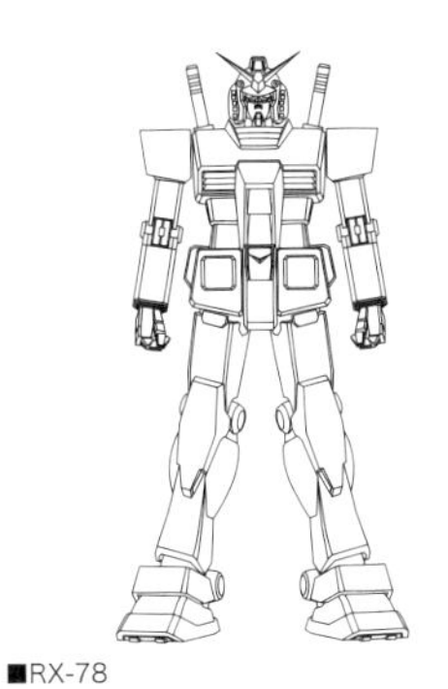

■RX-78

無須多言，「1」和「2」對研發團隊來說自是極為荒唐的要求。話雖如此，對於不久後即將發生的「最糟糕發展」，亦即與吉翁公國軍的MS爆發全面衝突一事，前述兩點會是不可或缺的要素，這也是無從否認的事實。雖然眾技術人員為此抱頭苦思不已，不過時勢發展竟也成為他們的助力。自從介入SIDE 6的革命後，薩比家毫不掩飾的軍國主義引發反彈，吉翁公國的技術人員有不少流亡到聯邦陣營。在他們的協助下，總算令研發陣容得以深入理解MS的相關技術，以官民一體的形式著手克服這個難題。

不過另一方面，欠缺運作數據仍是一大難關，就連MS的運用方式也仍處於黑暗中摸索的階段。說得更具體一點就是「3」這個要求。當時※是靠著超長程雷達和偵察衛星網在遠超過目視極限距離外就鎖定敵人，至少對聯邦軍太空艦隊來說，戰鬥時的「距離」，其實就等同於長程導向兵器的物理性射程，只有舊時代才會用近、中、遠程來區分距離，這樣根本就毫無意義可言。儘管如此，之所以將RX-MS根據戰鬥距離區分不同機種，其實是該計畫內部軍方高層獲得來自吉翁系技術陣營提供的情報後，推論出在散布米諾夫斯基粒子的環境下，很可能會一舉回到目視距離戰鬥的時代所致。但反過來說，從這點也能窺見，在此階段其實尚未掌握目視距離戰鬥中該如何有效運用MS。就結果來看，RX計畫是在「總之先試著製造幾架吧」的情況下，規劃守備範圍相異的數種MS。

不僅如此，這類傾向也出現在尚未規劃出MS單機單位所需的機能上。由於這個階段的實戰資料嚴重不足，研發局無從規劃該如何有效率地發揮機能，因此只好採取先大致設想理應具備的機能，再經由試作機進行整體評估的方針。就結果來說，RX計畫著重於技術的先進性更勝於成熟度，在無視其他需求的前提下追求最高性能，儼然具備旗機的特質。參與的企業和研究機關於是接連提出新方案，也幾乎都獲得核可並編列預算。

不久後，兵器研發局規劃出地面用長程支援機「RX-75」(代號：鋼坦克)、太空用長程支援機「RX-76」(代號：球艇)、中程支援機「RX-77」(代號：鋼加農)，以及近程戰鬥用機「RX-78」(代號：鋼彈)這幾種RX編號的試作MS。聯邦製MS總算要步上正式研發的階段。

不過即使有吉翁系技術人士等成員相助，在從零開始的情況下，想要一舉做出與MS-05同等的巨大人型兵器，這個門檻依舊太高了。事實上，剛才提到的RX-75與RX-76也並非全新設計機種。前者是以陸軍省的「失敗作」RTX-44為基礎，增設頭部和身體，至於後者則是以工程用太空艇SP-W03為平台，增設火砲和機械臂設計，可說是用來試驗MS基礎技術的實驗機。這兩個機種後來也以生產機型的面貌投入實戰，被吉翁軍官兵揶揄為「冒牌戰車」和「氣球」也是理所當然。受此影響，即使時至今日，這兩個機種在技術研發和戰績雙方面留下的偉大成果也仍舊罕為人知。

戰績方面，姑且另尋機會再行說明。在研發階段就有顯著成果的，正是順序與研發編號相反，在時程上其實比較晚的RX-75。76型的動力系為燃料電池，驅動系採用超電導馬達這類「過時技術」，畢竟打從一開始的定位就是「太空用移動砲台」。相對地，75型則是相當於77型、78型的技術測試案例，因此大量投入比MS-05層次高上許多的新技術。

RX-75奠定的基礎技術

FF-X7核心戰機正如其名，乃是75型、77型、78型各機種的「核心」。雖然後來生產計畫改變方向，以致RGM-79並未搭載這種戰鬥機，但生產過剩的機體也以小型戰鬥機的形式分派給各方部隊，投入奪回摩斯比港行動等實戰。

在由RX-75奠定的MS基礎技術中，最為重要的項目共有三項。第一項是堪稱MS心臟部位的動力系統採用米諾夫斯基・尤涅斯科型小型熱核反應爐一事。雖然嚴格來說，下半身履帶區塊是採用燃氣渦輪發動機驅動的，不過上半身無論是在理論或構造上都和MS-05幾乎完全相同。況且聯邦軍還是首度接觸相關研發設計，能在這個階段就達到輪機輸出功率幾乎與MS-05同等的水準，確實值得讚歎呢。當初之所以能縮小熱核反應爐的尺寸，應用米諾夫斯基粒子的爐心屏蔽技術絕對是必要條件，身為該領域頂尖人物的米諾夫斯基博士、吉翁系技術陣容在造就該成果方面提供不少助力，這點肯定是無庸置疑的事實。該發動機是由太金發動機公司負責研發，並且由海威爾重工業製造生產，日後的聯邦軍MS也都一樣。

第二項是臂部驅動系所採用的力場馬達。

以MS-05為首，吉翁公國軍MS的驅動系統幾乎都是採用流體脈衝系統。該系統相當程度地解決MS這類巨大機動兵器的一大問題，那就是驅動部位的重量，可說是劃時代的系統。

若是依循傳統的機械工程概念進行設計，那麼以從肩部到指尖設有諸多關節，這些部位還都得做到能細膩地控制施力方向和強弱的人型兵器來說，肯定得設置無數的關節促動器才行。不過促動器的數量一多，整體必然會變得更重，這等重量又得靠著加大促動器的尺寸才能克服，可說是陷入惡性循環中。這對MS的驅動系統來說是一大弊病。為了解決前述問題，吉翁公國軍MS從初期就沒有為各關節都設置促動器，而是採用由主促動器將力量傳導至各關節處的設計。具體來說，就是先將發動機產生的能量經由脈衝轉換器轉換為脈衝狀壓力，再藉由單一直徑比頭髮更細的流體管線集合體進行傳導。這些管線本身會配合壓力而伸縮，可藉此帶動各關節的驅動用油壓管。這種系統的輸出功率比電動馬達更高，還能利用脈衝轉換器進行細膩控制，使機體不僅能靈活動作，更能在各關節處發揮如同懸吊系統的機能。要是沒了這個系統，MS肯定無法在太空中做出AMBAC機動呢。

話雖如此，流體脈衝系統也仍有缺點存在。暫且不論關節部位，脈衝轉換器和管線一帶的重量也很難處理，以日後像MS-06（通稱「薩克Ⅱ」）這類還就於內部空間不足和散熱等問題，於是將管線改為設置在外部的機體來說，這類管線會成為弱點所在。不僅如此，當某處關節發生運作不順的狀況時，由於流體管線就像「血管」一樣遍布整架機體，因此會不易判斷狀況發生在何處，有著難以整備的問題。相對地，三＆聖星・莫提夫公司（現為三索尼・西姆公司）則是研發足以完全解決這些問題的全新設計驅動系統。那正是SS-SIM109和112S型力場馬達。

該系統的各關節均分別搭載促動器。換句話說，純粹就構造面來看，其實並不如流體脈衝系統那麼先進。此系統的先進之處其實在於促動器本身。簡單來說，傳統電力馬達是仰賴磁場與電流的相互作用，如今則是改為依靠米諾夫斯基粒子和I力場的相互作用，要據此稱為大型的碟型線性馬達也行。這是利用發動機產生的龐大電力，藉此在時間與空間雙方面都能以毫微等級控制I力場，並且利用I力場與米諾夫斯基粒子之間產生的反作用力形成「滑動力」進行驅動。不過驅動部位本身相當小巧輕盈，可說是電動馬達無從比擬的；再加上不必設置脈衝轉換器和流體管線，得以大幅減輕機體的重量。在扭力與速度上同樣是電動馬達和流體脈衝系統所遠遠不及的。不僅如此，因為不是靠著機械動力進行驅動，所以就算不幸受創，輸出功率也不會立刻變成零。當然更不會像通稱「動力管」的流體脈衝管線那麼脆弱，萬一受損也只要純粹更換該處的組件就好，可說是令人讚歎的嶄新概念呢。

但相對地，該系統所需的控制技術水準也高出流體脈衝系統許多。照理來說，較晚接觸到米諾夫斯基物理學的聯邦軍應該做不到此等水準才對，不過三＆聖星・莫提夫公司倒是公開宣告在這方面獲得米諾夫斯基博士協助。附帶一提，讓力場馬達能順利運作的驅動裝置本身是由以B・O・K・D・A技術研究所、立川電磁工業為首的數間企業負責。

最後一項是使用在構造／裝甲素材上的月神鈦合金。這是在U.C.0064年時研發的合金，是由鈦、鋁、稀土金屬等材質所構成，名稱典故源自這是一種「在月球精鍊出的鈦系合金」。簡單來說，由於是在低重力環境下精鍊出來，因此獲得超越既有鈦系合金的輕盈性、耐熱性、抗輻射性、耐衝擊性，可說是屬於宇宙時代的嶄新合金。就強度來說，其實早在研發初期階段的LT-72批次，這種合金就足以令ZMP-50D120毫米機關槍的威力衰減55%，吉翁公國軍MS所採用的超硬鋼合金根本就望塵莫及。不僅如此，相對於吉翁公國軍MS本身是遷就於剛性才採用單殼式構造的機體，這種合金能搭配高強度塑膠採用半單殼式構造，對於提高整備性有著極大貢獻呢。不過既得動用到大量的高價稀土金屬，再加上精鍊的成果其實並不穩定，使得月神鈦合金的成品率只能用糟透來形容。雖然在量產性方面的確也多少有些問題，不過從採用這種合金也可看出V作戰具有「無視於成本打造出旗機」的特質。這些構造／裝甲素材的研發則是有著普連金屬公司、板塊構造論公司，以及八洲重工業系統旗下的八洲輕金屬公司參與其中。

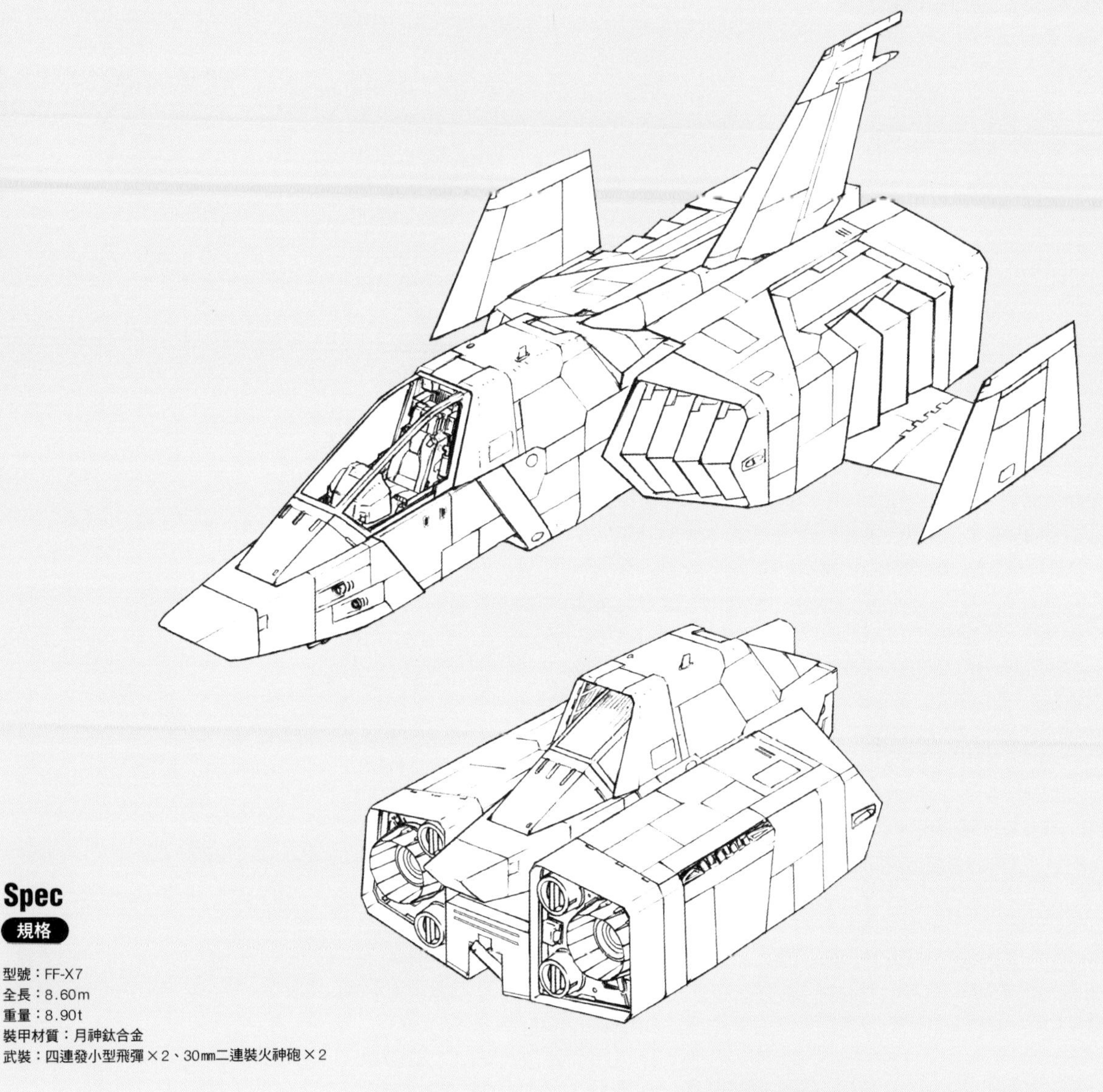

Spec

規格

型號：FF-X7
全長：8.60m
重量：8.90t
裝甲材質：月神鈦合金
武裝：四連發小型飛彈×2、30㎜二連裝火神砲×2

FF-X7 CORE FIGHTER

Earth Federation Force FF-X7

核心區塊與教育型電腦

雖然因為具備前述幾項先進的基礎技術，使得RX系列滿足身為MS的基本條件，不過尚有另一個非常關鍵的要素，那就是駕駛艙一帶的規格。

要優先說明的，當然就屬核心區塊系統囉。這不僅是RX系統一致採用的駕駛艙模組規格，駕駛艙模組本身還具備能夠變形為超小型戰鬥機「核心戰機」的變形機構，可說是相當新穎的設計。其主要目的當然是在RX-MS發生萬一之際能回收測試資料，這樣在後續的生產型上才能提高駕駛員生還率。因此核心戰機相當著重於速度和機動性，也就是把能夠從戰場上迅速撤離逃生視為最優先而研發的。設計和研發是由在飛機領域有著實際成績的赫維克公司擔綱，原型機亦是該公司研發中的大氣層內戰鬥機FF-6「鱈罐式」。不過相較於日後實戰配備的鱈罐式，被賦予FF-X7這組機型編號的完成機在靈敏性方面比該機種更為出色。姑且不論武裝貧乏和續航距離之類的問題，核心戰機其實已是十足的航空兵器。

話雖如此，其實比戰鬥能力更為重要的，不對，或許該說是對RX計畫整體來說最為重要的，其實在於核心戰機所搭載的學習型電腦。其真貌乃是能經由測試和實戰「學習」最佳的戰鬥機動模式，並且據此自行經由邏輯命令「重新建構」OS的系統。學習型程式確實打從以前就存在，也廣泛地搭載在民用電腦和家電上，不過以軍用MS，尤其是這種在運用方面充滿未知數的兵器來說，可供參考的學習案例在數量上實在過於龐大，既有的電腦根本無從達成需求。照理來說，為了避免兵器中樞控制部位受到程式錯誤或「錯誤教育」的影響而造成致命性缺陷，應該會採用「過時技術」才對，不過有別於日後的RGM-79，RX系列MS搭載這種相當靈活的專用電腦。

是否該採用這種電腦當然也產生積極派和慎重派之爭，不過從結果來看，就算說RX計畫正是因為採用該系統，才得以彌補駕駛員不夠熟練的問題，並且按照原訂計畫成功地回收運用艦和MS的樣本資料，其實一點也不為過呢。就這層意義來看，在RX系列諸多深具遠見的設計中，這部分可說是最為出色的呢。

RX-78的誕生

前述各項先進基礎技術可說是歷經RX-75型的研發過程，也就是以RTX-44為測試平台進行多方實驗後，據此進一步調整改良所得的成果。但另一方面，兵器研發局也很快地便認定這些技術的實用性。此事明顯地是受到當時研發局所使用的設計／製作系統，通稱「CAD＝CAM」的影響。有別於吉翁公國軍將電腦純粹作為設計輔助的可變生產系統「FMS」，CAD＝CAM能完全由電腦控制進行全自動設計，而且除了環境和損傷之類難以具體換算成數值的影響以外，該系統還能為完成的機體在機械面上會如何「運作」進行高精確度模擬測試。75型的基礎技術在該模擬測試中展現高度潛力，對結果感到滿意的研發局等不及該型機體實際製造完成，隨即著手進行後續機體77型、78型的設計。

這兩者和75型一樣都備有月神鈦合金製裝甲、力場馬達式驅動系統，卻也更進一步將熱核融合爐的輸出功率提升至1.5倍以上，史完整配備MS的優勢之一，也就是能靈活運用各種攜帶式兵器的機械手，以及雙足步行式的腿部。有別於從戰車延伸而來的75型，這兩者才是實質上的首種「聯邦軍製MS」。

反過來說，這兩者之間的差異，其實源自於前述的交戰距離分擔狀況。比起純砲戰規格的長程支援機75型，中程支援機77型和肉搏戰規格機78型在規劃中其實更加著重合作行動上。因此77型雖然在肩部設有兩門240毫米加農砲，近程兵裝卻只有頭部的兩門60毫米火神砲而已，幾乎沒有配備任何格鬥兵裝※。另外，考量到配備大火力的實體彈加農砲，為了將裝甲也強化到足以承受極近距離爆風的程度，於是採用經過進一步改良的LT-77批次月神鈦合金來製作裝甲，這樣一來在防禦力方面據計算可達到MS-05的五至六倍。

不過就結果來看，RX系列根據交戰距離所規劃的MS運用方式只是「紙上談兵」。因為在RX編號中屬於肉搏戰規格機的78型在性能上極為出色，甚至優越到足以令任務分擔顯得毫無意義的程度。

這架機體是以提姆・雷技術上尉為中心人物進行研發的，至今仍被譽為「一年戰爭極致名機」而廣為眾人所知。至少就RX系列這個範圍來說，該稱號的確是名副其實。即使是在擁有過剩性能的RX系列中，這架最後才研發的機體也足以視為「超乎既有範疇」。

首先要從動力系統開始談起，除了備有核心戰機裡的兩具主發動機之外，推進背包同樣設置兩具，腰部亦有一具，雙腿合計設有兩具，也就是共有七具發動機。因此在動力量值方面可達到MS-05的近五倍之多。

就防禦面來說，雖然裝甲厚度不如75型和77型，卻也足以承受ZMP-50D120毫米機關槍的零距離射擊。不僅如此，極度追求近接戰所需機動性的成果，就是具備55,500公斤這等驚人的推進器推力，實現截然不同層次的敏捷性。雖然這等推力略低於60噸的預設全備重量，不過若是搭配經由彎曲腿部做出的跳躍動作，在1G環境下也足以在短時間、短距離內辦到近乎飛行的機動。

另外，在攻擊面上的首要關鍵，就屬配備作為主兵裝的普拉修XBR-M-79型光束步槍一事。這可說是縮小尺寸到可供MS攜行使用的MEGA粒子砲。

利用I力場壓縮帶有正負電荷的米諾夫斯基粒子後，經由簡併、融合會變化為稱作「MEGA粒子」的狀態，此時缺損的質量會轉變為動能。累積這類能量並發射出去的光束砲即為MEGA粒子砲。由於使用I力場引發簡併的過程需要消耗大量電力，因此以往只有船艦才能使用這類武器。不過隨著聯邦軍採取官民一體形式進行MS研發的基礎研究，得以運用重電機體系下某間家電廠商持有的小型發動機技術作為基礎，完成可讓米諾夫斯基粒子維持瀕臨簡併狀態的「能量CAP系統」。只要將這個狀態米諾夫斯基粒子蓄積在內部，即可藉由最低限度的供電將其化為MEGA粒子並發射出去。話雖如此，這等電力終究不是既有MS用熱核反應爐所能提供的，唯有輸出功率達到78型這種堪稱過剩的境界，才得以使用光束步槍。受惠於此，在威力方面也只能用「超乎尋常」來形容，足以一槍擊毀敵方MS甚至船艦。就連有效射程也達到20公里，可說是名副其實的「戰艦主砲等級」呢。在完成這挺攜行式兵器之後，總算克服研發局要求性能中的最大難關。

另外，相對於光束步槍，亦配備作為格鬥兵裝的光束軍刀。就某方面來說，這種武裝是源自光束步槍基礎技術「能量CAP系統」的副產物。藉由該系統讓米諾夫斯基粒子維持在瀕臨簡併狀態時，這個狀態肯定也具備極高的能量。這樣一來只要改為用形成刀狀的I力場籠罩這股能量，即可作為「刀劍」使用。其威力強大到在一秒內即可砍斷30公分厚的鈦鋼，吉翁公國軍實際運用的熱熔斷兵器「電熱斧」自然是無從比擬。不僅如此，由於不必將瀕臨簡併狀態的米諾夫斯基粒子化為MEGA粒子，因此用不著龐大的電力即可使用，在運用面上顯然也極為靈活。

除此之外，78型還具備用來冷卻高輸出功率發動機的氦控制核、能夠與瞄準器連動以進行精密射擊的臉部雙眼式攝影機、能夠在太空與地面雙方使用的推進／冷卻系統，甚至擁有更為驚人的單獨衝入大氣層能力。這很明顯地已超越MS單機單位執行任務所需的規格，由此也能窺見這架機體有著以打造出「旗機」為目標的特質。

堪稱新概念結晶的RX計畫可說是在78型達到巔峰，這架機體的規格制定作業也在U.C.0079年3月時就已幾乎全部完成。對研發局來說，剩下的就是等待製造出實際機體，並且做進一步的測試。

※RX-77的格鬥兵裝
就戰後公布的非官方資料來看，至少在製造RX-77鋼加農試作初號機的階段，就極可能有為該機體同步試作格鬥專用裝備的圖面存在。到了U.C.0079年後期，原本尚在測試運用階段的RX-77受情勢所迫投入實戰，只是此時間點之後也沒有留下任何該機種運用格鬥兵裝的紀錄。

■以聯邦軍系MS這個大範疇來看，RGM-79和RX-78鋼彈可歸類在同一個系統，不過兩者的設計思想其實有著極大差異。即使如此，基於生產成本考量，以及該階段可採用之機構在現實層面上沒有多少選擇餘地來看，兩者擁有許多共通之處可說是必然的結果。尤其以RGM-79的胸部一帶來說，顯然沿襲採用核心區塊的RX-78系基本架構，這個特徵可說是最具體的例子呢。

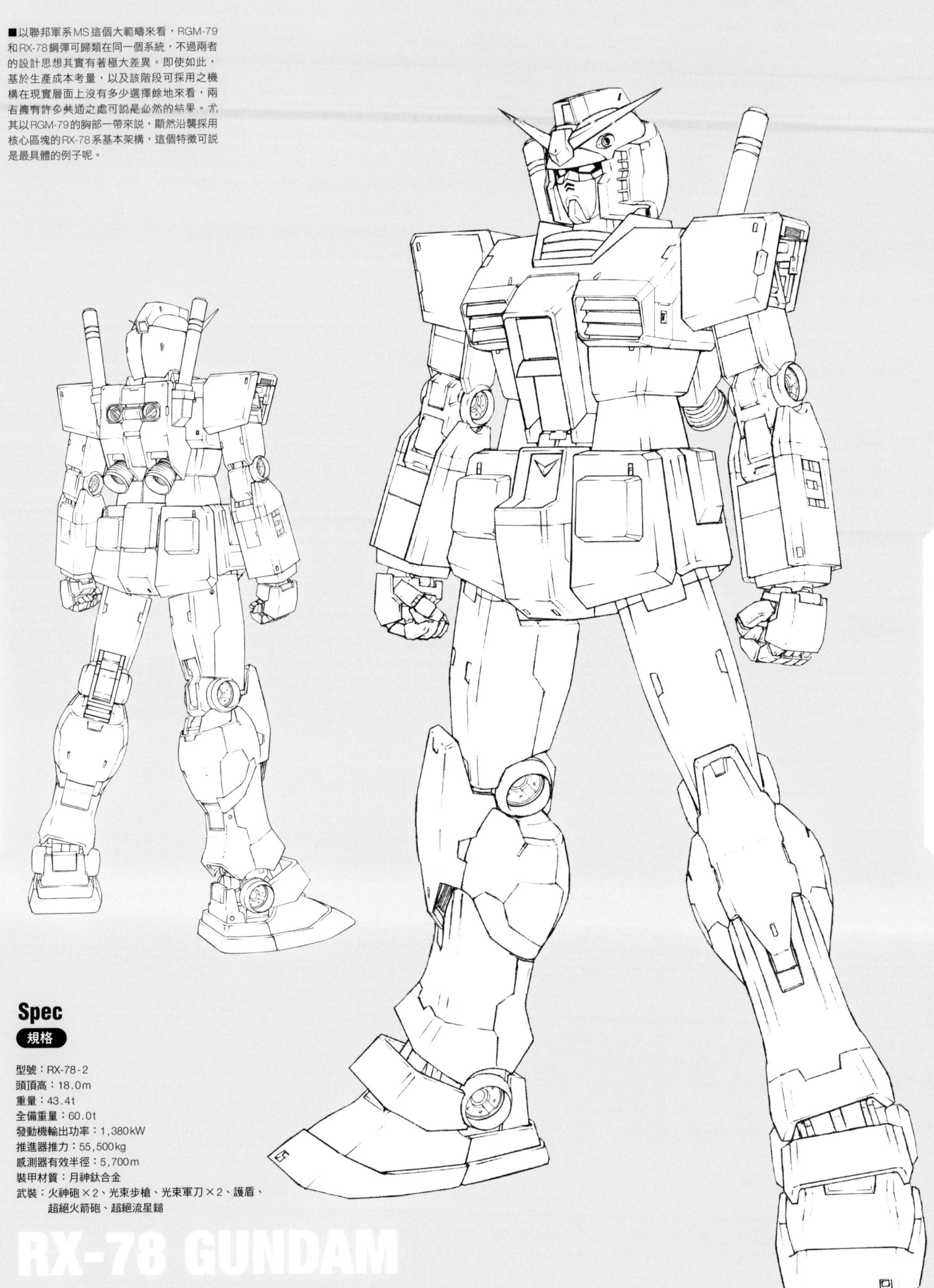

Spec

規格

型號：RX-78-2
頭頂高：18.0m
重量：43.4t
全備重量：60.0t
發動機輸出功率：1,380kW
推進器推力：55,500kg
感測器有效半徑：5,700m
裝甲材質：月神鈦合金
武裝：火神砲×2、光束步槍、光束軍刀×2、護盾、超絕火箭砲、超絕流星鎚

RX-78 GUNDAM

一年戰爭開戰與RX系列完成

正如先前所述，在開戰初期爆發的一週戰爭和魯姆戰役中，雖然聯邦軍太空艦隊向來以精良強大為傲，卻遭到公國軍的MS-05和06型給予毀滅性打擊。當然亦像眾人所知的一樣，遭逢這等歷史性的重大敗北後，以往輕視MS存在的聯邦軍高層如同捅到馬蜂窩般陷入慌亂中。艦隊派系幕僚紛紛有如變了個人似地高呼自製MS的必要性，甚至爭論究竟是誰拖延到兵器研發局的進度。再加上U.C.0079年1月31日時，隨著兩軍簽訂禁止使用NBC兵器的南極條約，高層方面評估戰爭可能會往長期化方向發展，於是應憑藉國力大量生產MS的論調甚囂塵上。同年4月1日時，聯邦議會通過「綜合MS研發整備計畫」。亦一併決議要將在U.C.0077年度會計中批准預算，自U.C.0078年開工建造的SCV-27戰艦（代號：飛馬）盡快改裝為MS運用艦。這一連串的計畫之後統稱為「V作戰」，更列為最高機密AAA等級，並且集中投入預算和各方人才。

RX計畫理所當然地被列為核心，而且在實際機體和機種都尚未定案的情況下，要求儘速進入「技術與製造階段（EMD）」。在此同時，負責統籌該計畫的研發局也以保持機密為名，陸續召集相關技術人員——說得更明白些，是把這些人強行帶到處於戒嚴狀態下的聯邦軍總部賈布羅工廠，目的是為了大幅加快計畫進度。在這之前企業都是以「集思廣益」的形式就RX計畫進行合作，在氣氛上有如三教九流齊聚一堂，這時則是變得充滿緊張感。

其實這種強迫性手段也不是完全沒有效果。在此之前，兵器研發局對於相關各企業都是採取開放自由進行研發研究的態度，這也導致各計畫之間的「橫向溝通聯繫」變得較為薄弱，不過隨著相關技術人士齊聚一堂，所有成員的眼界都變得更為遼闊。接下來的研發作業在速度上亦有顯著提升。

在這等背景下，研發局一面持續執行RX編號的實際機體試作，另一方面也決定同步進行的生產型方案。前者要從比V作戰承案稍早一些的U.C.0079年3月20日說起，當天在賈布羅工廠共有四架RX-75出廠。理所當然地，聯邦軍高層給予「冒牌戰車」極差的評價，雖然遭到猛烈的批評，不過與基礎技術相關的課題均已完全解決，因此讓研發局內部人員獲得相當的自信。事實上（應是如此）到4月中旬時，實物大的直立雙足步行機構試驗機RXM-1（全尺寸測試型機具）就已完成。到了這個階段，以力場馬達為首的各式新技術也均展現高度可靠性。到同年5月上旬，平行研發的78型也完成70%尺寸模型。這是用來試驗全身各部位契合度和均衡性的。

6月中旬，RX-77-1和新設計的77型用光束步槍「XBR-M-79a」（日後改稱為XBR-L-79）也完成了。後者是以研發供78型用的普拉修XBR-M-79為藍本，配合為了支撐裝甲重量而強化驅動系統，導致多餘電力相對較少的77型施加小幅度修改，用總彈數和發射頻率換取延長射程的狙擊型號。雖然綜合性能略遜一籌，不過因為用不著等待78型用的完成即可展開實際機體試驗，所以可說是意義重大。

U.C.0079年7月7日，RX-78-1總算出廠了。由於普拉修XBR-M-79在電力使用量方面比原先估算的增加三成，因此在這個階段也試作對機體負荷較低的光束噴槍。另一方面，在該月中旬翼丸成了可供運用光束步槍的強化型發動機「太金NC-7」。不過受到在製造上得運用到必須於無重力環境進行的高度冶金技術影響，RX-78-1的一至三號機遂運送至發動機製造據點月神二號，以便換裝發動機。這時亦一併對驅動系統、裝甲形狀、推進器施加改良等調整，一至三號機也就此將機型編號更改為RX-78-2。

RX系列經由上述歷程製造完成後，遂交由新建造船艦SCV-70「白色基地」搭載並運往SIDE 7。然而在該地進行運作測試的期間，卻遭到吉翁公國軍特種部隊突襲。RX-78-2與MS-06F也就此展開史上第一場MS對戰，這件事可說是極為有名呢。

次期主力MS的設計思想

那麼，聯邦軍所採用的制式MS就是在RX系列運作試驗下誕生的囉？現今普遍的看法是這樣沒錯，不過正如前述，研發局無法從容地等待相關資料出爐。事實上就正式採用機的基礎設計來說，RX系列「完成後的」測試資料並未造成任何影響。早在U.C.0079年4月，也就是V作戰成案的階段時，注定要生產的主力機就已相當程度地理出明確輪廓。

用不著多說，關鍵性原因就在於RX-78型的超高性能。這架機體擁有足以與戰艦相匹敵的火力，以及如同銅牆鐵壁的防禦力，在模擬測試中也獲得遠高於77型的分數。不只是這樣，搭配同步進行設計／試作的豐富兵裝之後，很可能會令研發局當初規劃的「依戰鬥距離區分MS運用方式」變得毫無意義可言。姑且不論75型擔綱的砲戰範疇，以77型負責的中程支援任務來說，其實只要配備大口徑火箭發射器也就足以充分執行了。既然如此，就算是從生產效率面來看，致力於研發設計單一機種也明顯地更具效益。何況一年戰爭早已開打，在時間上已容不得絲毫猶豫。因此研發局並未按照一般「流程」進行作業，也就是先等待RX系列的運作測試結果出爐，而是決定直接進入RX-78生產型的設計階段，這也是很合理的。這部分的設計作業再晚也該在U.C.0079年2月就展開了，即使早一點亦應於RX-78完成基礎設計時就同步開始進行才對。

理所當然地，其設計概念是著眼於改良78型和提高生產性。不過其中最大的問題，顯然在於普拉修XBR-M-79型光束步槍，以及月神鈦合金製裝甲。由於受到V作戰本身性質的影響，這兩者是在以性能為優先的情況下試驗研發而成，因此在成品率方面只能用差透了來形容，根本不適合進行大量生產。

針對這方面的問題，研發局決定經由變更攜行兵器和裝甲素材的規格來解決。其實早在U.C.0079年4月，也就是V作戰成案的同時，研發局就在向軍方高層提出的「次期主力MS相關規格第一階段提案」中，將月神鈦合金製裝甲更換為鈦系合金製，以及高威力光束步槍更換為輸出功率較低的光束噴槍列為要項。

話雖如此，這並不代表坊間所信的「著重於生產性而犧牲性能」這個說法為真。反而該說這是刪減試作機RX-78所具備的過剩性能，藉此在兵器層面達到更為洗鍊境界的結果。

首先要從作為攜行兵器的光束步槍談起，不過這挺兵器除了成品率之外，其實還有個當初未預料到的缺點。那就是雖然威力強大，卻「難以

■照片中這架RGM-79持拿著俗稱「超絕火箭砲」，為普拉修公司所製的HB-L-03／N-STD 380㎜火箭砲。這挺武裝在設計階段曾將裝填核彈的需求也納入評估，不過隨著南極條約的簽訂，該需求也就無疾而終。這張照片的攝影時期與場所均不明。

擊中目標」。既然這挺武裝可說是超小型MEGA粒子砲，那麼其「砲彈」就是將聚焦率提高到極限的MEGA粒子。這樣對中、長射程來說確實有著威力衰減幅度較小的優點，不過在往加速方向劃出「線狀」的軌跡之餘，亦必須具備足以「百步穿楊」的射擊精確度才行。再加上在經由供電化為MEGA粒子的過程中會有些許時間落差，導致在連射速度方面也有所隱憂，而且在能量CAP的高負荷下，總彈數其實也只有15發。另一方面，在散布米諾夫斯基粒子的環境下進行MS戰時，火器瞄準也得依靠駕駛員的目視進行判斷，因此就實戰狀況來說，勝敗會直接取決於火力的密度和總量。何況有別於吉翁公國軍，聯邦軍駕駛員非得從毫無基礎的階段開始培育起不可，想要在戰鬥機動中掌握使用這挺兵器的訣竅，不管怎麼想都很難辦到。

因此研發局決定研發能用較低聚焦率發射MEGA粒子的新兵器。雖然威力和射程不如光束步槍，卻也改良成會稍微呈現噴發狀擴散的光束，對於剛獲派搭乘MS的士兵來說，這樣應該「更易於命中目標」才是。不僅如此，隨著需要供電的時間變短，開火時也得以連射；再加上相對於能量CAP的負荷，在構造上亦顯得相對寬裕，使得總彈數也增加不少。這種適合實戰的新兵器後來被稱為光束噴槍。

在裝甲方面，雖然防禦力和重量的在性能上確實都變差了；不過就算月神鈦合金LT-77確實足以反彈吉翁公國軍的ZMP-50D和M-1201A1，通稱「薩克機關槍」所發射的120毫米穿甲彈，可是在後續測試中也證明無從承受被MS-06用280毫米火箭發射器，通稱「薩克火箭砲」直接命中的攻擊。何況本身研發的RX-77、78已能攜行光束兵器使用，那麼敵方MS亦極有可能在不久之後採用同類型兵器。這樣一來，具備「足以抵禦任何攻擊的裝甲」之類的想法顯然形同奢望。

既然如此，最能保證機體和駕駛員生還率的方法，也就唯有設法「不被敵方擊中」。就這點來說，月神鈦合金的輕量性當然也頗具優勢，不過只要應用月神鈦合金的冶金方式，那麼鈦系合金亦能對角度較淺的120毫米彈發揮十足防禦力。這樣一來，不僅在剛性方面會比吉翁公國軍MS的超硬鋼合金更為出色，還能保持不遜於RX-78的機動性；再加上以生產性為優先的話，更是能做到「憑藉優勢數量壓制敵軍火力，強調控制戰場主動權能」，可說是最為安全的形式呢。

不僅如此，作為V作戰的一環，決定將為薩拉米斯級、麥哲倫級等既有船艦追加MS搭載能力。這樣一來，用於延長單獨作戰行動能力的氦控制核、衝入大氣層能力、腰部側面輔助電池等裝備也就能省略掉了。雖然頭部的蘇西79型無階段方位天線（由於是電波反射式的，因此在散布米諾夫斯基粒子的環境下無從發揮機能）亦被刪除，但相對地，為了在散布米諾夫斯基粒子的環境下強化預警能力和部隊合作行動機能，於是採用和中程支援機77型相同的護目鏡型雙眼式感測器作為瞄準攝影機。這樣一來，不僅將感測器有效半徑從78型的5,700公尺提升到6,000公尺，構造上也較為簡潔，得以提升生產效率，亦成功為頭部內部多騰出空間，附帶增加60毫米火神砲的總彈數的成果。

另外，尚包含將光束軍刀標準攜行數量從兩柄刪減為一柄等細部規格調整，這些更動也都是出自合理的判斷。以研發局的立場來說，這種生產型並非RX-78的「劣化版」，而是真正合乎現實需求的真正「生產型」機種。

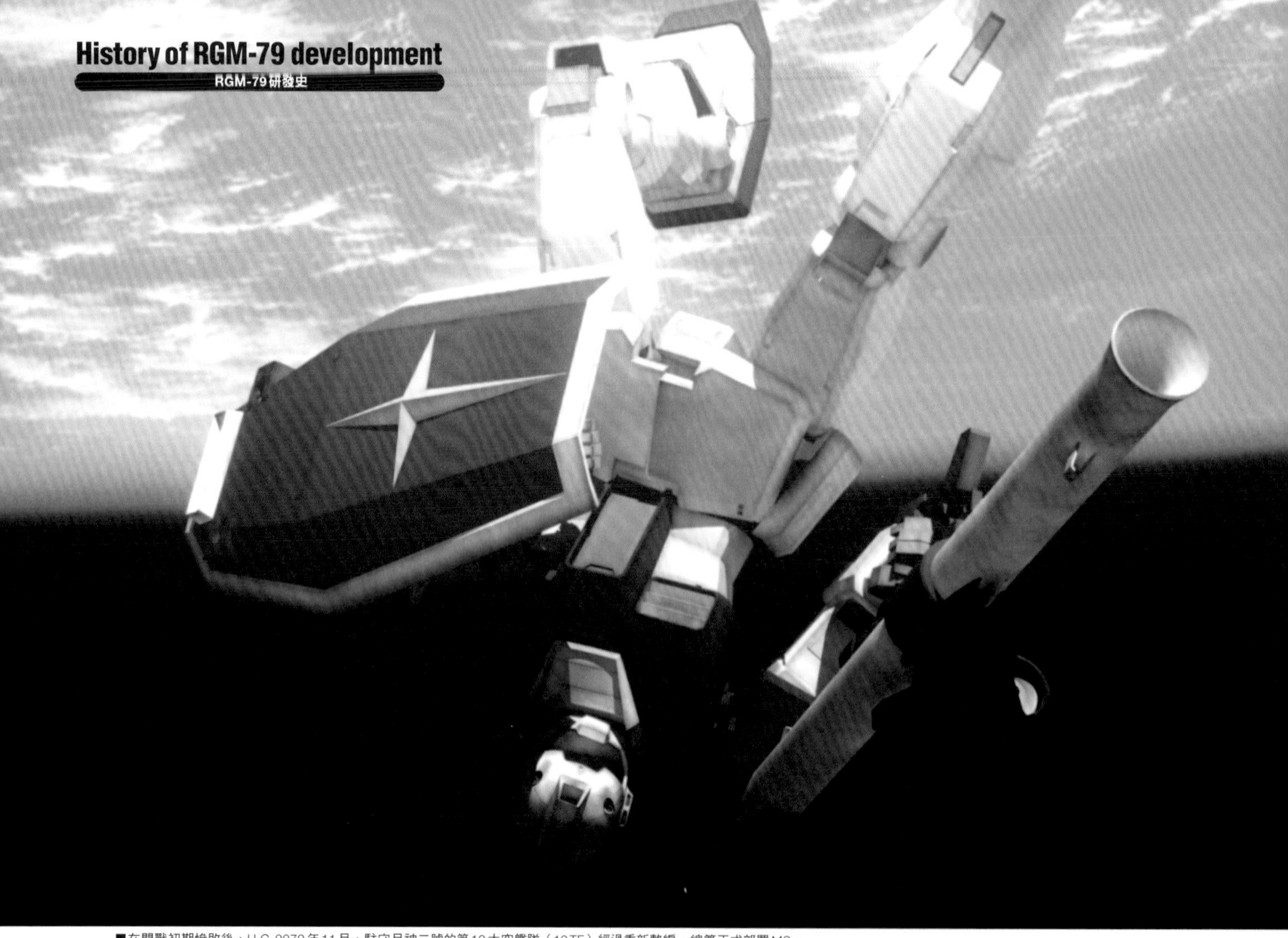

■在開戰初期慘敗後，U.C.0079年11月，駐守月神二號的第10太空艦隊（10TF）經過重新整編，總算正式部署MS。
照片中是隸屬該艦隊麾下第六巡邏分艦隊的機體，為了阻斷SIDE 3母國與地球攻擊軍之間的補給線，負責在軌道上執行巡邏任務。

需求量大增與源自陸軍省的MS研發

就時期來看，雖然RGM-79這種次期主力MS在名義上是RX-78的生產型，不過該機種並未等到RX-78型這架雛形的實際機體運作試驗結果出爐即展開研發，就這方面來說，與其稱為「後繼機」，不如說是在設計階段產生分歧的「姊妹機」來得貼切。在U.C.0079年初展開基礎設計後，其實也與製造78型的實際機體同步並進，據說到同年4月時就已大致完成。

話雖如此，這時發生出乎兵器研發局意料之外的狀況。那就是聯邦軍高層內部決定將MS需求數量大幅度上修，而且要求優先研發陸戰型MS的呼聲甚囂塵上。

有兩大要項促成這個發展。其中之一是受到V作戰立案者雷比爾上將（當時）的影響。這位名將在一年戰爭開戰初期的魯姆戰役中率領聯邦軍艦隊迎戰，卻在慘敗在吉翁公國軍的MS-06手下，甚至遭到對方俘虜。在他於簽訂南極條約前夕奇蹟般地逃出吉翁公國後，相對於急於推卸責任的聯邦軍幕僚，他的發言儼然變得極具分量，揭露「吉翁無兵」這個真相的演說更是廣為人知。簽訂南極條約後之所以往抗戰到底的方向發展，就算稱這是出自他的決定也毫不為過。在成為俘虜的那段期間內，他發現吉翁公國軍正為國力疲弊所苦的事實，敗北經驗也令他比任何人都更深切地體會到MS的威脅性。在這層背景下，他會期盼盡快看到V作戰的具體成果，並且發展到與絕對優勢國力相符的規模，這可說是理所當然的事情。況且就整個大局來說，他的判斷其實也相當正確。

另一點用不著多說大家也都曉得，那就是吉翁公國軍自U.C.0079年2月起攻進地球。吉翁公國軍的MS在太空中驍勇善戰，即使在地面上也令傳統陸戰兵器難以抗衡，聯邦陸軍省幾乎每天都會收到前線戰況嚴峻的哀鳴。唯有盡快讓自身軍隊也大量部署MS，才是足以改變現況的方法。

的確，就戰略面來看，這兩大要項都相當合情合理。即使如此，就研發局的立場來說，這可是相當令人頭痛的問題。相信用不著再贅言說明，都已經做到在RX-78進行實際機體試驗之前就著手設計生產型的程度，這已是盡可能刪減流程才辦到。研發局當然也向議會提出重新調整計畫的申請，不過對他們來說最為棘手的，正是當時屬於主流派的艦隊派系幕僚也理解到MS具備何等特質，卻完全無視於研發時遇到的困難，只顧著要求盡快看到「成果」的風潮逐漸蔓延開來。在這種情況下，某名研發局技術上校以關係人士身分前往聯邦議會備詢時，為了艦隊派系幕僚一句「你們的RX計畫到底在搞什麼啊？」而激動不已，不禁當場回覆：「請恕下官失禮，這句話要直接奉還給您！」結果為此吃了懲處動議的苦果（用不著多說，這位上校在回到局裡後被視為「英雄」看待）。

後來研發局也不得不大幅釋出相關資源。首先是在陸軍省的介入下，聯邦議會在U.C.0079年4月中旬時核定研發／生產地面戰型MS為最優先戰略目標。至4月下旬，賈布羅的研發局總部和月神二號分部調動許多人才至聯邦軍陸軍省兵器研發部，MS的設計與製造等最高機密資料亦全部提供給該單位。就結果來說，這個日後被稱為「RX-79計畫」的提案催生聯邦軍第一種生產型MS。

RX-79計畫

經緯或許曲折了些，不過陸軍省研發MS的成果其實超乎預期。陸軍省原本就是聯邦軍裡最早體認到MS具有何等威脅性的，歷經RTX-44的失敗之後，組織高層也相當程度地瞭解到要研發MS有多困難。另外，也有許多RTX-44的研發人員參與RX計畫，這些技術人員被稱為「回鍋人員」，成為第一線與高層、兵器研發局之間的溝通管道。因此到U.C.0079年5月就展開設計作業，進度快到令留在研發局的技術團隊為之瞠目結舌。

結果就機體本身的規格來說，其實和研發局主導的次期通用主力MS有著很大差異。畢竟兵器研發局在那個時期正忙於調整修正通用機的規格。何況連鈦合金系裝甲素材和光束噴槍也處在定案與否的時期，實在沒有時間等待評估結果。既然如此，陸軍省也只好拿之前的資料——亦即RX-78作為基礎進行陸戰機的設計。

受此影響，陸戰型MS在規格上顯得極為不均衡。暫且不論裝甲／構造素材採用月神鈦合金LT-75，由於是首度在地面這種高重力環境下運用18公尺高的巨大人型兵器，因此基於整備性方面的考量，陸軍省不僅採用獨有的外殼設計，還為了便於在地面運用而將駕駛艙設置在胸部上側。在為此重新調整過構造強度後，機體的重量也隨之增加，導致機動性欠佳。亦有說法指出，遷就於陸軍省堅持要使用地面工廠製造的零件，使得熱核反應爐的輸出功率特性也顯得頗不穩定。

後來到了U.C.0079年7月中旬時，這個實質上已在進行中的計畫正式以「RX-79計畫」為名獲得聯邦均高層核可，陸軍省也就拿這份「背書」向研發局調度RX-78的剩餘零件。由於78型本身有著作為旗機的性質，設有相當嚴格的品質管理標準，因此確實有著不少未能通過耐用性檢驗的剩餘零件，這也是陸軍省會想拿來「湊數」的理由所在。研發局當然覺得這是強人所難的要求，不過最後還是以先行試作時要一併進行通用機生產線測試（當然是用陸軍省的預算來執行）的形式做出妥協。畢竟就像後面會提到的，研發局本身在這個時期也已進展到準備生產通用機的階段，78型的剩餘零件實質上「已無使用價值」，能用這種方式處理掉對研發局來說也不算壞事。在此說個題外話，本機種採用的研發編號「RX-79」，其實剛好和兵器研發局內定給通用機的非正式研發編號一樣。發表該編號時，局內確實也出現「為何要讓他們先用79這組編號啊！」的怨聲，甚至還流傳起「研發局一定會討回一口氣」的傳聞。

總之，經過上述曲折發展後（或許該說是託了曲折發展的福），該計畫的進度加快了許多，到了U.C.0079年8月初就完成最後的設計。同時也決定徵調到RX-78型的剩餘零件後，將會運用相同生產線製造出二十餘架機體。不過考量到剩餘零件的性能不一，才會設置制限器，將零件性能控制在一定範圍內。因此在未搭載核心區塊之餘，設想中這種陸戰型MS應能發揮近乎與基礎機體78型相當的性能才是。

緊接著，暫訂的研發編號「RX-79[G]」也決定給予較接近原型機的後者（代號：陸戰型鋼彈）。至於未使用到78型剩餘零件的機體，則參考研發局內部將78型「鋼彈」簡稱「GM」的習慣，改稱為RGM-79[G]（代號：陸戰型吉姆）※。

從這時開始，作為聯邦軍主力MS的RX-78生產型系列，一律統稱為RGM-79（代號：吉姆）。

RGM-79的最後規格

另一方面，正如同前述，為了軍方高層所提出的要求，正在研發通用型的研發局感到苦惱不已。即使研發局本身已經基於合理判斷對RX-78這架基礎機體的規格做出取捨，可是對於希望盡快部署大量MS的高層來說，生產性還是顯得有所不足。就結果來看，至少在U.C.0079年5月中旬這個時間點，聯邦議會就已非正式地決定要將MS需求數量大幅往上修正。這件事也透過內部管道告知研發局，更嚴格要求必須進一步提高生產性才行。

到了這個階段，注定得從設計中刪除的，當然就屬核心區塊系統※。核心區塊系統本身是用來驗證V作戰各式MS技術的一環，其實原本就沒打算供通用機搭載。不過似乎有些技術人員非常希望RX系列的高性能可以直接套用到生產型上。對他們來說，大量生產RX-78這架最高傑作乃是夙願所在，甚至還說MS這種新兵器就算在機械工程面已達完成階段，並不代表在運用上也能做到十全十美的程度。他們更主張要是無法回收嚴重不足的實戰資料，個別的教育型電腦就無從更有效率地學習，況且就時間資源來看，最寶貴的駕駛員也會面臨嚴重損耗。

陸軍省的RGM-79[G]儘管有收到類似建言，不過在核心區塊系統方面也是基於和通用機RGM-79相同的思維而決定不予搭載。況且就局勢來看，原本就得將盡快成功量產列為最優先事項，因此終究還是省略這個部分。

不僅如此，亦有證言指出，後來發現研發局本身刻意隱瞞「當有著複雜機構的核心區塊系統搭配鈦合金素材時，遭到直接命中之際會發生系統當機和構材產生扭曲變形，導致無法從主體分離開來的例子並不少見」的模擬測試結果，致使該單位反過來遭到陸軍省的嚴厲批評，差點發展成醜聞。雖然該事件姑且被急於量產聯邦製MS的軍方給壓了下來，不過研發局之所以違背既有原則作風，異常地執著於採用核心區塊系統，疑似與赫維克公司有所勾結。

其實以身為核心戰機製造商的赫維克公司立場來看，原本在該時間點已內定能取得相當數量的訂單，卻莫名地冒出

※GM的稱呼
研發局內部原本直接稱作「GM」，為何後來會變成「吉姆」呢？有研究人員表示，這或許是源於慣例，當初為了保持機密，因此刻意對外部人員用「吉姆」或「它」作為代稱。吉姆是英語圈常見的人名，再加上自古以來也有以人名充當兵器暱稱的習慣。從這個觀點來看，就算為打從一開始就製造成人型的MS取人名作為暱稱，也是很合理的說法。
亦有說法認為，「GM」是「Gundam Mass product model」的簡稱，不過MS本來就是大量生產的兵器，因此主流意見認為這項觀點欠缺說服力。

※可提高生還率的核心區塊系統
自一年戰爭以來，MS研究家即針對核心區塊系統是否有其必要而提出各種看法。長期普遍認定這是便於回收戰鬥資料與駕駛員緊急逃生所需的裝備，不過近年來則有研究報告認為未必如此，而且可信度也不低。
在回收資料方面，其實MS出擊時都會與前線的支援合作行動，在絕大部分狀況下都不成問題。如同主文所述，構材在受損後產生扭曲變形，根本無從分離的例子也不少，若真要提高駕駛員生還率，其實在設計階段就該選擇搭配別的方案，這也是相當早期就察覺到的問題。
不過，對於參與初期RX系列研發的眾技術人員來說，顯然將當時堪稱理想成果的RX-78鋼彈量產化才是最佳解答。各方研究家自然也會把他們的報告列為首要參考資料，因此這類見解會最為普遍可聞也是合理的發展。

■一年戰爭後於尼泊爾地區執行任務的聯邦陸軍所屬機。機體身後可看到7,000公尺級峰峰相連至天邊的喜馬拉雅山脈。即使當地民眾早已看慣世界最高的山脈，但看到18米級的人型機動兵器時依然不免驚訝。

中止下單的傳聞，會為此感到憤怒也是理所當然的。後來演變成由與該公司合作多年的聯邦空軍省出面，以該單位名義買下所有生產中的核心戰機。受此影響，空軍省等於被迫接收一批不在規劃內的輕戰鬥機，接著也不得不再追加訂購可供裝設在該機體後方的武裝推進器組件。在這種奇特狀況下誕生的複合戰鬥機被賦予FF-X7Bst（代號：核心推進機）這組機型編號，而且在太空和大氣層內均發揮出極高的性能，因此促成以全新設計形式研發省略核心戰機分離機構的後繼機種「噴射核心推進機」。赫維克公司之所以至今仍保持不予置評的態度，據說就是發生過前述事件的關係。

雖然未採用核心區塊，胸部駕駛艙區塊的規格卻也沒有大幅更動。因為駕駛艙區塊也採用獨立的匣式構造，所以能直接沿用為了RX系列進行研發的身體部位外殼與關節構造，而且還有著大氣層內規格機和太空規格機共通的設計，成功地讓整備和運用雙方面都能擁有高度變通性。

這種匣式駕駛艙區塊和核心區塊系統一樣內藏核融合爐和發動機，不過這部分在設計上同樣未以搭載和RX-78相同的太金NC-7為前提。就結果來說，雖然發動機輸出功率從78型的1,380千瓦降低至1,250千瓦，但驅動關節部位的力場馬達所需的輪機軸輸出功率並沒有改變，也就是說，實質上會受影響的其實只有能量兵器等會使用到的過剩輸出功率罷了。不過早在「第一階段提案」時就已決定要從光束步槍改為採用光束噴槍，再加上核融合爐亦會使用在地面工廠就能製造的產品，因此能夠及早滿足預定調度的數量。

受到並未採用核心區塊系統的影響，RGM-79的機體相對輕盈許多，這種設計上的寬裕也得以轉用在強化駕駛艙區塊構造上。不僅如此，腿部發動機也換成輸出功率較低的型號，這個更動也讓設置在78型膝蓋處的突起狀大型冷卻組件能夠改為內藏於骨架裡，再加上對全身各處進行合理的刪減後，使得機體重量比78型輕約1.2噸。由於推進器推力不變，因此相較於78型，推力重量比的數值也提高一些，可說是獲得在一年戰爭時期各式MS中居於頂尖等級的機動性呢。

經由前述的曲折發展和細部規格的更動，RX-78通用生產型總算在U.C.0079年8月上旬完成最後的設計。在陸軍省的RX-79計畫影響下，這種即將登場的主力機也將機型編號正式重訂為RGM-79A（代號：吉姆），一切就只剩下上線生產。

實戰配備

在陸戰型與通用型這兩種RGM-79中，率先完成實際機體生產的，正是陸戰用的[G]型。一號試作機是在U.C.0079年8月上旬出廠。在緊接著

■這張照片是在東歐森林地帶進軍的MS小隊。這個時期還來不及將吉姆加農之類支援用MS廣泛分發給各部隊，因此是由一般型號的A型配備火箭砲代為執行支援任務。
這些機體的護盾內側也掛載光束噴槍，就算火箭砲的彈藥耗盡，亦能繼續作戰。

進行最底限的運作測試之際，亦為了測試生產線而同步開始生產先行量產型。到了8月中旬時就已有29架RX-79[G]出廠。RGM-79[G]也同時持續生產，到了10月時也完成五十多架。由於該時間點能調度到的光束兵器數量還不夠充分，因此這些機體改為配備100毫米機關槍、380毫米火箭發射器、180毫米加農砲等豐富的實體彈兵裝，並且陸續投入以東南亞戰線為首的地面最前線。在聯邦軍於稍晚的時間點大量投入通用型RGM-79A之前，地面戰線都是靠著這些陸戰型MS在力撐，此事正如大家所知。不過受到研發設計背景的影響，導致RGM-79[G]和RX-79[G]這兩者和A型的零件互換率相當低，於是在生產完第三批次後，所有生產線均轉為後續會提及的B型。自此之後也僅生產極少量作為特殊任務機和實驗機的改裝基礎機體。

另一方面，RGM-79A型與7月下旬於賈布羅工廠出廠的RX-78-1第四至八號機在一同列為生產／運作雙方面的測試案例之餘，亦一邊等候先行試作[G]型所完成的生產線測試，以便正式展開製造。到了8月下旬時，賈布羅工廠的第一批次共計42架出廠。其中有18架搭載先前就已製造完成、與RX-78同型號的熱核反應爐「太金NC-7型熱核反應爐」。不僅如此，亦有配備普拉修XBR-M-79型光束步槍的機體存在，不過絕大部分還是搭載後繼型號的熱核反應爐，並且配備光束噴槍、380毫米火箭發射器，以及鈦合金製護盾。自此之後也以賈布羅和月神二號為中心陸續生產該規格的機體。

不過在這之後，身為主力機「王牌」的RGM-79A型也仍在持續進行小幅度改版。其中絕大部分是由生產據點獨自施加的改良，但10月生產的第五批次則是換裝教育型電腦，這次就達到所有生產據點一併改版的規模，藉此讓普及機種也可具備（或許該說是換裝）和RX-78同等的性能。這波改裝的用意，其實正是為了引進一年戰爭傳奇機體RX-78-2的實戰資料。那架機體真的很驚人，在SIDE 7進行測試時遭遇到吉翁公國軍的MS-06F，並且上演史上首場MS對戰的RX-78-2（二號機），其實是在偶然之下由一名平民少年（後來經由前線任命形式授予少尉官階）搭乘的，自此之後在他的駕駛下經歷多次實戰，到了10月時已成為「聯邦軍對戰MS經驗最豐富的機體」。至11月時，從RX-78-2取出的戰鬥資料就提供給前線各據點，以便陸續為先前升級教育型電腦的RGM-79輸入相關數據，如此一來總算得以真正展現該批改裝的價值。這方面又以空間戰鬥的反應最為顯著。在這之後直到戰爭結束為止所生產／換裝的型號被稱為RGM-79B。這可說是生產數量最多，以聯邦軍主力MS身分立下顯赫汗馬功勞的機種。時至今日，若純粹提到「吉姆」這種機體的話，肯定是指這個型號沒錯。

衍生機型的研發經緯

在擁有前述的[G]型和A／B型之後，聯邦軍的MS研發機計畫姑且可以視為已經完成。這些型號陸續部署至各戰線，並且讓駕駛員展開熟習操縱。[G]型的首戰是在U.C.0079年10月上旬，A／B型也在11月時第一次進行戰鬥。

但另一方面，就戰時的兵器研發來說，必須將敵軍和時間都視為對手，不斷有所突破才行。兵器研發局在完成A／B型之前當然也不會覺得只要坐等成果就好。實際上也的確沒有停下腳步，甚至早在A／B型完成之前就已著手研發具備更高性能的機體。

就研發局的立場來說，應該對於A型和（更接近原有構想的）B型的性能都具有一定自信才是。從大局層面來看，這絕對不是自戀自滿之詞。事實上自U.C.0079年11月7日試驗性地投入敖得薩作戰，並於11月30日的賈布羅防衛戰正式上陣後，直到12月31日戰爭結束為止，A型（和後來的B型）都是讓聯邦軍能夠迅速進擊的主力所在。僅僅投入實戰才1個月，A／B型就引領聯邦軍在一年戰爭中獲勝了呢。

不過這充其量只是結果論。無論規格書和性能有多優秀，終究是欠缺實戰相關運用經驗的機體，不能持續在這個方向上盲進。RGM-79本身是在開戰後才為了對抗吉翁公國軍主力機體薩克Ⅱ而研發的MS，雖然確實達成當初設定的目標，不過吉翁製MS的進步幅度明顯地超出聯邦軍預期，這也是不爭的事實。因此研發局在完成A／B型設計的同時，亦緊接著開始研發更先進的高性能機體。

其實早在設計A型的階段，相關企業就已提出過諸多機體強化方案，只是當時並未獲得採用。將這類提案重新整理過之後，研發局便轉用於執行A型的性能提升計畫。這個計畫是早在A型設計之初就已大致設想，在等到熱核反應爐和裝甲材料進入穩定生產階段之類條件齊備之後，這才得以進入正式實施的階段。

在A型完成最後設計的一個月前，也就是U.C.0079年6月中旬時，在研發局向聯邦議會提出的意見報告書「主力MS修改計畫案」中，其實就已能看到這方面的具體內容。內容是針對接下來要生產主力MS（後來的）RGM-79的聯邦軍各工廠條列出為了滿足要求性能，今後在設計修改上會面臨的課題。具體修改內容主要是針對V作戰和A型設計案進行補充，不過最值得一提的，就屬許可各工廠具有一定程度的自由裁量權。說得更明白些，就是在交由A／B型各生產據點推動作為課題的重點修改計畫之餘，亦同步募集「獨創的修改方案」。這個計畫立刻獲得批准，各工廠也隨即開始就設計展開檢討評估。

當時最被看好的3間工廠分別提出新型MS方案，這部分也都給予暫訂的（可能是檢討過「RX-79[G]」的狀況才會這樣做）研發編號。這些就是現今被統稱為「後期生產型吉姆」的多種修改設計機群。

賈布羅工廠（研發局總部）：RGM-79C（繼B型後的次期通用主力機）
奧古斯塔工廠：RGM-79D（取代[G]型的A／B型直系地面規格機）
月神二號工廠：RGM-79[E]（排除大氣層內用裝備的太空規格機）

其中月神二號工廠的E型實際上僅止於計畫階段，並未真正量產，不過仍以屬於D型發展型的G／GS型形式獲得具體成果。雖然就E型來說，現今已知確實有少量生產被稱為RGM-79[E]初期型吉姆的先行量產型（亦有參加實戰的紀錄）存在，不過那應該只能算是[E]型的原型機才對。

在主戰場轉往太空的局勢發展下，月神二號工廠與賈布羅研發局總部連動研發「正宗新型吉姆」的角色變得格外受到期待。從這層背景來看，成為聯邦軍次期主力MS的C型，以及採用和[E]型同樣屬於宇宙軍體系的D型作為基礎，進而研發出的RGM-79G吉姆突擊型系之所以會成功，這也是理所當然的事情。

回頭來看在[E]型計畫中所擬定的規格，其實會發現就某方面來說，打從一開始就具備能繼A／B型後成為RGM-79系主流的特質。

奧古斯塔系機體的研發經緯

由聯邦宇宙軍主導，大致承襲RGM-79系譜的[E]型首要特徵所在，就屬推進背包處向量推進器從A／B型和[G]型的兩具增設為共計四具。

其推力為比RX-78更高的57,480公斤，在太空中能大幅提高機動性。另外，以頭部散熱口為首的冷卻系統也有所改良，在嚴酷環境下也能發揮高度可靠性。相對地，基礎設計其實和A／B型並沒有太大差異，雖然感測器陣列和備有前述散熱口的頭部，以及在中央部位設有冷卻組件的腰部等處確實有些出入，但頂多也只是外觀給人的印象不太一樣罷了。這個機型在8月下旬階段就已設計完成，試作機也於9月中旬出廠，月神二號方面在駕駛員完成A型太空規格機的熟習訓練後，亦分發這個機型去執行兼具實戰測試性質的巡邏任務。

接著登場的第二種新型吉姆試驗機型為D型，這個機型出自同為宇宙軍體系的奧古斯塔工廠。設計是於U.C.0079年9月中旬完成，試作機則是於同年10月上旬出廠。

這種D型就概念上來說也是A／B型的改良版本沒錯。不過最值得一提的，其實在於這個機型被賦予針對地面特化的能力。奧古斯塔基地奉命研發D型的背景，正在於A型被指出無法充分適應地球環境。畢竟A型原本就是設想於在太空中進行決戰用的機體，即使能夠和同樣設計為空間戰鬥用MS-06薩克Ⅱ相抗衡，面對吉翁系地面戰用MS時仍相對顯得吃力。另外，在沙塵漫舞的炎熱沙漠、寒冰凍結的極地、瀰漫濃霧的溼地等特殊環境下，本就不可能毫無相關選配裝備便能充分適應環境。就

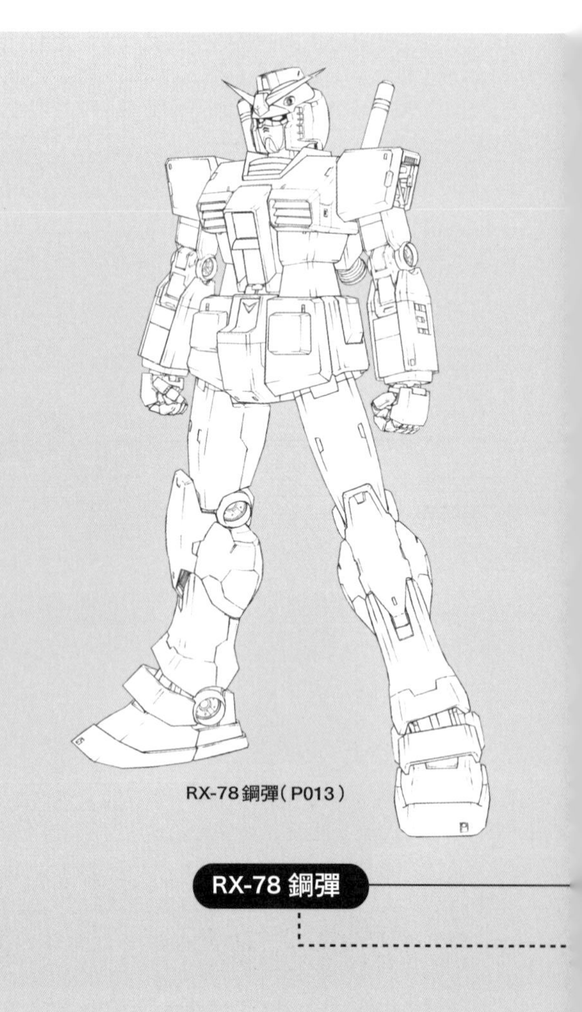

RX-78鋼彈（P013）

RX-78 鋼彈

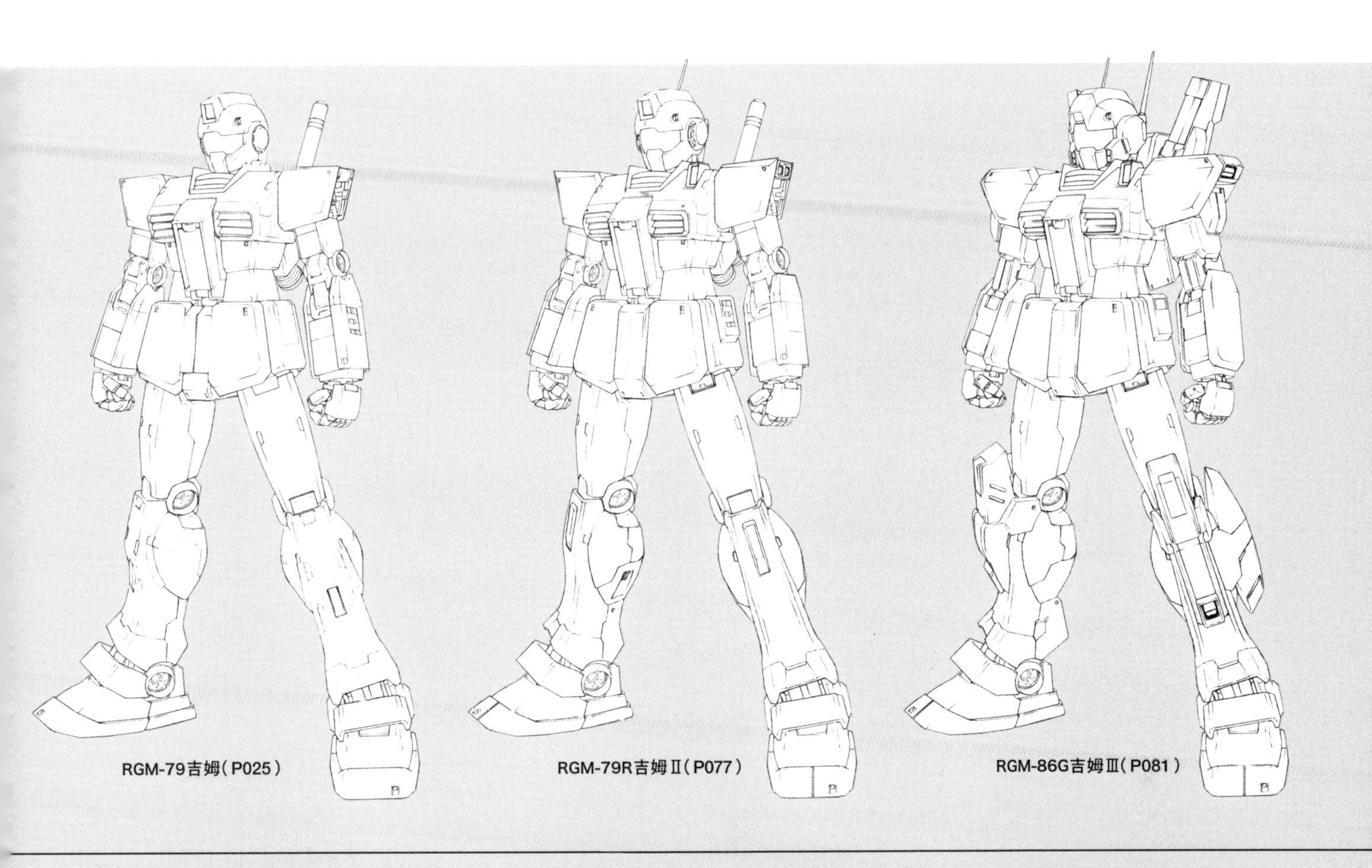

RGM-79吉姆(P025)　RGM-79R吉姆Ⅱ(P077)　RGM-86G吉姆Ⅲ(P081)

RGM-79 吉姆　RGM-79R/RMS-179 吉姆Ⅱ　RGM-86G/R 吉姆Ⅲ

這點來說，陸軍省主導的[G]型確實較為優秀，但該機型有著零件互換性的問題，遷就於整備／補給，後來也無從繼續生產。換句話説，D型就是為了彌補這個空缺而要求研發的。

以陸戰型MS來説，D型展現極高的潛力，因此隨即拍案量產。不過奧古斯塔工廠並沒有大規模生產設施，於是便改由賈布羅工廠進行生產。自此之後直到戰爭結束，儘管D型照理來說是通用型（陸戰兵器），卻還是優先投入特殊局地戰區域，不過D型確實也在各方戰場上締造豐碩的戰果。即使身處嚴寒的極地戰線，卻照樣能正常運作行動的聯邦軍MS，也就只有配備加熱裝置的C型寒帶規格了。

奧古斯塔在造就這個成功作之後，成為北美的重要據點，從戰爭期間直到戰後也都有著舉足輕重的發言分量。奧古斯塔基地的位置原本與吉翁軍地球制壓據點之一相近，打從戰爭期間開始就和賈布羅並列為戰略研究的第一線，甚至還對雷比爾將軍相當在意的新人類研究進行特化。

如今已知在進行D型的試作之餘，奧古斯塔工廠亦在同步暗中研發新人類專用的RX-78修改機。而且這架被稱為RX-78NT-1的機體還有個創舉，那就是搭載一年戰爭結束後多年才總算列為MS標準裝備的全周天螢幕。從這方面的技術來説，確實有一部分已經超越在研發MS方面領先的吉翁公國軍。

論到這件事的幕後功臣，有可能是諸多流亡至聯邦的吉翁系技術人員，從保持機密的觀點來看，亦有説法指出這些人可能並不是聚集於賈布羅，而是在奧古斯塔。況且在戰局逐步轉往太空的情況下，這個日後以奧古斯塔研究所馳名的宇宙軍體系基地＆工廠會擁有這等實力，其實也是很合理的。

後來奧古斯塔越過研發局這個管理層級，直接向軍方高層申請生產D型的衍生機型。

G型與GS型的研發

這時奧古斯塔打算「推銷」的對象，正是殖民地防衛軍省和宇宙軍省。如同前述，研發局其實並不打算讓月神二號的[E]型正式上線生產，還想拿D型等設計應用在C型上，C型當然也就成了最後才進行研發的機型。另一方面，對於陸軍省已經接連取得[G]型和D型的狀況，殖民地防衛軍省和宇宙軍省表示不滿。和地面一樣，吉翁軍也陸續投入MS-09R里克・德姆等新型MS到逐漸成為主戰場的太空，甚至連配備光束步槍的最新型機種MS-14傑爾古格亦逐步進入部署階段。即使領取A／B型，在純粹的MS戰上恐怕也難以相抗衡。

這個發展正中奧古斯塔基地的下懷，在殖民地防衛軍省和宇宙軍省的支持下，聯邦議會核可生產D型的太空規格。賈布羅總部的兵器研發局原本打算讓C型作為宇宙軍主體，也為此就設計進行調整改良中，卻在這個狀況下遭到無視。就這樣，僅僅過了三個星期後，U.C.0079年10月下旬，月神二號工廠就有兩種新機型出廠，正是RGM-79G／GS。

D型原本就沿襲[E]型的設計，因此只要進行些許規格更動，即可轉為太空用機型。雖然這兩種機型原本應該稱為RGM-79F才對，不過考量到在歐洲戰線已有經由前線修改的RGM-79A裝甲強化型按慣例稱為F型，於是便改為採用RGM-79G／GS（代號：吉姆突擊型／吉姆突擊型宇宙規格）這組機型編號。

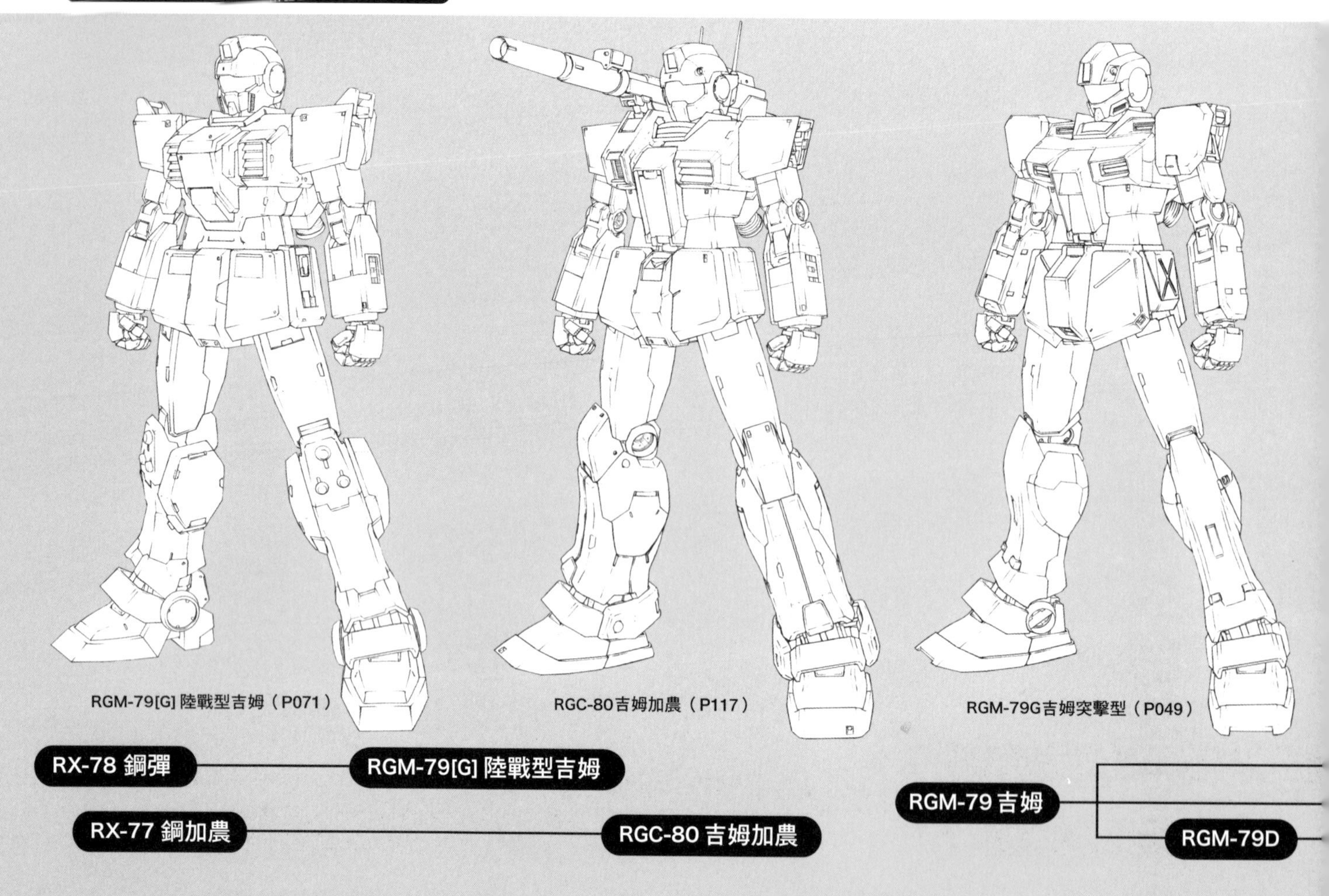

其中最為接近D型的，就屬殖民地防衛軍省所領取到的G型。這是針對據點／殖民地防衛特化的規格，主要變更處集中於頭部、推進背包，以及熱核反應爐。頭部僅止於加大頭頂處攝影機的尺寸和重裝甲化，推進背包則是採用推力比D型更高，達到67,000公斤的新型版本。不過畢竟是以在殖民地內運用為前提，因此推進器的推進向量配置方式和D型並沒有太大差異，不過在機動性上倒是更為出色許多。雖然熱核反應爐和既有機型一樣採用能在大氣層內製造的型號，輸出功率卻也達到與RX-78相近的1,330千瓦。

另一方面，GS型幾乎可完全視為G型的太空戰規格沒錯。這兩者的差異也理所當然地集中在推進背包上，GS型備有三組推進向量的推進器共六具，推力更是達到74,000公斤之高。這個數字不僅遠超越薩克Ⅱ和A／B型吉姆，就連吉翁公國軍的最後主力機傑爾古格也無從望其項背。不過推進劑的搭載量並未增加，因此有著作戰行動時間極短的缺點。純粹就機動性來說，足以與GS型相匹敵的，其實也只有少量生產的特裝機而已。不僅如此，就熱核反應爐來看，亦可說是比G型經過一步調整的高階互換機型，發動機的輸出功率達到1,390千瓦，甚至已經超過RX-78。

最後期機型的C型

在誕生自一年戰爭期間的RGM-79系列中，除了少數特裝機型以外，G／GS型可說是具備最高等級性能的機型。雖然仍舊未曾採用月神鈦合金製裝甲，不過自G／GS型投入實戰的U.C.0079年11月起，正如兵器研發局先前所推測的，公國軍陣營也投入可使用光束步槍的機種MS-14傑爾古格，因此就算採用該裝甲，效果可能也並不顯著。或許該說在以光束兵器為主體的戰場上，唯有將機動性強化到超越RX-78的層次，這才是MS的正確發展路線。不過至少就一年戰爭的各個戰場來說，以MS-06薩克Ⅱ為首，採用實體彈作為主兵裝的機體還是為數不少，確實也不可完全忽視裝甲性能的效益。

發展至這接階段，比起當初設計RGM-79吉姆時所設想的「地球聯邦軍主力MS」，聯邦軍確實已經擁有更為出色的機體。不過G／GS型的生產數量卻沒想像中那麼多。其實起初就是從搭乘A／B型具有一定經驗的駕駛員身上歸納不足之處，後來才會決定採用該機型，因此會優先分派給部隊中的資深人員，或是純粹由資深人員全新編組而成的部隊。

如同前述，G／GS型其實是奧古斯塔工廠「越級上報」才誕生的機型，對兵器研發局來說，這當然是頗難堪的狀況。結果研發局在冷眼旁觀月神二號生產G／GS型之餘，按照原訂規畫持續研發C型。U.C.0079年11月下旬，作為次期主力吉姆型的C型第一號機在眾人期盼中出廠了。

不過當時首度看到這架機體的諸多軍方高官都扳著一張臉，因為這架C型在外觀上竟然和月神二號工廠先行量產的[E]型幾乎一模一樣。

有別於機型編號的順序，相較於月神二號工廠的[E]型、奧古斯塔的D型，研發局本身主導的C型在研發時期上反而最晚，這點正如先前所述。不過月神二號工廠的[E]型和賈布羅研發局其實淵源匪淺，因為早在研發階段就定位為「日後新機型C型的太空規格機」，先行量產[E]型並進行實戰測試一事，實質上也是為了C型在進行相關試驗，這兩者會擁有共通基礎設計也是很合理的。只是問題在於雖然C型到了這個時期才登場，看起來卻幾乎完全沒有應用到G／GS型的設計資產。

C型在設計確實僅止於對[E]型施加改良，幾乎完全沒有採用到G／GS型的先進機能。熱核反應爐的輸出功率和A／B型、D型、[E]型一樣是1,250千

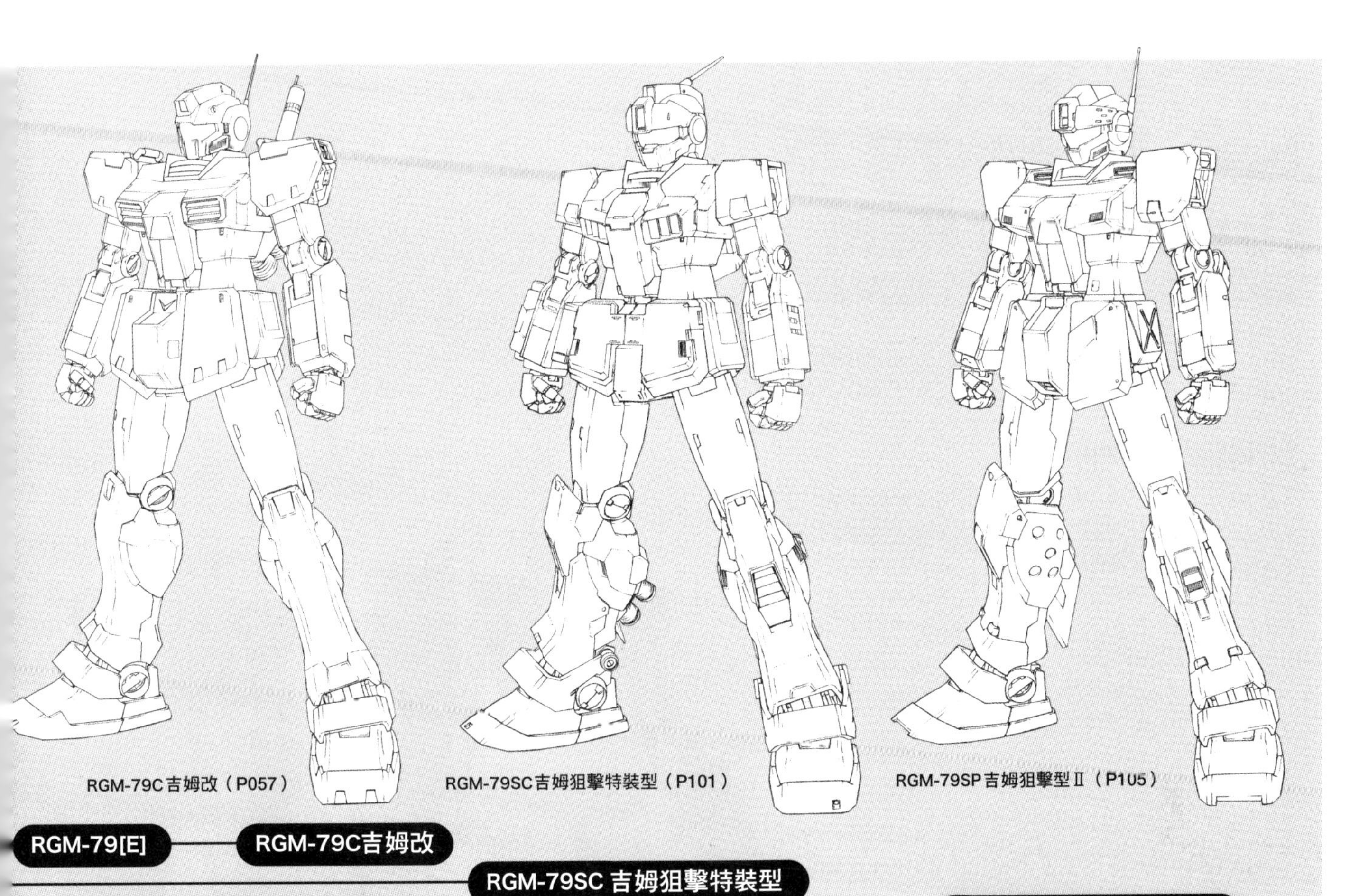

RGM-79C吉姆改（P057） RGM-79SC吉姆狙擊特裝型（P101） RGM-79SP吉姆狙擊型Ⅱ（P105）

瓦。雖然推進背包設有四具噴射口，但推進器推力為57,480公斤，其實不及D型。武裝方面是配備新型光束噴槍沒錯，不過該兵裝原本也是為了G／GS型研發的。C型原本是在備受期待的狀況下獲准研發，可是如今卻看不出應有的先進之處，因此不僅是聯邦軍高層，就連奧古斯塔基地的成員也不禁歪頭表示狐疑。

有局部戰史迷認為演變成這種狀況的答案，其實就在G／GS型的研發經緯中。對於跳過自己直接決定採用這兩種機型的奧古斯塔基地和聯邦議會，這或許可以解釋為研發局的怠工。不過既然已經做到這種近乎反目的程度，要是沒研發出性能更勝於奧古斯塔的機型，那豈不是自毀立場嗎？

既然如此，聯邦軍兵器研發局企圖透過C型表達的主張，或許是基於大局觀點來抉擇RGM-79後繼機型的結果吧。

因此該機型應該要從透過實戰中獲得經驗後，對於聯邦軍主力MS所需要求的基本規格、零件供給、整備體制等現況進行重新審視，據此冷靜地評估設計而成的觀點來看才對。換句話說，C型是從A／B型循正常方向發展的成果，相對地「就次期主力機來說，G／GS型在規格上其實是過剩的」。

歷史也證明這個判斷是正確的。其實C型進入正式部署階段時已經是U.C.0079年12月的事，參與實戰的機體和G／GS型一樣並不算多。即使如此，聯邦軍還是在該年12月底成為了一年戰爭的勝利者，就結果來看，作為主力一路活躍到戰爭結束的仍是A／B型。對於催生具備更高性能的MS來說，來自個別戰場的要求或許確實有所助益。不過就整體來看，只要確保A／B型具有足夠的供應量，那麼也就綽綽有餘。對於總算定案的駕駛員培育教程和維修手冊等方面來說，無謂地增加新機型還是會造成一定程度的影響和混亂。也就是說，C型的設計是從戰略層面點出最佳答案何在。

在一年戰爭結束後，C型也仍以聯邦軍主力MS的形式持續進行生產，不過吉翁公國軍在這個時間點早已解除武裝，MS的任務不出維持治安和追緝小規模殘黨這些範圍。MS本來就是傳統地面兵器之類武力難以相抗衡的，說得極端點，就算是使用的舊式MS，其實在執行任務上也不成問題。雖然以北美和非洲戰線為首，吉翁殘黨軍的活動確實仍相當頻繁，不過對手終究是欠缺後勤補給的小規模勢力，因此只要搭配少數的G／GS型之類高性能機體也就夠了。

因此C型可說是RGM-79系列在一年戰爭中的最後期機型。不僅如此，這個機型在接下來的U.C.0080年代前半也都穩居聯邦軍主力機寶座。

或許現今要論斷兵器的優劣都會從其性能（規格）來看。這種說法蘊含著某種追求浪漫的情懷，這是不容否認的事實，不過綜觀運用兵器的戰史時，有一點是對不能忘記的。那正是該兵器究竟擔負著何種「目的」。

就兵器這種事物來說，得從其目的達成率「是否有達到極大值」來評價才行。為了做到這點，必須有著超脫純粹性能數值的評價標準才行。例如成本效益比、合理的規格選擇，以及能隨時配合戰略情勢變化做出應對的能力。唯有備齊這些項目，兵器才能真正稱為對「勝利」有所貢獻的要素之一。

U.C.0079年時，一年戰爭是在吉翁公國軍展現壓倒性優勢的情況下揭開序幕。不過隨著地球聯邦軍MS投入戰線，原有的勢力均衡開始逐漸逆轉，最後以地球聯邦軍獲勝的形式落幕，但絕對不是純粹靠著投入MS這種兵器就造成局勢逆轉，研發RGM-79系列只不過是聯邦軍整體戰略的一環罷了。但反過來說，正是因為RGM-79可充分滿足戰略上的要求，這才得以締造成功的結果。就這方面來看，確實可說是一年戰爭時期MS的最高傑作呢。

Structure of RGM-79

RGM-79構造解說

SUMMARY ■機體概要

地球聯邦軍MS和吉翁系機體在設計概念方面有著本質上的差異。吉翁公國軍MS在研發之初就是以在太空中運用為優先進行設計的，MS本身被視為一種能夠「多元化」運用，可作為包含核武在內的武裝平台，也就是比照小型航宙機的概念研發而成。

另一方面，地球聯邦軍MS確實源自供運用試驗的RX系列群，不過應該要先從與「人型」兵器尚有一段距離的RX-75推敲起才對。如同大家所熟知的，相當於RX-75頭部之處，其實是為了追求寬闊視野而採用全透明單片式座艙罩的駕駛艙。行進裝置還採用履帶式構造。雖然RX-75的實驗機性質確實很濃厚，卻也看得出來打從研發之初就是以在重力環境下運用為前提。

換句話說，這是以會在有著明確的上下之分，讓搭乘者能憑藉生理感覺進行辨識的環境下，完全倚靠肉眼進行目視範圍戰鬥為前提，因此以追求寬廣視野為優先進行設計的。藉由讓駕駛員搭乘在「機體」最頂部進行機體配置效益的實驗，並且針對設想中的長射程兵裝搭配相對應瞄準系統以收集運用資料，顯然就是這架機體的首要課題。不僅如此，就次要目的來說，應該在於評估當採用與飛機不同的寬闊視野時，究竟會對駕駛員的身心造成何等影響。

不過打從設計之初就採用駕駛艙外露的配置方式，必然得背負著相當程度的風險，這點相信不必再贅言補充。不過RX-75這架實驗機畢竟只是基於移動高射砲的構想試作而成，地球聯邦軍真正追求的MS，終究還是具備人型，而且宛如雙足步行式戰車的兵器。

RGM-79

研發雙足步行式機體確實比想像中來得更為困難，但暫且不論這點，與此同步進行研發的，正是引進「核心系統」和「核心區塊」的概念，但這樣一來會對RX-77和RX-78的機體原案設計造成極大影響，可供設置駕駛艙的部位也必然會相當有限。

在反覆進行設計修正作業後，作為駕駛艙的核心區塊決定設置在MS機體重心一帶。不過在設計RX-77的階段時，考量到在米諾夫斯基粒子散布環境下最有效的對抗手段，其實還是在於靠肉眼直接目視這種原始的方法；再加上RX-75把駕駛艙設置在頭部上的設計也留有幾分影響，因此便保留視野較寬闊，如同擋風玻璃的透明護罩這個外觀。

在著眼於讓核心區塊能夠邁入實用階段的這個時間點，讓MS駕駛員直接靠肉眼進行目視範圍戰鬥的可能性就變小許多了。取而代之的，就是在散布米諾夫斯基粒子的這種特殊環境下，必然得搭載能夠將外部視覺資訊傳達給駕駛艙的系統。就結果來說，盡快研發以光學類感測器和通信系統為核心的高精確度外部資訊收集機器，並且早日邁入可實際運用的階段，這可說是當務之急。據說這些系統是向複數廠商發包、要求競標的，但詳情不明。

不管怎麼說，濃厚地反映出保守用兵概念，在運用方面也有所侷限的RX-77，以及在作為人型多功能兵器上仍存在著諸多未知數，卻具備極為先進的性能，更蘊含著豐富潛力的RX-78，這兩者在設計理念上顯然完全不同，因此透過這兩者的試作機進行試驗、實戰運用收集到相關性能資訊，並且經由平均化之後予以整合，這才是能充分地應用到基本機體構造去推動MS量產的關鍵。其折衷解決方案正是邁向主力MS，也就是RGM-79的第一步。

RGM-79被視為RX-78的「簡易量產型」，該說法是建立在犧牲相當程度性能的觀點上，但實際上卻是一種誤解。地球聯邦軍所需要的，並非超絕性能的機體，或是憑駕駛員的特殊能力發揮機體性能，而是只要經過最低限度的訓練即可操作自如，同時可作為兵器大量運用的機體。因此該如何在短期間大量生產可滿足最低限度必要性能的機體，才是直指問題的核心。

而最後導出的答案，正是RGM-79。

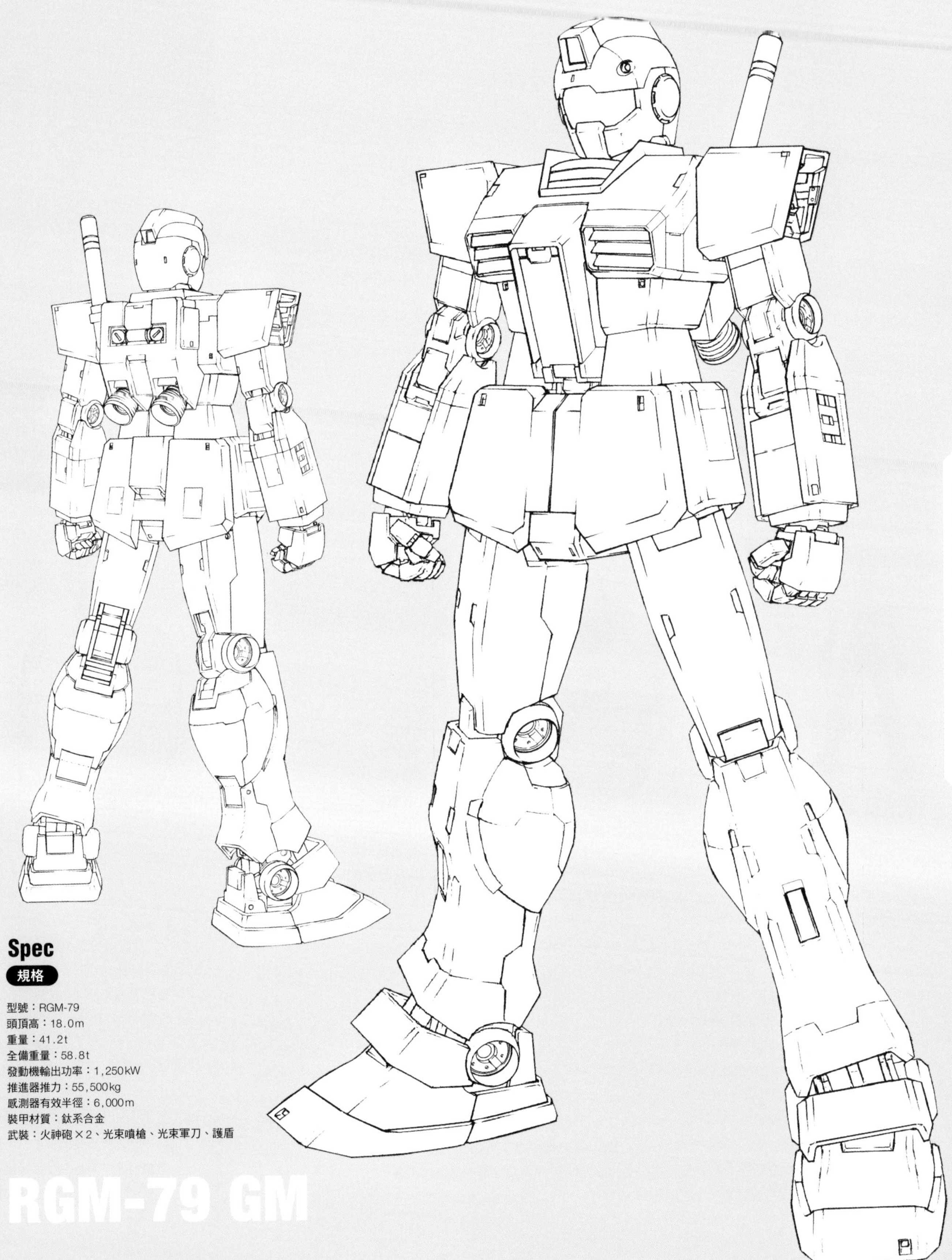

Spec
規格

型號：RGM-79
頭頂高：18.0m
重量：41.2t
全備重量：58.8t
發動機輸出功率：1,250kW
推進器推力：55,500kg
感測器有效半徑：6,000m
裝甲材質：鈦系合金
武裝：火神砲×2、光束噴槍、光束軍刀、護盾

RGM-79 GM

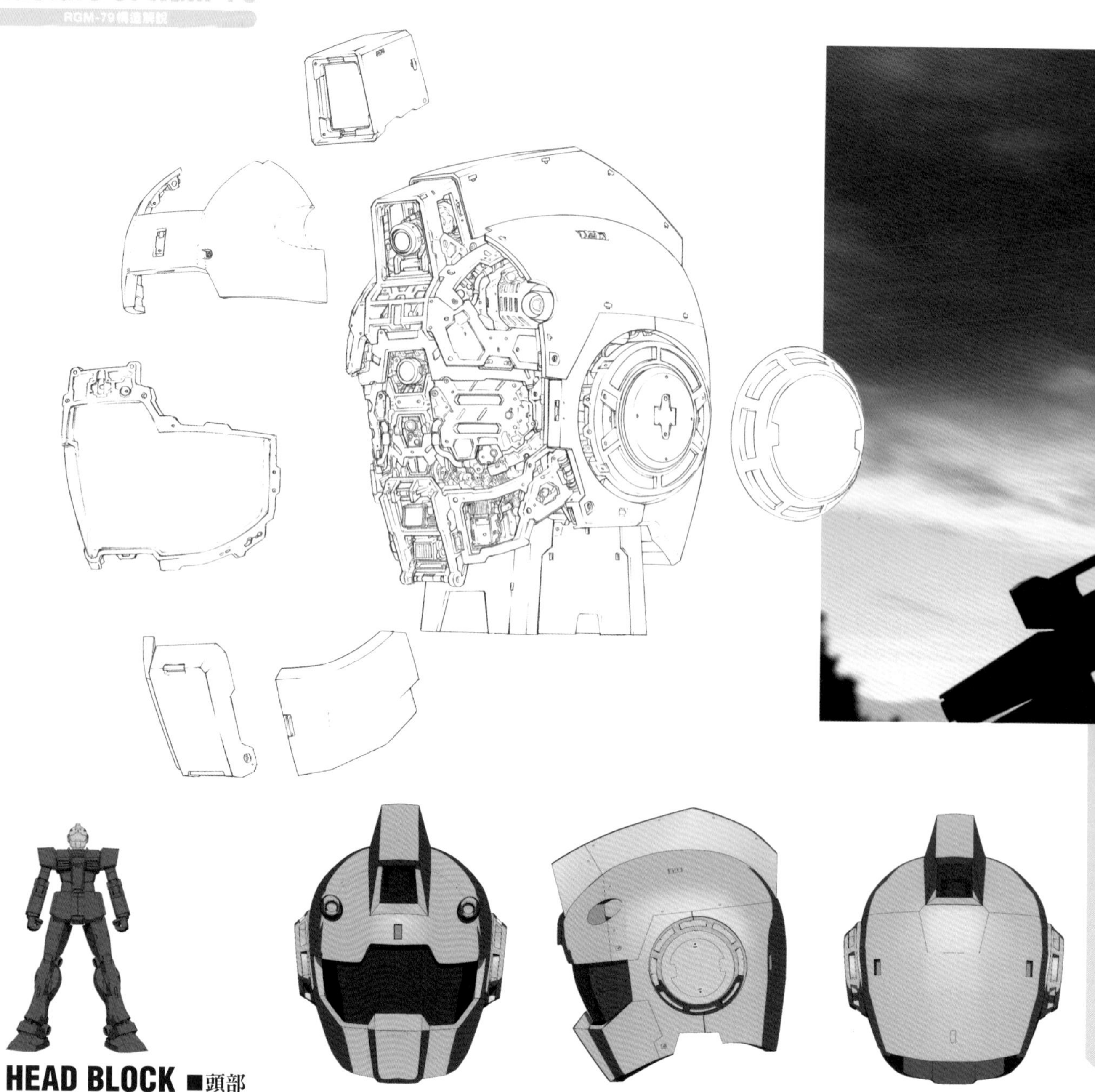

HEAD BLOCK ■頭部

RGM-79在頭部方面沿襲RX-77系的設計。這是受到當初從研發試作轉移至量產製造階段時，感測機器組件（包含光學感測器、目標搜索裝置、通信裝備在內）無論如何都得加大尺寸的影響，原因則是出在收訊、傳訊所需的感測部位無從縮小尺寸這一點上。米諾夫斯基粒子對電磁波所造成的影響，已知會隨著粒子密度產生各種變化，就算是在可見光範圍內，當滿足某些條件之際，亦有近紅外線波段會遭到干擾的例子。

由於可見光的波長範圍相當狹窄，想要在該範圍內完全取代作為傳統偵察方式的雷達、通信、測距等機能其實並不容易。不過在米諾夫斯基粒子影響幅度較小的環境下，傳統的通信、觀測機器等裝置還是能夠正常使用，基於這方面的判斷，也才會決定搭配設置效用相異的器材。

研發RX-75至RX-77時，能夠讓電磁波穿透的高強度透明護罩用素材在研發上有了不小進展，能夠使用由聚醯亞胺系材料發展出的多層構造物來製造。在看吉姆的頭部照片時，偶爾會發現護目鏡部位呈現透明狀，能透過該處看到內部感測器、目標搜索裝置類器材的狀況，這其實是透明護罩外裝保護層尚未啟動機能的狀態。雖然透明護罩通常看起來是用綠系或橙系螢光材料製造的，不過那其實是受到使用電致變色材料的影響。為了避免收納於內部的感測器、目標搜索裝置承受過大負荷，這種材料能選擇性地反射電磁波，發揮如同濾鏡的機能。MS啟動時之所以「眼部」或「護目鏡」看起來像是會發光一樣，其實是隨著透明護罩重啟機能之際釋放出能量所致。

以用於接收光學性視覺資訊的主感測機器來說，就屬設置在頭頂部整流罩裡主攝影機❶。這部分是憑藉使用光學元件製造的感光體來接收圖像資訊，還能因應需要增感或減感。攝影機前方當然也使用與透明護罩同等級的材

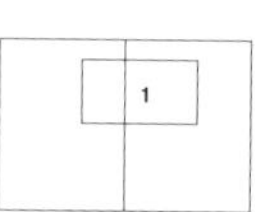

1：這是參與掃蕩公國地面軍作戰，使用60mm火神砲與吉翁MS近程交戰的RGM-79吉姆。該機配備在一年戰爭末期由BR-M-79C-1光束噴槍發展而來的79C-3型。雖然光束兵器在近、中程堪稱無可匹敵，不過能量CAP從耗盡狀態重新蓄積得花上一點時間，因此作為輔助火器的火神砲依然能發揮十足效用。

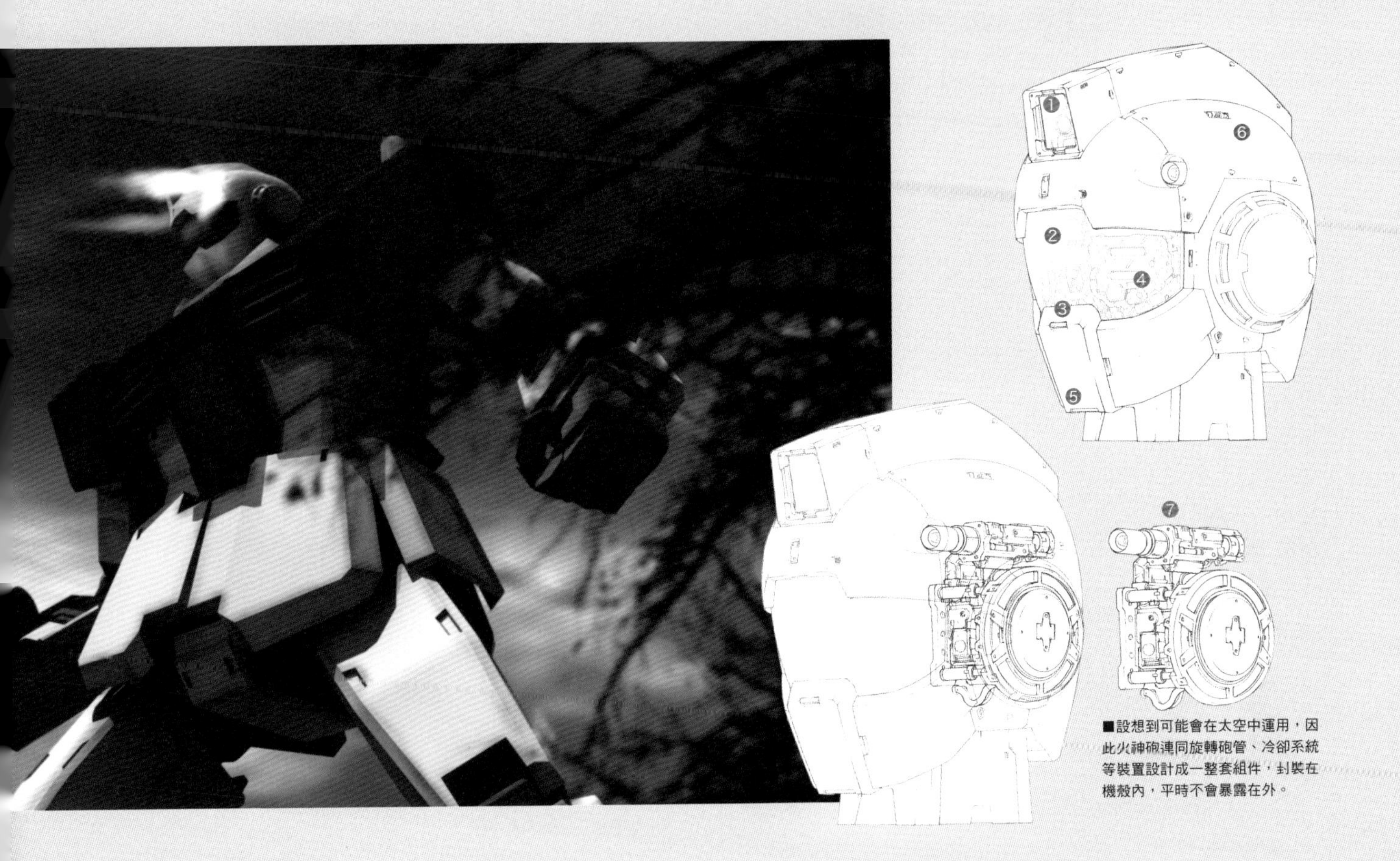

■設想到可能會在太空中運用，因此火神砲連同旋轉砲管、冷卻系統等裝置設計成一整套組件，封裝在機殼內，平時不會暴露在外。

料加以保護。

在透明護罩中央刻意搭載屬於傳統構造的光學鏡頭系攝影機❷。這是考量到在米諾夫斯基粒子的影響下，電子機器可能會出現功能障礙的狀況，因此至少要能接收到機體正面的影像才行。這部分具備可從望遠調整到廣角的無段變焦機能，平時也具有作為輔助攝影機的機能。

位於其下方的是雷射照射裝置❸，主要是用來在近距離內測量與正前方目標之間的距離。當無線通信失去機能時，亦可作為通信用送訊組件。當作為通信裝備使用之際，由於雷射的指向性極高，因此有著必須朝著接收對象頭部照射才行的不便之處。

設置在透明護罩左右兩側的面板狀裝置為多功能天線❹，在未受到米諾夫斯基粒子影響的環境中，這部分能作為涵蓋舊有雷達波、通信用微波，以及遠紅外線等寬廣範圍波長的送收訊裝置。

將這麼多感測裝置集中搭載於頭部，這種設計確實引發正反兩面的議論，不過比起分散至機體各部位的安全策略，將便於部署單位進行修理整備列為優先還是較受青睞，亦當場獲得核可。這種整備方法其實也適用於機體各部位，當前線部隊遇到難以修理的損傷狀況時，以頭部為例來說，通常會採取將頭部整個換成全新零件，並且把原有受損頭部直接送到後方的修補設施，或是送回製造廠商那邊去處理的做法。

相當於「嘴部」處被一片較大的整流罩給覆蓋，為了對來自各感測器的資訊進行第一階段處理，該處內部搭載可處理這類作業的電腦。這部分還搭配設置大容量的記憶媒體，並且統整成黑盒子裝置。基於保護這些器材的需求，裝甲也強化成凸起狀的面罩結構。該裝甲面罩本身是頂部設有合葉的檢修艙門，在進行一般檢查時不僅能利用設置在該處內部的顯示器❺確認頭部搭載機器狀況，亦能顯示機身整體的狀態，可作為維修檢查的指南。至於該處下方則是設有內部機器的冷卻裝置。

位於頭部上側左右兩邊的方形開口❻為掛架兼外部增裝裝備用擴充槽。只是幾乎沒有留下任何用來搭載外部兵裝之類特殊裝備、選配式裝備的紀錄，不過倒是有使用在把頭部吊起來的作業上。

頭部左右兩側搭載和RX-77、RX-78同型號的托特・康寧漢公司製60毫米火神砲❼。就量產機的層面來說，亦有技術人員主張不該在集中設置精密器材的頭部搭載這類武裝，不過在軍方的強烈要求下，搭載該武裝已成定案，於是便往這個方向進行設計。

60毫米火神砲是將主體、彈倉、冷卻＆蓄散熱裝置等相關機材設計成一整套組件的系統。由於彈藥收納區塊的容積受到頗大限制，因此砲彈採用埋頭彈，而且基於在太空中運用的需求，亦有使用推進式的砲彈。發射間隔是利用磁力進行制動，也藉此控制發射速度。考量到埋頭彈比一般砲彈更易於造成砲管損耗，這部分也才會採用屬於多砲管形式的火神砲。不過若是從大口徑的火神砲定義來看，其發射速度實際上並不高。

為了利用物理緩衝機構吸收發射時的衝擊力，發射氣體會利用「耳部」周圍的溝槽進行不均等分散排出，該處亦內藏能夠將發射之際反作用力控制在最小範圍內的機構。由於該系統需要動於整備的幅度超乎預期，因此在「耳部」側面也設有檢修艙門。

附帶一提，為了抵消砲管轉動時所產生的扭力，因此左右兩側火神砲刻意使砲管的轉動方向設置成彼此相反。

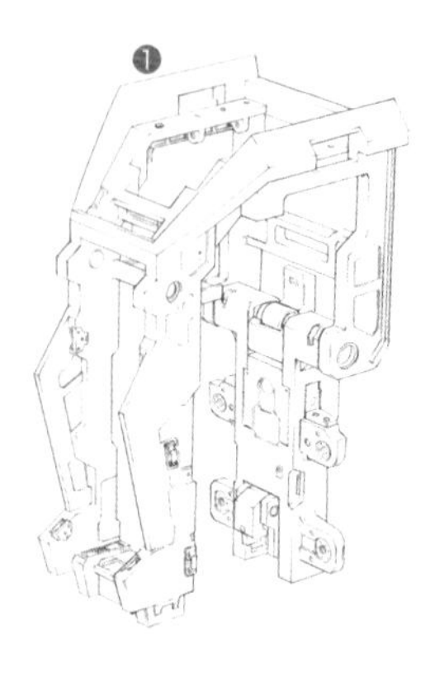
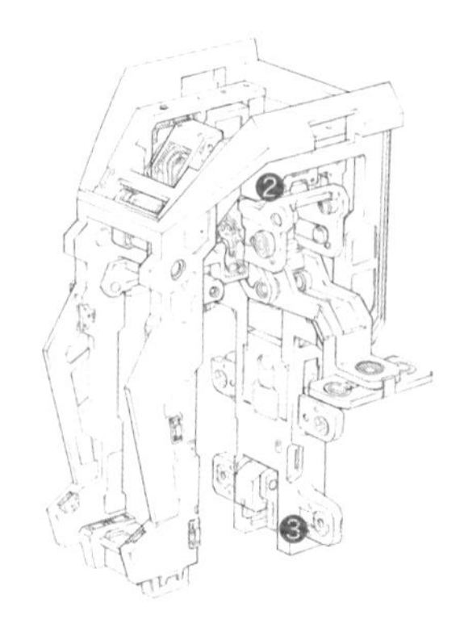
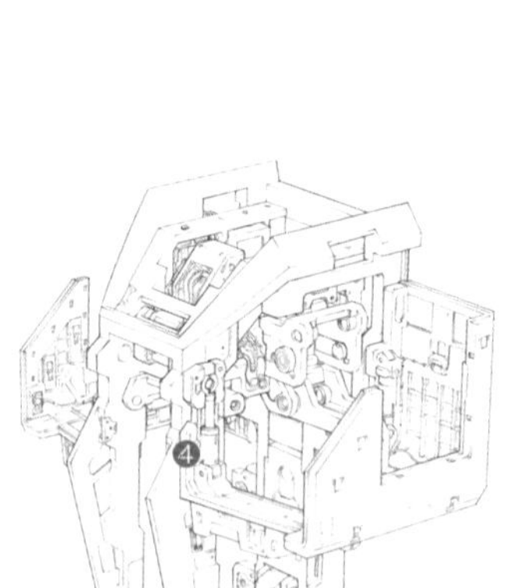

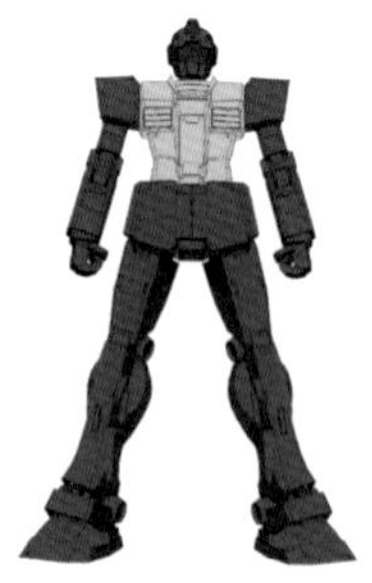

BODY BLOCK: CHEST ■胸部

用來支撐頭部、臂部的胸部骨幹構造物整體來說通常稱作主骨架❶，除了浮動式肩部連接基座支撐部位❷和樞軸轉動式胸腔構造支撐部位❸以外，其餘部位為上框架。由於這部分相當於來支撐外裝式裝甲的脊椎，因此必須擁有較高的構造強度。不過框架各部位並非完全實心的構造，而是設有許多槽架的中空構造，藉此達成輕量化的需求。

框架本身是設計成較平坦、筆直的形狀，作為外裝部位的胸部裝甲在這方面有著很大影響。吉翁公國軍的MS在外形上以曲面居多，這部分和一體成形式外殼製造技術具備充分的發展有所關聯，相對地，地球聯邦軍陣營則是往不採用這類生產技術的方向去設計MS。但這並不代表聯邦軍的工業技術較為落後。吉翁公國本身是以無重力空間為基礎發展各式技術，直到生產出MS，相對於此，地球聯邦軍所尋求的技術在於無論是太空中的設施、設備，還是地球上的工廠，均能製造出具備同等品質的MS。

即使以唯有在太空中才能進行的加工方法作為骨幹建構出生產系統，這套方式在地面上也根本行不通。雖然照理來說也能採用由相異設備、設施分擔生產不同部位，再統一進行最後階段組裝的傳統生產方式，不過這樣一來光是運輸物資就得花上不少成本，再加上和平時期或許還不成問題，但在戰爭狀態下，一旦有某個特定生產設備受到波及而停擺，整個MS生產作業也會被迫停止，要是發生這種狀況可就糟了。

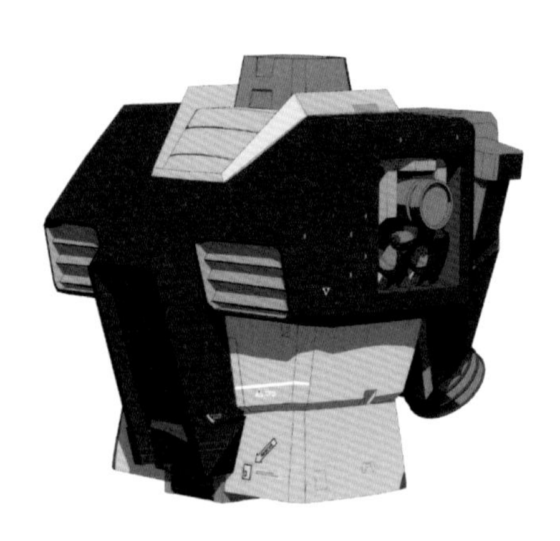

因此為了確保無論是位於太空中或地球上，任何一個生產設施都能單獨將MS製造完成，在設計上才並未採用過於先進的技術。這樣一來由傳統技術延伸發展出來的科技，以及既有的生產設備才能充分對應相關需求。

從結果來看，根據上述需求設計出的RX-78系統，其實早在這個時間點就已具備以能夠立即轉往量產階段為前提的設計。

胸腔構造的基本部分是以框架前後兩處作為主要支撐點，前方支撐部位是利用兼具緩衝阻尼器機能的促動器❹與框架連結在一起。該促動器能左右搭配驅動，藉此讓左右胸腔能做出微幅的前俯後仰、扭轉、上下擺動等動作。不過其可動範圍並沒有想像中那麼寬廣就是了。

與基本部分下方相連的是腹部裝甲。雖然內部容積是設計成足以收納核心區塊的，不過交由各生產線獨自生產核心戰機其實並不合理，再加上這樣會令生產工程變得過於複雜，因此在以省時和簡化工程（自然還有降低成本）為優先的情況下，很快地就決定放棄搭載核心區塊。分割為上下兩側，有著複雜合體機制的內部構造也連帶予以省略。雖然為了更便於生產起見，原本也有考慮過更改為一體化的構造，不過終究還是保留分割為上下兩側的構造。理由在於若是內部核心組件有了進一步發展或改良之類的情況時，這樣會比較於進行換裝。

在裝甲上側正面設有進場燈❺。這是吉姆在接近運輸艦或基地等處時，用來表明自身存在的燈光，以這個狀況來說，左側會發出紅光，右方則是會發出綠光。該配色沿襲自打從以前船舶和飛機就在使用的航行燈。另外，在面臨各感測器失效的緊急狀況，或是駕駛員在開啟駕駛艙門狀態下讓MS低速步行移動等情況時，為了便於確認行進方向上是否有障礙物，該處亦能改為照射白光。位於其下方的檢修艙蓋❻裡設有連接槽，可從該處連接外部顯示裝置，藉此顯示內藏核融合爐和發動機的運作狀況。左右兩側均設有檢修艙蓋，這兩處也都能顯示相同的資料。在這個艙蓋裡亦內藏有可供在緊急狀況下開啟駕駛艙區塊的手動操作裝置。這一帶明明已經設置裝甲，進一步設置開口部位是否妥當，這點在設計時確實頗令人猶豫，不過就機體構造上來說，實在沒有其他適合設置的部位了，因此最後還是決定設在腹部正面的這個位置上。

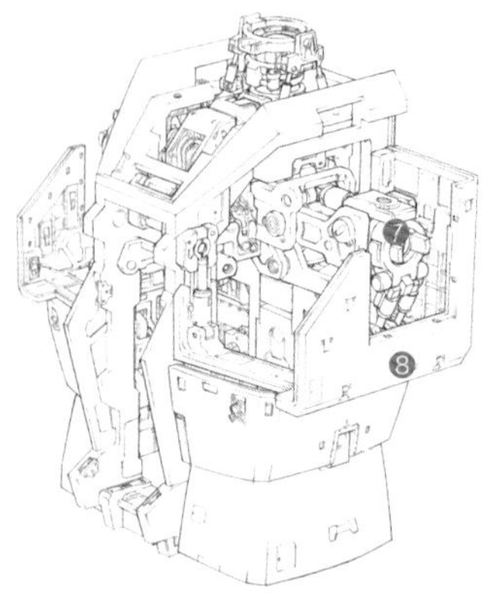

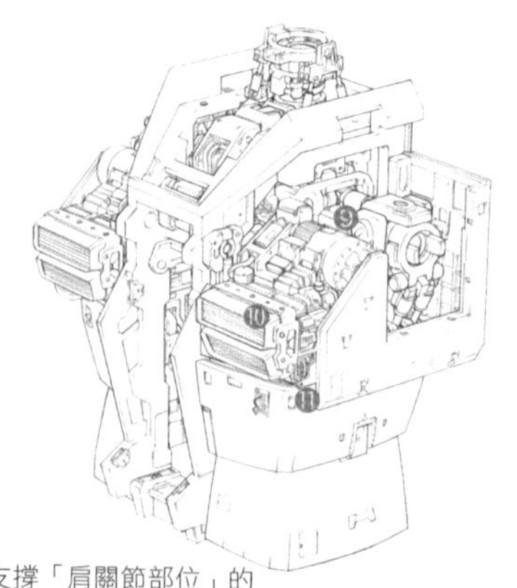

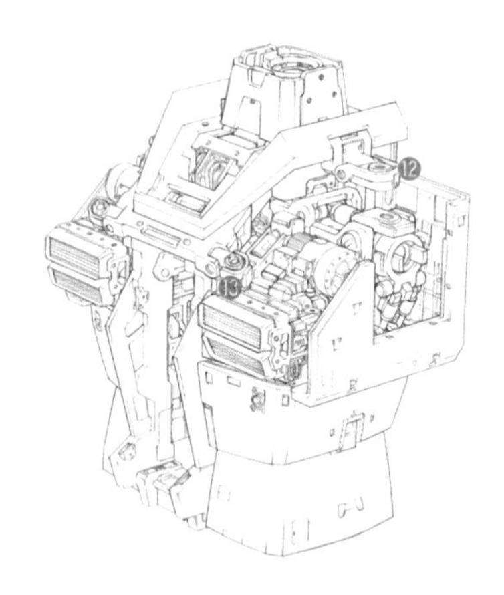

胸腔左右兩側尺寸最大的機器，正是用來牢靠地支撐「肩關節部位」的肩部連接基座❼。這個基座本身能往上下、前後、左右三軸微幅轉動角度，其目的並不在於擴大臂部可動範圍，而是屬於在肩部或臂部做出激烈動作時，能夠避免衝擊力道直接傳導到上框架處的構造。也就是能發揮作為緩衝機構的機能。不僅如此，在其下方亦設有用來支撐臂部整體重量的阻尼器❽。該阻尼器是用來避免肩部至臂部（生產第一線僅統稱為機械手）往下擺動過度，能發揮屬於制限阻尼器的機能。

收納在其前方的，正是作為上半身驅動源的主發動機❾。

位於胸腔左右兩側的大型組件，正是排氣（正確來說是散熱）兼姿勢控制裝置用噴嘴的散熱口❿。在開口部位裡設有可動式風葉，這部分可經由開闔幅度調節排氣噴出方向和流量。在太空中要如何冷卻，亦即進行熱交換一事，這對MS這種兵器來說是極為重要的問題。地球聯邦軍則是透過相當單純的構想解決這個問題。

這個構想也就是在機體內部搭載特殊的蓄熱物質，再經由散熱器以散熱方式將這種蓄熱物質給傳播出去，藉此排出到機體外。這也是出自在太空中排出高溫狀態的蓄熱物質時，亦可亦一併使用在姿勢控制上的想法。以逐步將用液態搭載的蓄熱物質透過氣態排出這個方法來說，在實驗階段就已相對地成功，後來隨著經由重整蓄熱物質成分施加改良，散熱口的形狀也經過調整。不過實際運用之初的機構在將蓄熱物質加熱到極限後，發現在物理性質上有著難以控制的問題，必須用不時「漏氣」的方式來解決。

因此在該系統初期生產的機體都設有開放式散熱口⓫。經由重整和改良做到足以一定程度地進行物理性質控制時，亦有試著進行作為噴射口使用的實驗，雖然有局部機體採用這個設計，不過為了避免系統變得過於複雜，最後並未全面採用。

另外，吉姆並未侷限於MS本身的技術，亦採用從傳統太空載具時代就存在的散熱手段作為輔助。那就是將機體表面裝甲的局部作為散熱板使用，亦即將熱轉換為電磁波類能量（具體來說是紅外線的形式），藉此透過輻射方式進行散熱。對以往的戰鬥用載具來說，若是採用這種輻射散熱方式的話，可能會遭到紅外線探測類的偵察方式掌握行蹤，往往被視為有害無益。不過在散布米諾夫斯基粒子的環境下就用不著擔心這類問題，因此便積極地搭載這類系統。不過剛返航之後進行整備時，變熱的裝甲可能會對整備人員造成危險，這類系統也就僅設置在局部裝甲上，但這樣一來使用效率也不會多好，充其量只能算是一種輔助手段。

胸部外裝並非直接與上框架相結合，而是藉由與上框架相連接的可動式支撐部位⓬⓭固定裝甲內殼後，再將裝甲外殼固定在設置於內殼上的兩處接合基座⓮上。內殼其實不是厚度一致的板形素材，屬於有局部厚度相異的構造⓯，基板與半圓柱狀桁架構造是一體成形的，藉此確保輕量化和具備能維持結構的剛性。

外殼與內殼均是用以鈦作為基礎材料的高強度合金製造而成，不過亦有搭配其他金屬使用。另外，這兩者也都有著梯度複合組成，呈現在性質上

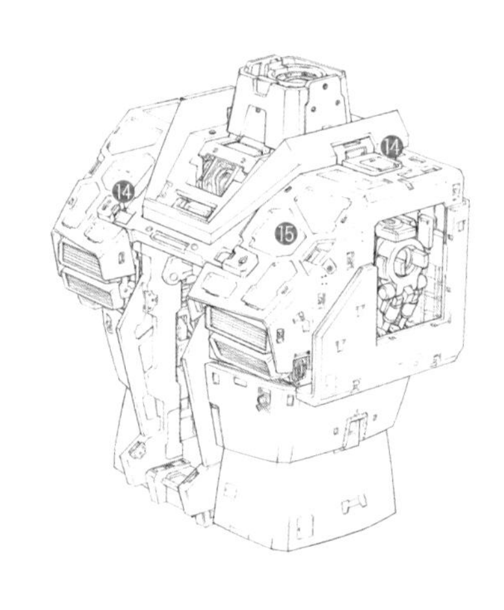

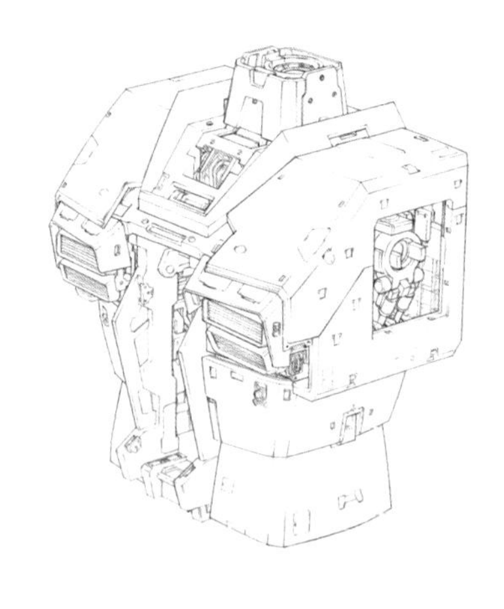

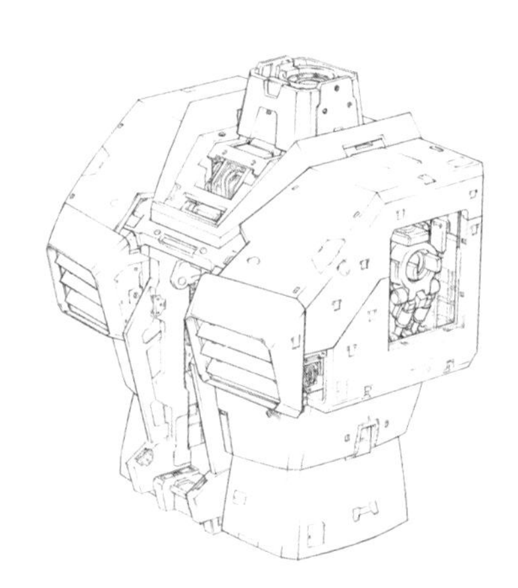

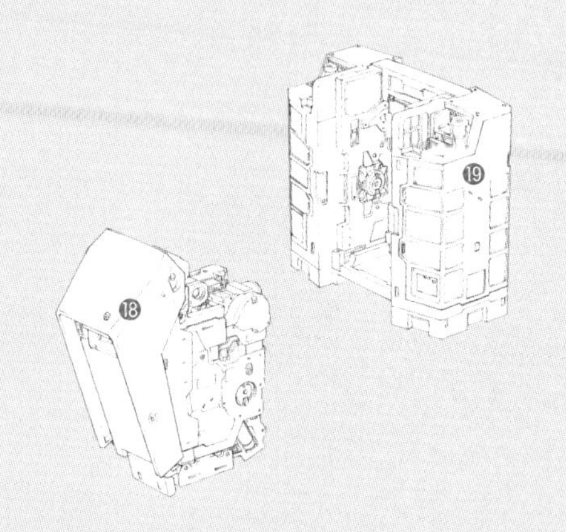

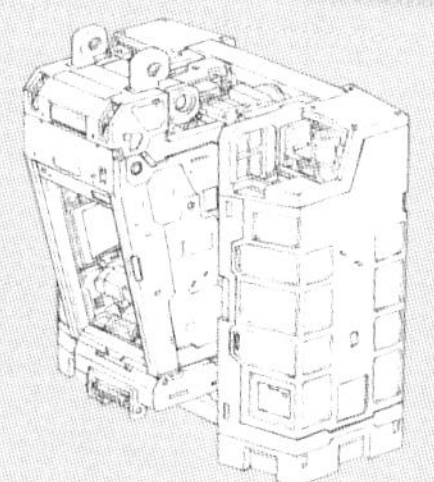

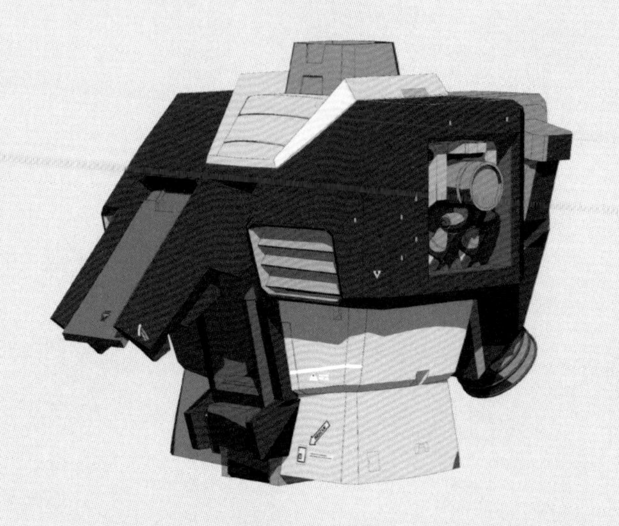

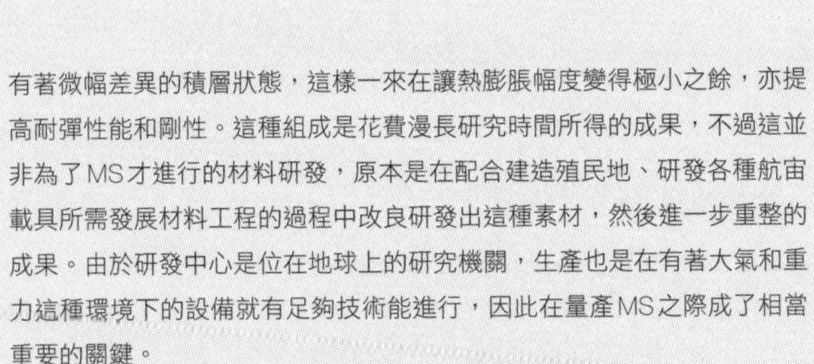

有著微幅差異的積層狀態，這樣一來在讓熱膨脹幅度變得極小之餘，亦提高耐彈性能和剛性。這種組成是花費漫長研究時間所得的成果，不過這並非為了MS才進行的材料研發，原本是在配合建造殖民地、研發各種航宙載具所需發展材料工程的過程中改良研發出這種素材，然後進一步重整的成果。由於研發中心是位在地球上的研究機關，生產也是在有著大氣和重力這種環境下的設備就有足夠技術能進行，因此在量產MS之際成了相當重要的關鍵。

此外，考量到沒有散熱管道通過的外殼外側需要更徹底地隔熱，因此利用陶瓷系材料施加較厚的鍍膜（後來外殼改為採用鈦－陶瓷的機能性高強度合金）。

胸腔基本部分和腹部裝甲也是設計成相同構造，不過內殼和外殼並未維持各自獨立的狀態，而是經由焊接牢靠地固定。

裝甲外殼上設有一般整備用的各種檢修艙蓋，當需要進行取下裝甲外殼這類大幅度的整備時，一般來說得先從駕駛艙裡解除裝甲的扣鎖。胸腔側面的艙蓋⑯裡也設有解除裝甲扣鎖用機構，不過只有在遇到得要對因為傾倒而無法行動的機體進行修補，或是要拆解回收到棄置的機體之類狀況才會使用到，在有著完整設備的環境下幾乎不會動用到。

頸部基座前方被分割為三片的裝甲⑰所覆蓋。當頸部（第一線人員稱為回轉台式安裝座）以上受損時，該處也能搭載備用的通信、雷射機材。在需要設置這類備用器材的狀況下，前述的三片式裝甲會被拆除，不過該處底下其實也仍設有透明罩，以防有異物侵入機體內部。

軀幹裡的空間設有駕駛艙區塊⑱和核融合爐區塊⑲。駕駛艙基本上也備有緊急逃生裝置的機能，由於是以在太空中逃生為前提，因此主體框架是用較厚的裝甲板和輻射線隔絕材料包覆，在後側也設有推進用的姿勢控制噴嘴。逃生時會啟動爆炸螺栓，這時前側的裝甲和駕駛艙主體會被同步排除開來，位於駕駛艙逃生路線上的障礙物就得靠著駕駛艙主體抵禦衝撞。至於姿勢控制噴嘴則是會執行一定時間的推進，直到與機身主體拉開夠充分的距離。這一連串是預設成緊急逃生程序，當發生機體遭到一定程度的重創、機體出現明顯的異常機動行進，以及駕駛員失去意識等狀況之際就會自動執行。不過戰鬥中其實免不了超乎預期的機動行進或是遭到衝擊，為了避免發生程式誤判的情況，一年戰爭中其實有不少將緊急逃生設定成純粹手動操作的例子。等到這類程式獲得改良並落實自動化機能，那已經是駕駛艙採用球形逃生艙構造，也就是格里普斯戰役前的事情了。

另外，對於在地球上運用的機體來說，這類設計毫無意義可言，因此會省略逃生、推進等原本必要的機材。

地面戰用機體改利用正面裝甲上側裡的些許空間設置絞車和起重機，不過這種逃生方式顯然打從一開始就沒把機體往前傾倒的狀況納入考量。

核融合爐是採用將駕駛艙後半包覆的形式在框架左右兩側各設置一具。搭載於機體內部時則是藉由上框架處的支撐架懸吊該框架部位加以固定，並且利用下側支撐架的阻尼器減輕振動和衝擊力道。

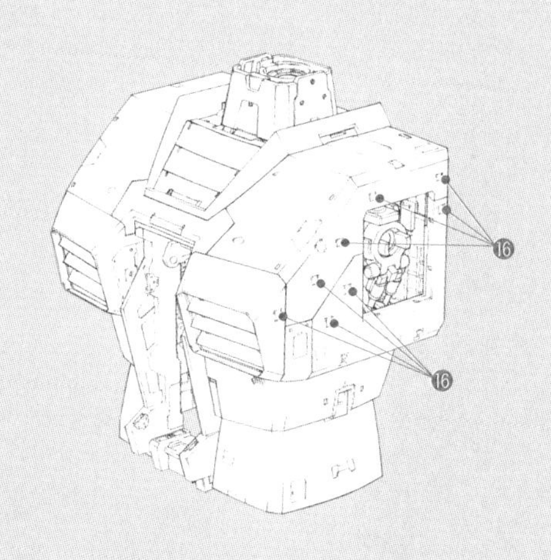

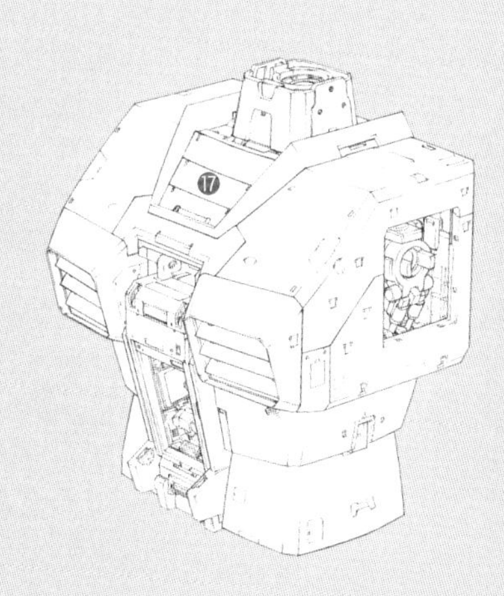

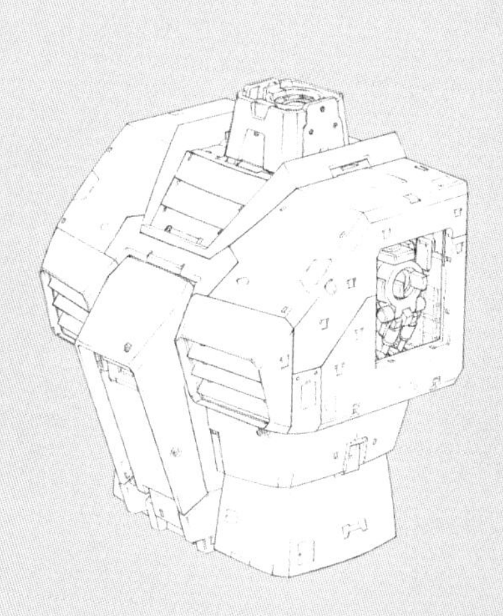

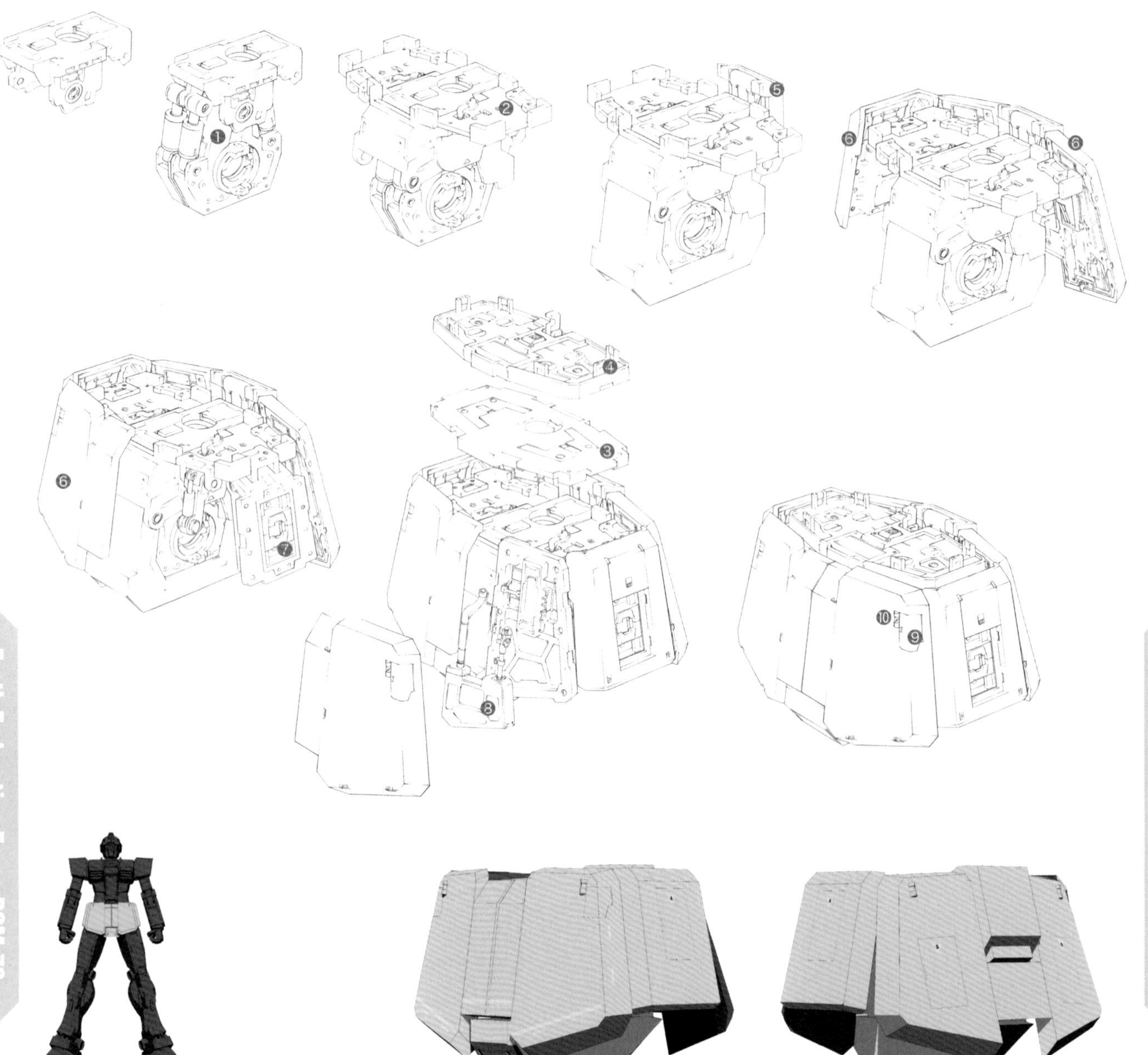

BODY BLOCK: WAIST ■腰部

腰部的基本架構體被稱為下側框架❶，這部分是由左右兩側所組成的構造，為了固定支撐著上半身的腹部基本部分❷，因此基座部位是設置在頂端的。下側框架還在下緣處收納可供取得腳邊視覺資訊的感測器、攝影機等器材。

由於不僅得負荷來自上半身的重量，還得充分支撐作為移動裝置的下肢，更要持續地對上半身往前後左右方向的重心移動做統合控制才行，因此框架本身的構造極為粗壯厚實，內部亦設置可供檢測負荷、平衡、水平、上半身與下肢之間相對位置的感測器、千斤頂、平衡器等裝置。這個部位在太空中得承受的負荷確實較少，不過在重力環境下就得負荷相當程度的重量，在確保構造強度方面可說是研發階段中最為費事之處呢。而且當同一架機體要從太空移動到1G環境下時（反過來的狀況也一樣），內部平衡器還非得迅速地完成重新設置以適應環境不可。要是未能順利地完成重新設置，一進入不同環境的那瞬間就會無從控制，這可說是非常危險的狀況。

腹部基本部分是固定在下側框架頂端的。該組件不僅是用來覆蓋上半身底面的開口，基板部位亦具有作為腰部裝甲連接基座的機能。該處雖然乍看之下只是一片純粹的板形組件，不過為了確保構造強度起見，這個部位亦經過審慎的設計。就這一帶的構造來說，用來控制上半身轉動的制動盤❸固定於該處頂面，再往上一層則是設置用來覆蓋腹部裝甲底面開口的擺動板❹。

另外，下側框架還裝設如同將這裡整個包覆起來的裝甲外殼。下側框架背面上端還設有下掀式的武裝掛架❺。該掛架起初也檢討過是否要採用電磁式裝卸機制，不過最後還是採用構造較單純，不易故障的機械物理式「扣鎖掛架」設計，只要是設有適用於這種掛架的轉接器，那麼該裝備即

可掛載於這個地方。

在腹部基本部分周圍還設置懸吊式的增裝裝甲❻。這類裝甲在構造上是由外殼裝甲和用來強化構造的內部骨架所組成。各裝甲板懸吊部位均分別設置促動器、制動器、阻尼器等裝置，使裝甲板不僅能配合下肢的動作調整角度，亦能避免意外碰撞到大腿部位。這類機構在無重力的太空中可說是格外重要的構成組件，要是沒有促動器進行控制的話，裝甲板就只是純粹地懸吊著，一旦機體展開複雜的機動行進，那麼這些裝甲板就會在慣性作用下各自擺動，呈現如同揮舞翅膀般不斷晃動的狀況。因此在太空中戰鬥時，要是發生無法經由促動器順利控制的狀況，就得用爆炸螺栓強制拋棄裝甲板才行。另外，即使是在一般運用狀態下，為了避免裝甲板意外撞擊到大腿部位裝甲造成損傷，裝甲板內側邊緣還加上一層較厚的吸收衝擊用耐燃彈性體。

側面裝甲板上也設有用來固定武裝、裝備用的「扣鎖掛架」❼。這部分也並非電磁式機構，而是同樣採用構造較單純，不易故障的機械物理式掛載機制。

在太空中運用之際，正面左右兩側裝甲板可更換為內藏有備用燃料槽❽的版本。這個版本的裝甲板在外側下緣邊角處設有噴嘴，可經由促動器控制裝甲板的角度，進而調整噴出推進燃料的角度。該處的推力並不算大，多半是在吉姆進行慣性航行，或是低速接近母艦等目標之類狀況時進行微調、制動用。作為推進燃料使用的時候就像噴水一樣，藉由控制噴出的初速和質量來調整推力。在燃料注入口連接艙蓋❾旁邊設有感測器❿，該處是用來檢測裝甲板開闔角度的。這種裝甲板屬於選配式裝備，雖然在地面上是完全派不上用場的，不過亦有將備用燃料槽裡改為裝生活用水的例子拿來使用。

■初期的聯邦軍MS搭載電腦

地球聯邦軍製MS的來由和傳統兵器截然不同，在建構控制系統時當然也近乎是全新進行研發。即使採用米諾夫斯基・尤涅斯科型小型核融合爐作為驅動方式，亦得搭配流體脈衝式促動器或力場馬達之類驅動部位控制機構才行，這些機構更是必須使用到超級電腦級的演算裝置進行控制。話雖如此，這些也只要運用從傳統系統延伸發展出的技術就能解決。

真正的問題，其實在於如何建構出MS整體的控制系統。在正式著手進行RX計畫之前，也就是U.C.0078年初前後，聯邦軍的研發局就已透過進行基礎研究，以及利用擄獲的公國軍機體分析運動方式等研究手段，藉此將可進行基礎運動控制的軟體給建構完成。就這點來說，控制系統本身和硬體設計原本就是密不可分的，這只能算是最低限度的準備罷了。不過若是以MS整體來看，那麼除了純粹的運動控制之外，還必須建構足以一併對動力相關控制、戰術行動支援等各方面進行綜合管理的軟體系統才行。

因此RX系列機體採用不僅能針對現況自動選擇最佳行動，還能對駕駛員提出建議的中樞電腦。

以RX-78鋼彈為首的RX系列不僅是機體本身，就連在運用層面上也充滿實驗性質。

以V作戰中RX系列所在用的核心區塊系統為例，之所以會搭載該系統出自提高駕駛員生還率、回收實戰資料等諸多考量，這些理由也都具有充分的說服力，不過就原有的意義來說，亦可反向推論出RX系列是為了探討MS在運用層面上的多元性，因此才製造出來的測試案例。

尤其RX-78這種高性能機體打從一開始就不是以能夠大量生產為前提，即使如此，該計畫也仍舊獲得核可，這很明顯地點出該機體是拿來奠定戰術的基礎研究用樣本。既然打算實際運用MS這種兵器，那麼肯定得將今後運用在作戰方面的發展納入考量才行。因此聯邦軍不僅讓改裝自MS-06薩克Ⅱ擄獲機的機體、在V作戰下研發出的RX系MS上陣對抗吉翁軍，在戰爭後期還積極地派先行量產的RGM-79[G]陸戰型吉姆等機種前往各個戰線，力求收集各種實戰資料。說穿了就是希望能及早掌握MS所蘊含的潛力。

有別於後來量產的RGM-79系機體，RX系列MS有著諸多特色，就連操作系統也採用相當特殊的裝置，那正是被稱為「教育型電腦」的中樞電腦。

既然是為了探討MS具備何等可能性而存在的機體群，這也代表著在運用方面充滿未知數，那麼就司掌戰術的電腦來說，肯定也無從搭載已達完成階段的裝置。況且要是侷限在特定用途上的話，RX系列也就無從達成摸索潛力何在的真正任務了。就這層需求來說，中樞電腦必須要擁有兼具靈活性與擴充性的基礎性質才行。再加上還有著三架相異機種必須要能使用共通核心區塊系統的前提，而且非得配合各機體的操縱和戰術進行最佳化不可。

正是因為如此，以RX系列MS所需要搭載的電腦來說，按照一般程式邏輯運作的傳統型電腦根本負荷不了，所以才必須研發專供MS搭載用的特殊系統。雖然詳情至今仍舊不明，不過應該具備極為接近人腦的機能才對，據說真正搭載這種電腦的，其實僅限於在V作戰下生產的核心區塊系統。即使統稱為「教育型電腦」，不過還是可經由硬體相搭配程式來賦予類似的學習機能，後續的RGM-79等機種就是用這類傳統系統來輔助操縱。

以V作戰機體用教育型電腦可發揮的學習能力來說，假設面臨過去從未經歷過的戰況，或是遭遇到不明敵人之際，均能由MS本身去計算該如何對應才是最妥善的，更能據此將駕駛員在操縱時所表現出的意圖反映到動作上，可說是具備追求最佳行動結果的能力。另外，機體各部位的控制也是在一瞬間內就能下達決定，這方面不僅會經由內部處理執行命令，還會適當地判斷需要提供給駕駛員的補充資訊或警告之類訊息。在對應駕駛員的操作時，亦不會侷限於既有的模式，而是會即時重新建構判斷基準，然後據此在一瞬間內計算出可對應狀況的最佳行動。這等應用力和反應力正是V作戰機體用教育型電腦的精髓所在。

駕駛員的能力對MS成長幅度當然也會造成很大影響。就「培育」教育型電腦的方式來說，最為理想的狀況，其實是讓不特定多數駕駛員所使用的機體全面搭載，經由徹底比較學習案例在最短時

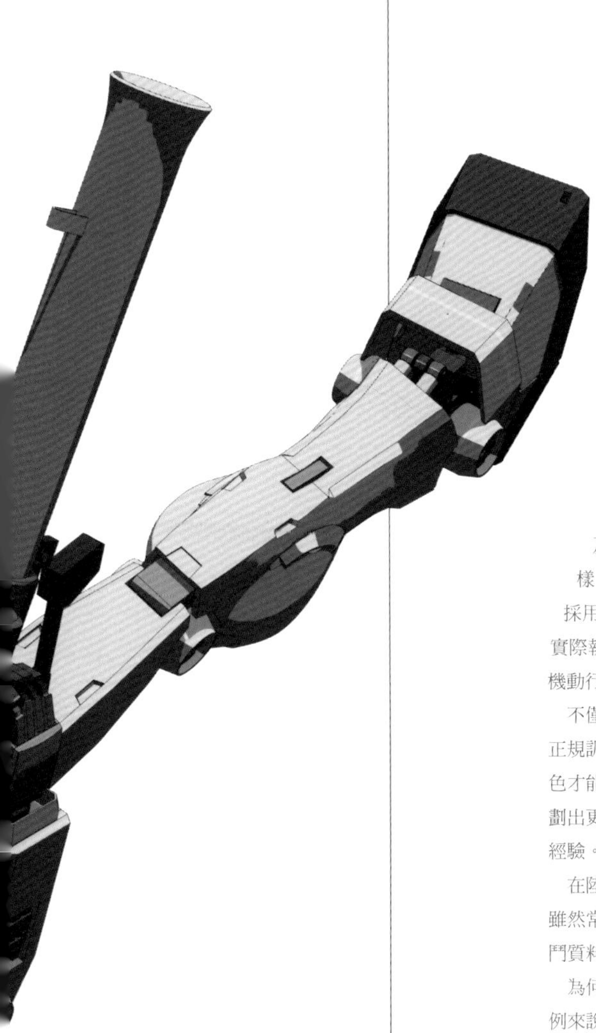

間內計算出最佳答案。不過在系統完成之前就投入實戰的話，可能會造成嚴重損耗，若是從這個觀點來看，那麼效率顯然稱不上好。因此確保少數的優秀測試駕駛員就變得相當重要。

從MS試作階段起就開始選拔駕駛員參與測試運用，這確實是V作戰當初設想過的做法，不過正如大家所知的，在進入實戰測試階段之際，其實是由當時仍為平民的阿姆羅・雷駕駛。

以駕駛員操作經驗和機體系統調整來說，原本應該要花上一定的時間進行細膩調校才對。這方面也少不了由技術人員和駕駛員進行溝通，藉此掌握調整方向的階段。V作戰最值得慶幸的，就屬阿姆羅對機體系統具有一定程度的了解，這類作業本來需要具備高度知識的人工智慧調整技師（通稱修鞋匠）等複數專家協同進行，阿姆羅卻幾乎都能獨自處理（話雖如此，實際上還是有仰賴電腦輔助）。況且就期盼單一測試駕駛員所能取得的成果來說，他的能力其實還在這之上；再加上RX-78用教育型電腦具備足以自我重新建構的靈活性，這些要素可說是促成MS整體升級呢。

換句話說，以試著在無重力環境下移動位置為例，在尚未構思出具體方案的情況下，若是想找出更具效率的機動行進方式，那麼交由了解MS動作原理和控制系統的技術人員，以及能直接掌握機體會如何動作的駕駛員合作研討，顯然才能迅速地找到答案。在戰鬥方面也一樣，當重新充填能量需要花上一段時間的光束步槍彈數所剩不多時，乾脆地放棄這挺武器改為採用其他攻擊方式，其實需要高度的戰術判斷，這方面取決於駕駛員的個人經驗與直覺，但唯有實際執行過，教育型電腦才有檢討對象。就RX-78的運用案例來說，其實從中找出不少細膩動作、機動行進，以及戰術等層面的新穎概念。

不僅如此，雖然算是附帶的效益，不過包含RX-78在內的RX系列機體在這個時期都是交由未經正規訓練，或是欠缺測試駕駛員所需優秀才能的一般人在運用，這點可說是意義重大。有了具備出色才能者，以及等同外行人的駕駛員這兩種例子，再將雙方的操縱資料拿來分析比較之後，為了規劃出更適合一般實戰配備機所需的戰術構築和操縱輔助等演算法，教育型電腦可以累積更多實用的經驗。

在陸續回收RX系列機體的戰鬥資料後，這些資料也成為了研究如何更有效率地運用MS的樣本。雖然常聽到這些戰鬥資料也提供給RGM-79等後續MS應用的說法，但嚴格來說，RX系列機體的戰鬥資料其實無法直接套用在後續機種上。

為何會這麼說呢，理由在於既然機體構造和使用火器不同，那麼最佳戰術肯定也會有所差異。舉例來說，當遇到在極近距離內與MS-06薩克II對峙的情況時，就算對方動用薩克機關槍進行攻擊，不過以具備月神鈦合金製裝甲的RX-78來說，很可能會做出在一定程度下無視對方攻擊，果敢地進行反擊的判斷。但這種戰術顯然無法直接套用在裝甲為鈦合金製的RGM-79吉姆身上對吧。

帶回前述戰鬥資料之後，隨即交由賈布羅總部的MS戰略研究班處理，該單位運用演算能力更勝於RX系列機載電腦的系統進行分析，經由模擬測試配合RGM-79等各機種進行最佳化，進而研發出專用的控制、戰術程式。這種戰術分析電腦與用來設計MS的CAD＝CAM系統之類電腦為同等高性能系統，亦有運用來研發訓練駕駛員的模擬程式。

MS所需的系統得從無到有開始建構起，為了達成這個目標的最佳策略，就屬研發出具備高性能且足以全方位運用的MS群，為此也必須採用成本高得驚人的教育型電腦。從中獲得相關資料後，亦能充分地應用在整頓後續機種的程式研發、駕駛員培訓等周邊基礎建設上，可說是環環相扣。

在戰場理論隨著MS誕生而回歸一片空白的狀況下，注定無論如何都得在短期間內奠定嶄新的戰術方向才行。聯邦軍在一年戰爭開戰之初就於戰術論和戰力雙方面都遭到前所未有的重大打擊，不過在邁入宇宙世紀後憑藉各式「戰鬥」帶來豐富經驗所培育出的理論，可說是成了日後逆轉局勢的原動力。要是沒有將教育型電腦運用在MS研發上的構想，那麼就無從獲得RGM-79系列的成功。

■RGM-79吉姆的中央電腦與RX系列機體不同，雖然可經由自動特化對個別駕駛員在操縱時提供輔助，卻無從針對新狀況進行分析，並建構新的運動程式加以對應。換句話說，該系統是奠定大致的運用方向後，為了使MS能做出最理想的行動，特此進行最佳化而成。

■在聯邦軍的整備規範中，MS的消耗零件被分類為A～D這四個等級。在安全性上會衍生重大問題的A級零件必須立刻更換，B級以下需要在一定期間內更換，或是達到某個出擊次數就要更換。一年戰爭結束後，雖然也有部分RGM-79吉姆賣給民間單位作為工程機具的例子，不過所有生產線都已停止運作，致使全新的消耗零件也只能逐步停止供應。外裝部位或許還能透過第三方製造的零件補充，但在製造工法上牽涉到諸多軍事機密的骨架就無從比照辦理了，在這層限制下亦有不得不報廢機體的例子。只要不進行戰鬥機動這類嚴苛的運用，在使用上也並沒有出現問題，因此使用時間最長的機體甚至一路運作到U.C.0090年代末期呢。

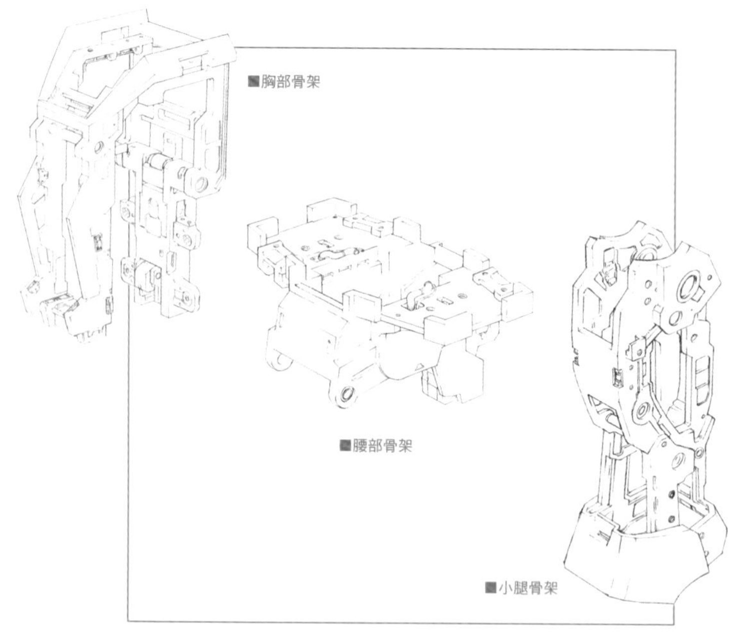
■胸部骨架
■腰部骨架
■小腿骨架

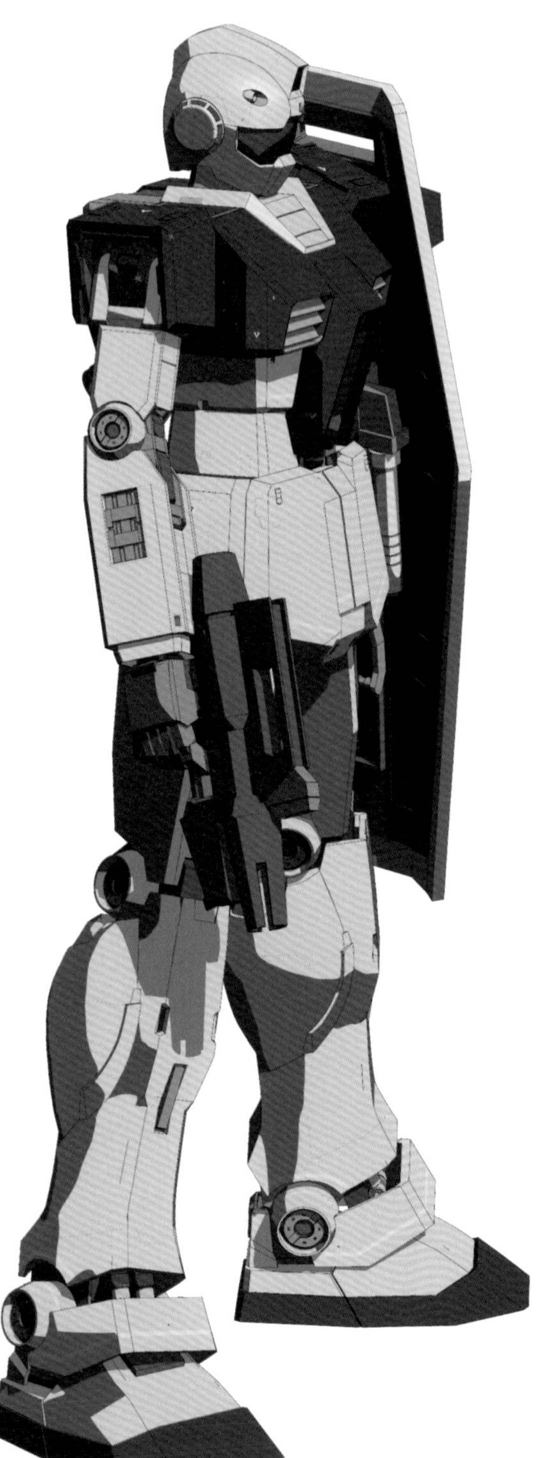

■骨架成形技術

這是MS的基礎製造技術之一。為了提高耐彈性能和確保強度起見，骨架和多少具有外骨骼性質的裝甲會採用梯度複合金屬這類複雜構造。舉例來說，RGM-79採用的鈦合金製裝甲並非純粹只有一種，為了滿足前述的要求性能，唯有採用在性質上有著微幅差異的同系統合金打造出複合構造才辦得到。雖然是題外話，不過月神鈦合金等特定素材為了進行這類梯度複合精鍊，必須使用到無重量環境下的設備才行，可說是打從一開始在量產性方面就有所問題。另外，高輸出功率發動機等特定內部構材也需要使用到這類特殊的太空金屬，因此是唯有月神二號工廠才能製造的機體。

地球聯邦軍決定試作MS時，主要零件是規劃由賈布羅工廠進行製造的。賈布羅工廠原本就擁有建造船艦的設備，無論是要製造這類梯度複合金屬，或是利用這類材質打造出尺寸在數公尺等級以上的零件都不成問題。這些船艦建造設備不僅轉用於MS試作階段，在正式大量生產時亦同樣擔綱製造。不過在量產被稱為A型的初期RGM-79之際，受到濱松計畫以增量生產船艦為優先要務的影響，工廠設備進入24小時全面生產的狀態。俗稱框架衝床的該裝置可能頂多只分配一、二具供生產MS使用。

由這種框架衝床製造的骨架和裝甲零件在賦予材質梯度複合性質之際，還能比照如同光纖的配線構造將透射率相異，製造成管線狀的數種類透明金屬封裝在其中。MS內部配線有近70%都是利用這種構材封裝產線製造，組裝時只要將驅動馬達和電腦組件等內部構造零件設置到定位，即可立刻完成安裝，配線作業也能一併完成，這種便利性可說是最大的優點所在。

當發生裝甲構材破損的狀況時，如果是小幅度的損傷，那麼只要修補這類配線構造有所缺損之處即可。一般來說，這個時期的MS視部位而定，某些外裝甲也具備如同骨架般固定機體外形的機能，因此當內部配線遭到致命性的創傷之際，其實多半也已經失去作為機體構材所需的最底限強度。在這種狀況下就不會選擇修復，而是整塊更換成新的零件。

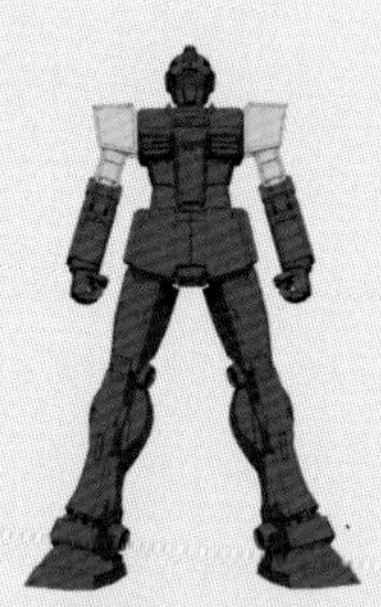

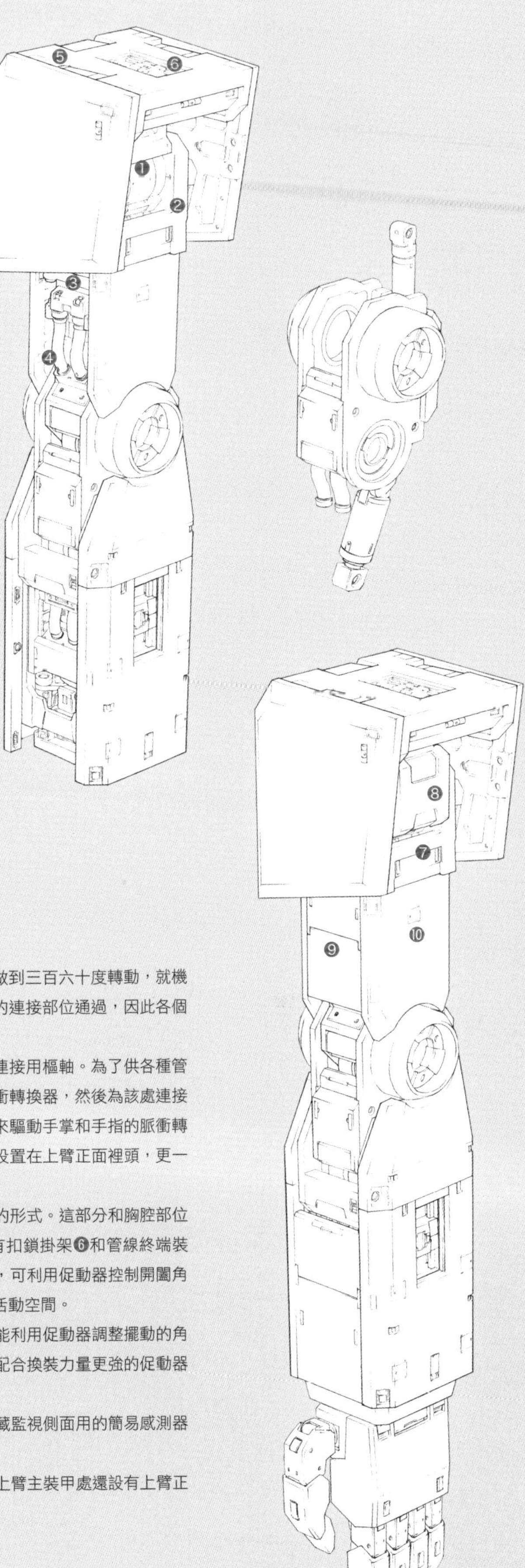

ARM BLOCK: UPPER ARM ■上臂部位

這個部位相當於起重機的吊臂，從肩關節至上臂的驅動輸出功率也設定得較大。這裡也是軸轉動系統的集合體，基本架構是由驅動馬達和封裝這些裝置的套管組成骨架，藉此構成上臂部位的形狀，然後才為周圍設置外裝式的裝甲零件。

但這還不能算是作為日後MS主流的內骨骼式（亦即可動骨架）構造，亦非外骨骼式（單殼式和半單殼式）構造，只能說是在架構上如同內骨骼先驅的準內骨骼構造。

各馬達套管裡都有預留可供動力傳導、電力系、光學系管線延伸至內部的數條通道，而且還設計成能夠因應需求增設電路的形式。

關節驅動機構採用力場馬達❶。這個部位為軸轉動系統，在理論上可做到三百六十度轉動，就機械構造來說有著極為寬廣的可動範圍才是，不過畢竟內部有著各式管線的連接部位通過，因此各個馬達均裝設用來限制可動範圍的制限器。

由於肩部外骨架❷底部為上臂的安裝基座，因此設有往外突出的上臂連接用樞軸。為了供各種管線通過，樞軸本身亦為中空狀構造。起初原本打算在胸腔裡設置流體脈衝轉換器，然後為該處連接能一路延伸至機械手的電路，但這樣一來整條電路會顯得過長，因此用來驅動手掌和手指的脈衝轉換器改為獨立系統，並且設置於上臂骨架❸內。導管❹也採用並排方式設置在上臂正面裡頭，更一路延伸至前臂內部。

肩裝甲共分割為三片，採用在頂面裝甲前後兩側上緣❺懸吊另外兩片的形式。這部分和胸腔部位裝甲一樣都是雙層構造。以日後能夠擴充裝備為前提，頂面裝甲內藏有扣鎖掛架❻和管線終端裝置，這部分平時是用裝甲罩覆蓋的。這幾片裝甲板也和腰部裝甲板一樣，可利用促動器控制開闔角度，藉此配合肩部、上臂、身體等處的動作調整角度，以便騰出必要的活動空間。

肩裝甲固定軸部❼位於覆蓋胸腔側面開口的裝甲凸緣上端，這部分也能利用促動器調整擺動的角度。不過當頂面裝甲搭載擴充裝備時，就得視該裝備的重量而定，必須配合換裝力量更強的促動器才行。

肩部內骨架側面外露處設置有別於肩裝甲的活葉式裝甲板❽，這裡內藏監視側面用的簡易感測器和板狀天線。

便於整備起見，分為兩根的流體脈衝導管設置在上臂正面裡頭❾，在上臂主裝甲處還設有上臂正面裝甲的固定解除裝置檢修艙蓋❿。

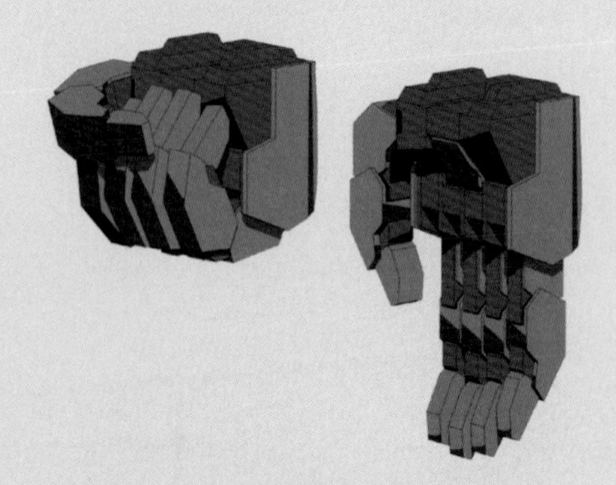

■機械手就相當於人類的手掌，為了充分負荷武裝的重量，並確保發射質量彈兵器時，在反作用力的影響下依然能穩定地持拿武裝，因此這部位必須隨持保持適當的扭力。機械手不僅是個相當精細的部位，更是由比外觀看起來更加堅韌的牢靠機構所組成。雖然在MS肉搏戰中足以承受揮拳毆打敵機數次的衝擊力道，但實際上並不建議這樣操作。
就機械手所需的「靈巧度」來說，隨著實際運用，控制系統有了顯著進步，其實早在一年戰爭結束前後就已能做到幾乎和現今同等的多樣化動作了。

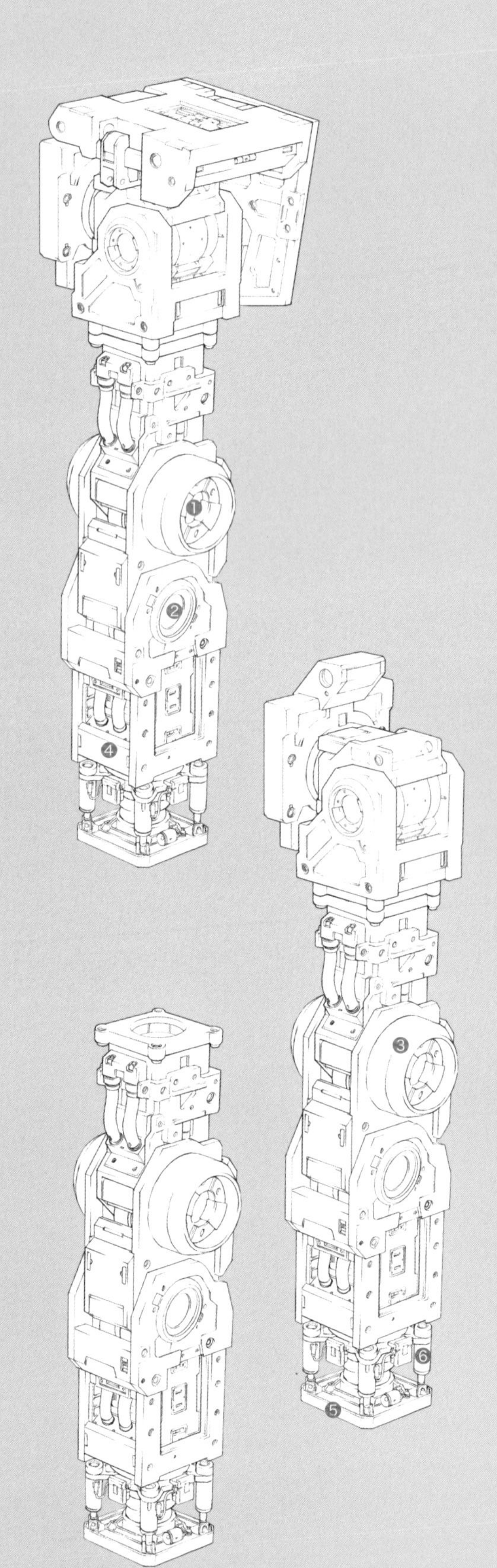

ARM BLOCK: FORE ARM ■前臂部位

上臂與前臂是藉由肘關節連軸器連接起來的。關節連軸器的形狀之所以設計得比較單純，理由在於該處的負荷較大，必須具備足以承受扭轉和拉扯的強度。另外，由於內部還得騰出可供各種纜線、導管通過的空間，因此套管的構造強度在設計上也經過審慎規劃。內部以縱列方式設置驅動用力場馬達（❶、❷），基於上臂和前臂要求的輸出功率不同，這部分也就搭載相異的馬達。

外露面積較大的前臂外側設置大尺寸裝甲。理所當然地，為了避免妨礙到上臂和前臂的驅動，該處設置促動器來控制動作。另外，側面設有錐台形裝甲❸，這是用來保護未被上臂、前臂裝甲覆蓋的部位。該處內側之所以設計成凹槽狀，用意在於當吉姆以直立狀態進行運輸時，讓該處可以作為專用拘束裝置的轉接器接合點。一般來說，拘束裝置會從左右兩側頂著機體，不過視情況而定，亦可改為讓臂部轉動九十度，以便從前後兩側頂住的方式。不過這是生產第一線為了便宜起見才會採用的方式，在部署後就沒看過如此使用的案例。

前臂部位的構造基本上和上臂部位相同。不過因為末端處得裝設機械手，所以擁有足以容納相關驅動機械的內部空間，在形狀上也具備相對應的強度，更為了在即使提高一般整備頻率的狀況下也便於進行作業，於是選擇設置分割為多片的裝甲。

前臂的內部骨架❹可說是核心所在。為了發揮屬於護盾連接基座的機能，該處具有能持續負荷載重偏移狀況的強度，在戰鬥時亦足以承受更為強烈的瞬間衝擊力道，因此就整體來說具備相當堅韌牢靠的構造。內部骨架末端設有作為機械手轉動基座的樞軸，該處外側套著可供微調機械手擺動角度的可動式凸緣❺。

力場馬達設置空間的四隅均設有促動器❻，藉此支撐可動式凸緣。配合臂部整體相對於軀幹（機體基準線）的位置及其動作，作為機械手支撐基座的凸緣也得保持在特定角度才行，可說是講究必須能做到複雜動作的部位。尤其是在使用射擊兵裝之際為了行瞄準調整起見，更得不斷進行微幅的動作調整。況且還很容易受到衝擊和離心力的影響，再加上框體容積並沒有充足到能提供充分保護設施的程度，因此這部分使用的促動器有著極高疲勞損耗率，這也是很明顯的事實。

前臂處外骨架❼正如字面意思，屬於獨立的外框構造，之所以如此設計，目的是為

■掌心部位設置在機體散熱管道之外，不會發燙，因此有時駕駛員會將機械手作為從駕駛艙乘降的手段。另外，該處表面包覆彈性體覆膜，可發揮防滑板的機能。

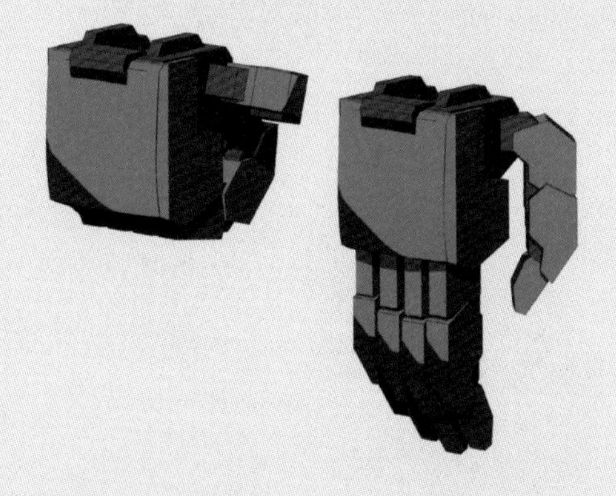

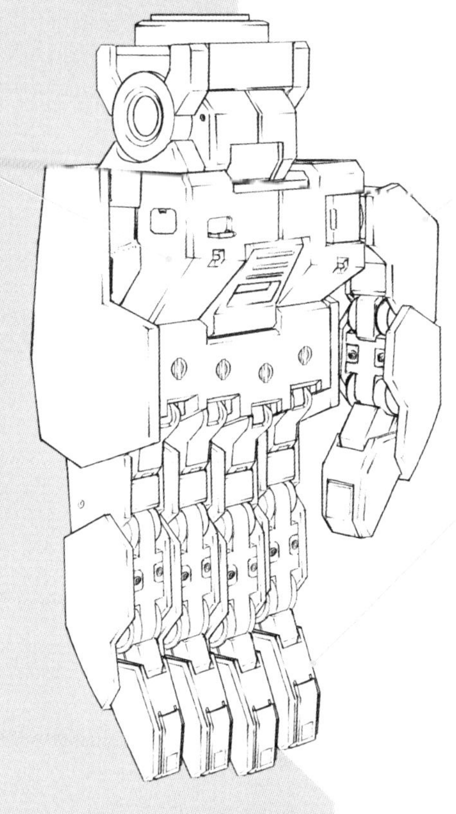

■仿效人類的手掌，將拇指設置在其他四指的對側，如此即可確實地握持裝備品和其他物件。聯邦軍起初也評估過是否要比照工程機器人，採用成本較低且更可靠的機構，在研究階段亦有試作過三指型版本。然而隨著MS-05薩克Ⅰ這架史上第一架實戰型MS出現後，隨即證明五指型機械手具備可和人類進行同等作業的性能。聯邦研發局目睹此等通用性後，立刻決定自軍MS也要採用這種機構。

■現今即使是相異機種，也一律採用共通的機械手，在供給與更換方面已方便許多。雖然指腹這側製造成平坦形狀，不過在初期MS上，其實能看到被稱為「圓形指」的環節型構造。此項設計概念在於持拿武裝時能夠減少手指接觸握把的面積，藉此提高單位面積壓力，進而達到穩定持拿的目的。如今則是全面為手指施加彈性體覆膜，達到能更牢靠握持的需求。

了在可動式凸緣故障較易於更換。另外，外骨架不僅能用來支撐裝甲，在裝甲與骨架的接觸面之間還設有衝擊吸收素材層，多少減輕前臂外部裝甲的衝擊，試著藉此降低對內部構造的影響。骨架末端還固定著用來保護可動式凸緣與機械手之間接合部位的附加裝甲袖口❽。

還就於構造上的關係，前臂處外部裝甲分割為許多片。雖然為了確保裝甲本身的強度起見，照理來說要盡可能避免分割開來才對，不過考量到設置護盾連接基座組件❾的需求，因此不得不採用這種分割式的設計。護盾連接基座在未使用時會被保護艙門所覆蓋，該道艙門必須從駕駛艙進行開閉操作，用來驅動的電磁式馬達也內含在裝甲裡，對吉姆來說是比較另類的構造。

託了外骨架為獨立構造的福，得以採用內骨架作為基準來統一規格，預留日後可加大前臂內部容積的擴充空間。吉姆就配備來說是以最初設想的各種兵裝為準，據此決定前臂構造強度和外裝零件的形狀，在設計上其實保留相當充裕的預期上限。不過經由實際戰鬥行動獲得相關數據資料後，發現自「手肘」起在構造上所承受到的負荷超乎預期。不過並未因此停下量產線進行修改，而是維持現況加緊腳步量產，這當然是因為大量投入吉姆才是首要目的所在，況且就運用層面來說，原本就沒有設想到需要進行會對MS造成很大負擔的格鬥戰。

另一方面，改良型前臂也很可能是由異於量產線的其他系統生產設施進行少量生產。當需要裝設強化型前臂時，至少也必須重新調整與機體上半身相關的操縱控制系統才行，這點相信用不著贅言敘述。

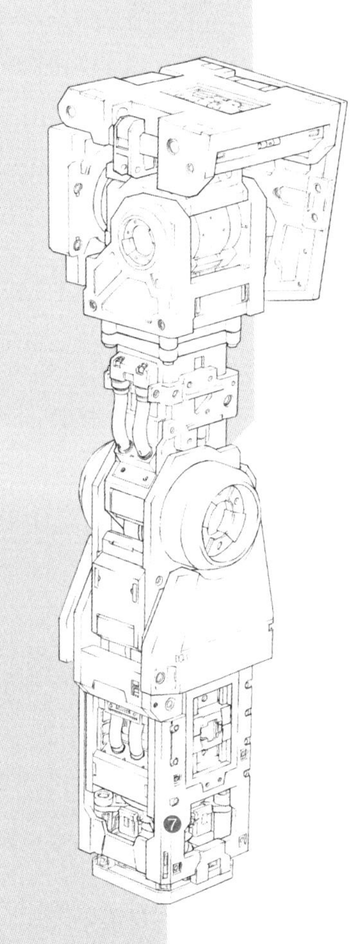

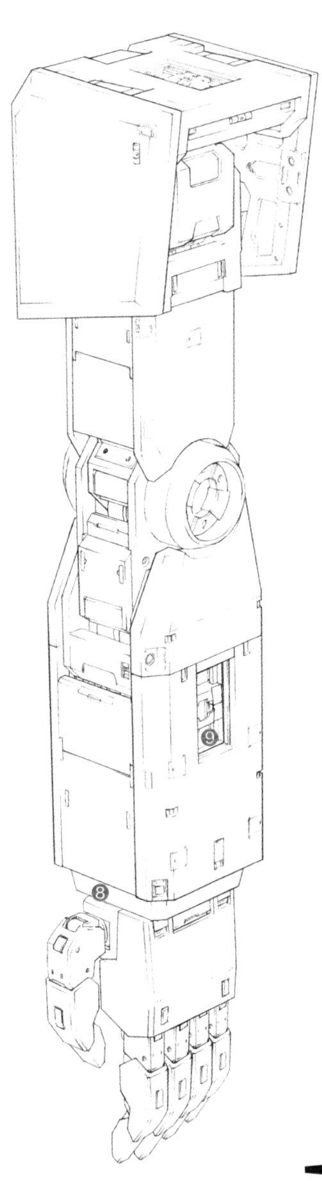

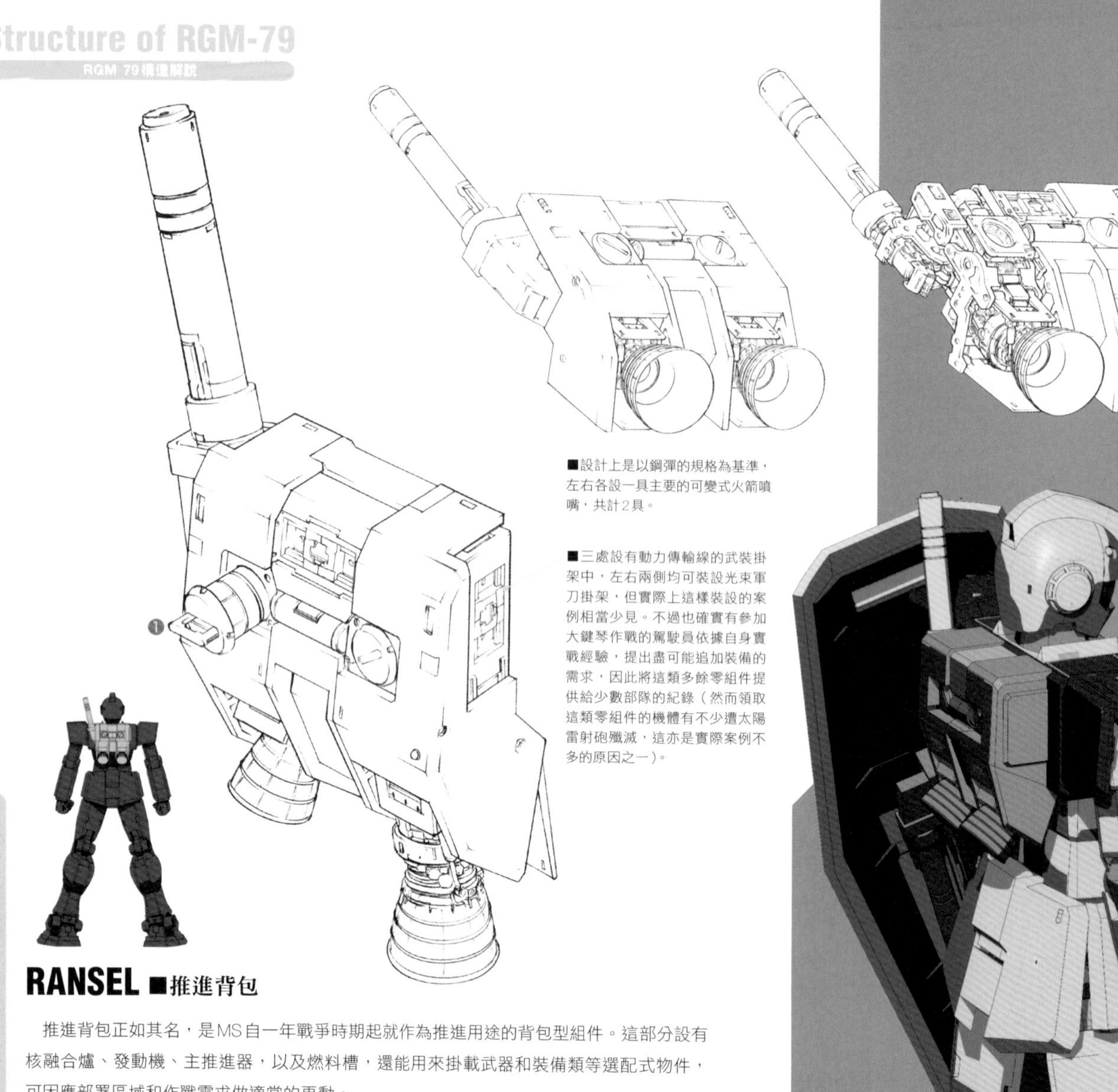

■設計上是以鋼彈的規格為基準，左右各設一具主要的可變式火箭噴嘴，共計2具。

■三處設有動力傳輸線的武裝掛架中，左右兩側均可裝設光束軍刀掛架，但實際上這樣裝設的案例相當少見。不過也確實有參加大鍵琴作戰的駕駛員依據自身實戰經驗，提出盡可能追加裝備的需求，因此將這類多餘零組件提供給少數部隊的紀錄（然而領取這類零組件的機體有不少遭太陽雷射砲殲滅，這亦是實際案例不多的原因之一）。

RANSEL ■推進背包

推進背包正如其名，是MS自一年戰爭時期起就作為推進用途的背包型組件。這部分設有核融合爐、發動機、主推進器，以及燃料槽，還能用來掛載武器和裝備類等選配式物件，可因應部署區域和作戰需求做適當的更動。

只要是基本設計相同的MS，那麼要換裝推進背包也相對地簡單，得以賦予適用於相異任務的性能，也因此設計並生產諸多型號。吉翁公國軍後來也以增加擴充性為目的，為相對較初期的MS設計這類推進背包，不過RGM系則是一開始就採用這種規格。

因此用來裝設推進背包的MS背面形狀與掛架均設計成統一規格，只要是RGM-79系的機體，就算是相異機型，應該也具有一定程度的互換性（另有說法指出，初期的A型在規格上是直到第五批次起才真正定案）。要使用推進背包內藏的各裝備時，必須在機體本身主電腦上的登錄資料和驅動系統，不過在連接組件的同時，推進背包處資料庫就會自動輸入安裝必要的軟體，能在短時間內就達到可以使用基本機能的狀態。不過當需要另行裝設特別增加額外機能的推進背包時，要是機體本身的平衡調整等機能未經充分測試運用，那麼也就無法完全發揮出應有的性能了。

吉姆的推進背包上設有兩具燃料槽❶，固定在MS整備架上也相當便於換裝。另外，這種燃料槽亦能利用MS的機械手進行更換。

武裝掛架共有上側和左右兩側共計三處，能從該處讓備有能量CAP的武裝與動力傳輸線相連接。在這三處武裝掛架中，為吉姆左肩處裝設光束軍刀掛架為標準搭載方式。

推進背包下側設有兩具主推進器，基座部位在一定範圍內可自由活動，得以做到向量推力調整。在原先的規劃中，視作戰區域的氣壓而定，噴射口會逐一更換為能夠發揮最大效率的形狀。不過以初期生產的吉姆A／B型來說，幾乎都保留屬於標準規格的太空用版本，在未經更換的情況下就部署到各個地區去。至於噴射口外側表面的環狀結構則是冷卻液循環管線。

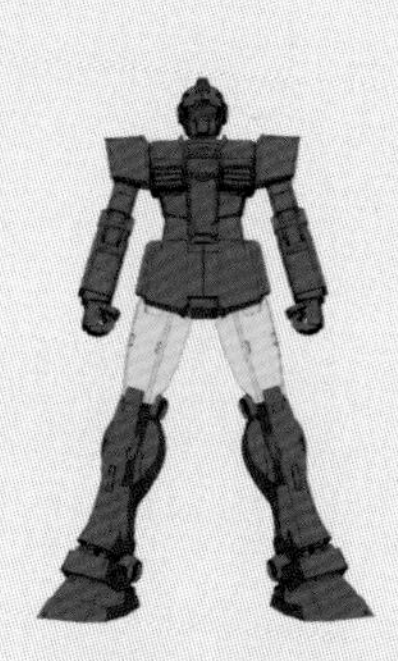

LEG BLOCK: THIGH ■大腿部位

這部分並不是朝往為起落架擴充機能的方向進行設計，以地球聯邦軍來說，一開始就是從模仿人類的步行移動裝置著手研發。

其構造面和臂部相同，在設計上是由多具轉動軸系機構的搭配來決定動作方向，骨架本身則是由力場馬達和其套管所構成。雖然骨架❶給人為了負荷較大載重而製造的較厚實的印象，不過這部分其實也是兼顧結構強度和輕量化需求才設計出的構造體。

為了能配合腿部彎曲的需求而擴大可動範圍，關節樞軸採用具備上側樞軸、下側樞軸的雙重構造。研發之初也針對數個可動軸會導致結構較脆弱、成為發生故障的原因所在而進行審慎評估，並且擬定預防方案。雖然各可動軸使用的力場馬達均將輸出功率數值設定得較高，但反過來說，過剩扭力在運作時亦會造成風險，因此不僅為了慎重起見設置制限器，亦並列裝設備用裝置。

不僅是大腿部位，機體各處也同樣設置可監測骨架各部位平衡狀態的感測器，尤其大腿和小腿部位更是重點性地增設多個監測裝置。

以重力環境下的步行來說，這其實是一種絕妙地反覆進行維持平衡與破壞平衡的過程，想要在只讓上半身維持靜止直立的狀態下做出這種動作，那麼該如何讓下半身維持平衡將會變得極為重要。

在太空中行動時可不是完全不需要顧慮這方面的事情，畢竟在整架機體所具備的質量中，腿部其實占了相當大的比例，要是這部分做出預期之外的動作，那麼必然會對機體的操縱穩定性造成嚴重影響。

用來保護大腿的裝甲分割為前後兩片，正面裝甲❷能配合腿部的動作挪移位置，藉此盡可能地保護外露機率很高的膝關節樞軸。基於裝設與驅動這片裝甲的需求，因此設置大型的促動器❸。

就像臂部和胸腔內的流體脈衝轉換器各自為獨立系統一樣，這部分也是獨立設置在大腿後側的發動機套裝組件❹內。但有別於臂部，之所以只有這個部分採用獨特的組件式構造，理由出自這裡的零件更換頻率很高，以及為了簡化駕駛艙需要對腿部進行的操作，因此內藏有能夠自動統整腿部驅動控制的電腦等需求。

膝關節部位兩側也設有和手肘同類型的錐台形裝甲❺。這裡和臂部一樣能作為專用拘束裝置的轉接器接合點。

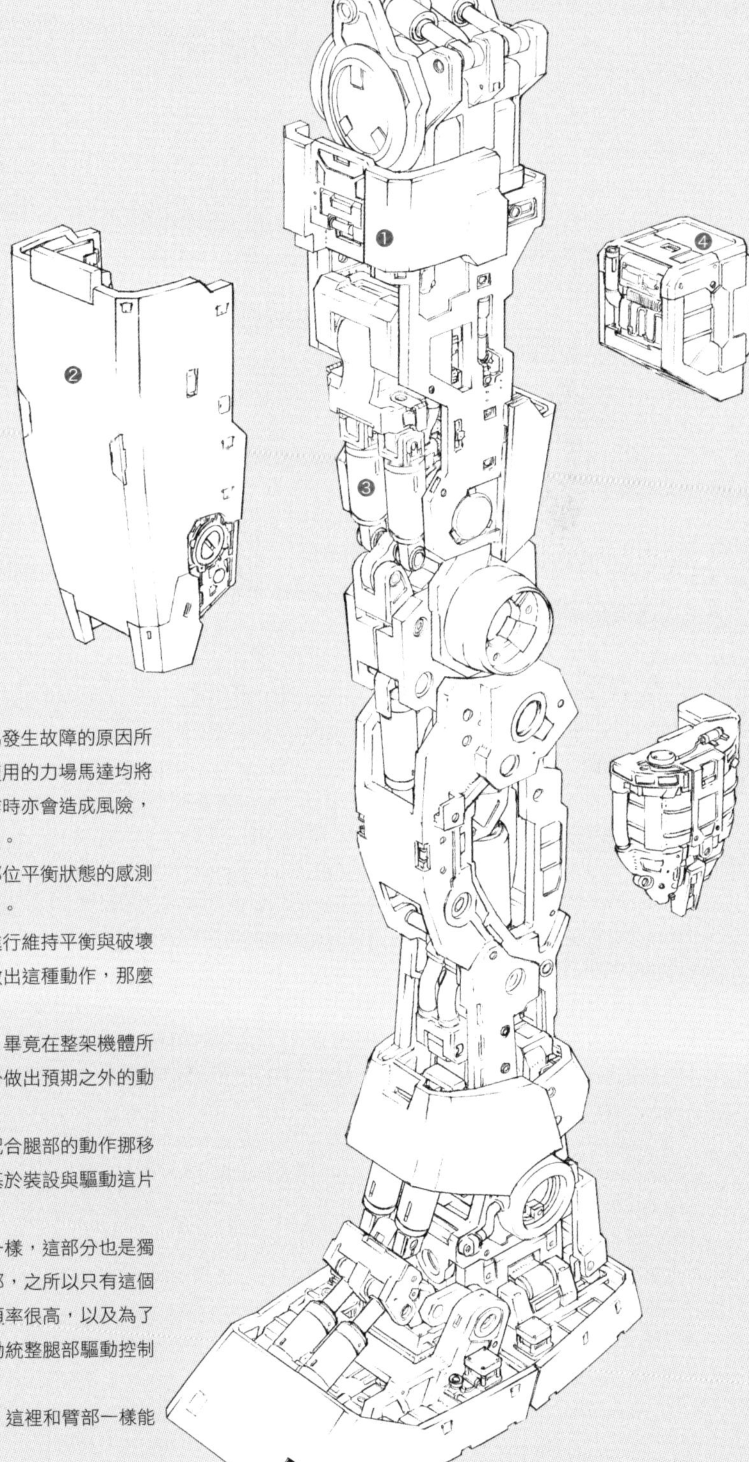

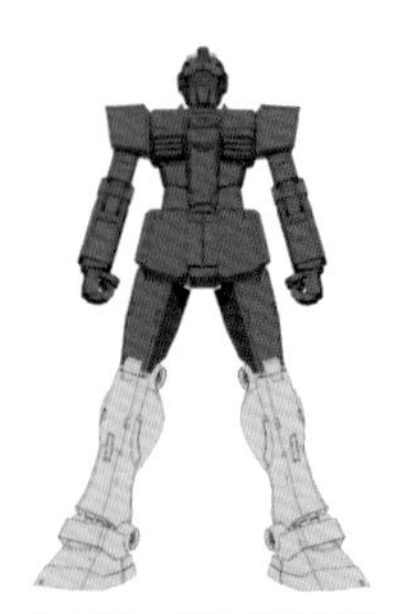

LEG BLOCK: SHIN ■小腿部位

由於這是比大腿部位需要負荷更高載重的部位，因此骨架❶的構材也更為「粗壯厚實」。需要反覆轉動的軸轉動部採用力場馬達來驅動。小腿部位擔綱的關鍵任務不僅在於支撐重量，亦包含吸收衝擊並分散勁道的機能。上側設有膝關節樞軸的接合墊圈，這一帶還設置大型阻尼器，能夠緩和傳往大腿部位的衝擊力道。墊圈末端❷會與隱藏在骨架內的衝擊緩衝機構相接合，足以大幅緩和傳往機體正中央方向的衝擊力道。基於在太空中進行姿勢調整所需，骨架後側相當於小腿肚處設置整合增裝燃料槽與推進器機構而成的組件❸。不過在初期生產階段時，視生產工廠而定，有些機體沒辦法等到該組件製造完成，為了確保腿部的重量平衡起見，也就改為裝設趕工製造的儲存槽，並且裝水作為配重塊代用。這類機體當然也規劃日後會陸續更換為正規裝備，前述方式純粹是為了先行展開機體運作試驗所做的緊急處理，不過軍方急於取得製造完成的機體，因此就算是尚未裝設該組件的機體也一律放行交貨。以這個推進器組件來說，只要確保和骨架以及小腿正面裝甲之間具有整合性，那麼即可換裝容量更大的增裝燃料槽❹之類組件，不過就這種情況來說，勢必也得一併製造能夠對應使用的裝甲才行，這點相信用不著贅言說明。另外，如此改裝也會腿部整體的平衡產生變化，非得一併更新大腿後側處發動機套裝組件附設電腦裡的平衡數據不可。

骨架在研發之初就已經過審慎規劃，在構造上具備極高的完成度，多年來始終是吉姆的標準零組件。不過受到設計上較為保守的影響，無法真正做到讓吉姆諸多衍生機型均能一致套用的程度。首要原因在於為設於骨架裡的衝擊緩衝裝置提高性能時，能夠加大尺寸的幅度有限。尤其在隨著機體裝備增加，使得全備重量也跟著變高的狀況下，必然會發生既有緩衝機構無法充分發揮效果的情況。

小腿骨架在下側正面設有具備驅動控制、阻尼器機能，以及衝擊緩衝機能的大型緩衝阻尼器。由於腳掌觸地時，從腳尖斜向往上傳達的力道會造成很大負荷，因此設置這組阻尼器發揮緩衝作用相當重要。畢竟如果只靠設置在骨架裡的緩衝機構，其實不足以承受這類斜向傳達的力道。

附帶一提，雖然在腳踝上側設有作為保護用的裝甲❺，不過該處其實是作為骨架的一部分製造而成。這不僅是增加骨架本身構造強度的的措施，小腿正面裝甲也是藉由該處，讓末端能夠牢靠地與骨架彼此咬合固定。

受到正面裝甲保護的骨架部位不僅需要進行一般整備，亦得經常做充分的檢驗才行。因此並未採用在裝甲上設置檢修艙門的方式，而是設計為讓裝甲能藉由肘樞關節❻從骨架處整個向上掀起的形式。這個操作一般是從駕駛艙裡進行的，不過亦可從設置在腳部後側的檢驗用顯示器連線埠執行相同作業。

腳部在構造上是著重於發揮起落墊的機能。其內部空間絕大部分是用來裝設可發揮緩和衝擊力道的緩衝裝置。雖然底部基本構造是由前、中、後三片所構成❼，但這幾片不僅都是一般的雙層構造裝甲素材，在內部亦夾組一層較厚的吸收衝擊用彈性體，因此實質上是三層構造。

雖然腳背處裝甲採用的是標準素材，不過俗稱「靴子」的部分改為使用韌性較高的裝甲材料，藉此讓該處能配合底部動作所需產生微幅扭曲變形。靴子的腳尖部位會稍微覆蓋腳背裝甲末端，有著不會讓該處露出空隙的構造❽。靴子表面也用衝擊硬化式彈性體施加一層較厚的覆膜，就設想範圍內的負荷來說，這部分足以隨著基底材料產生扭曲變形，在遭到砲擊等一定程度的衝擊時，亦會瞬間產生剛性，進而減輕基底材料受到的損傷。不過這部分的損傷、損耗率很高，因此非得製造大量的備用零件不可。另外，這裡同樣設有自動平衡裝置。

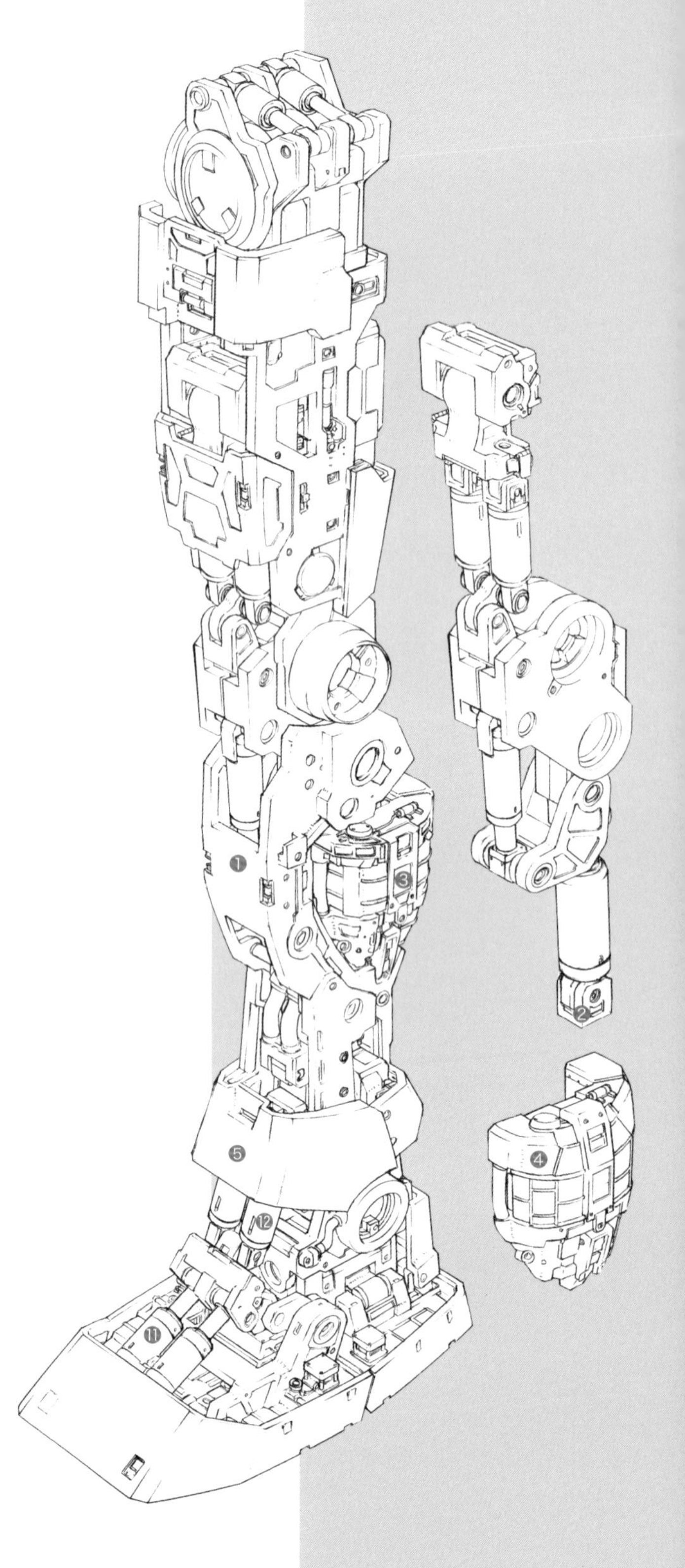

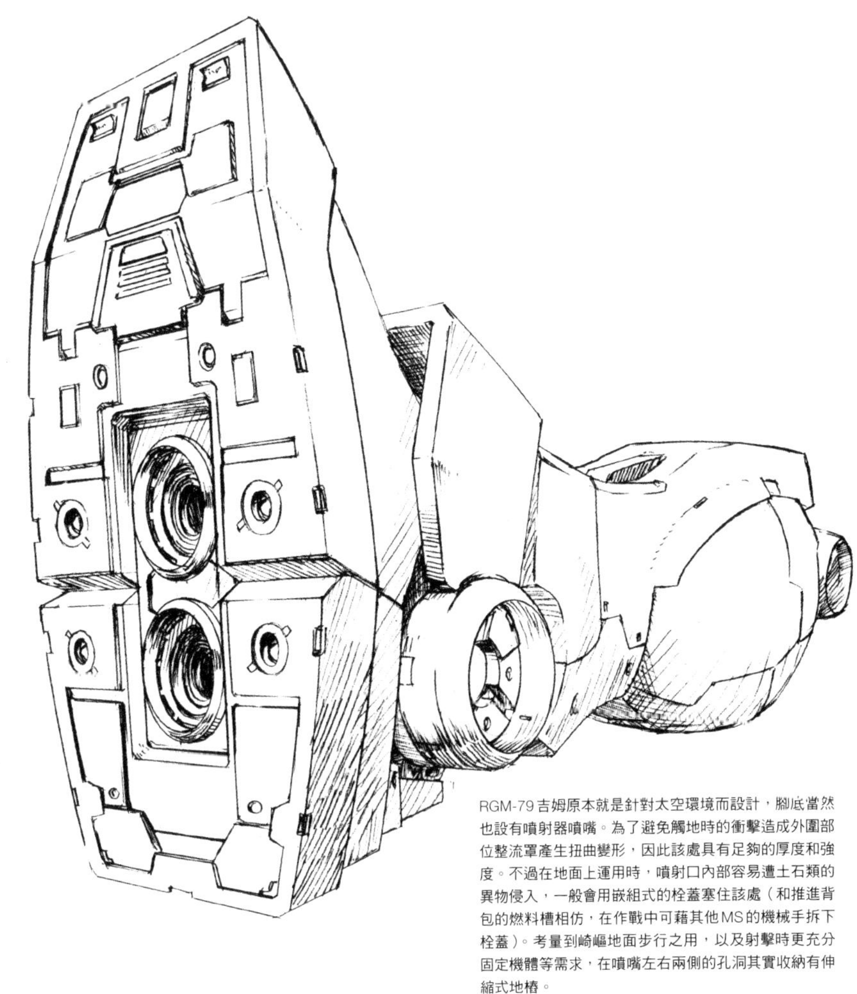

RGM-79吉姆原本就是針對太空環境而設計，腳底當然也設有噴射器噴嘴。為了避免觸地時的衝擊造成外圍部位整流罩產生扭曲變形，因此該處具有足夠的厚度和強度。不過在地面上運用時，噴射口內部容易遭土石類的異物侵入，一般會用嵌組式的栓蓋塞住該處（和推進背包的燃料槽相仿，在作戰中可藉其他MS的機械手拆下栓蓋）。考量到崎嶇地面步行之用，以及射擊時更充分固定機體等需求，在噴嘴左右兩側的孔洞其實收納有伸縮式地樁。

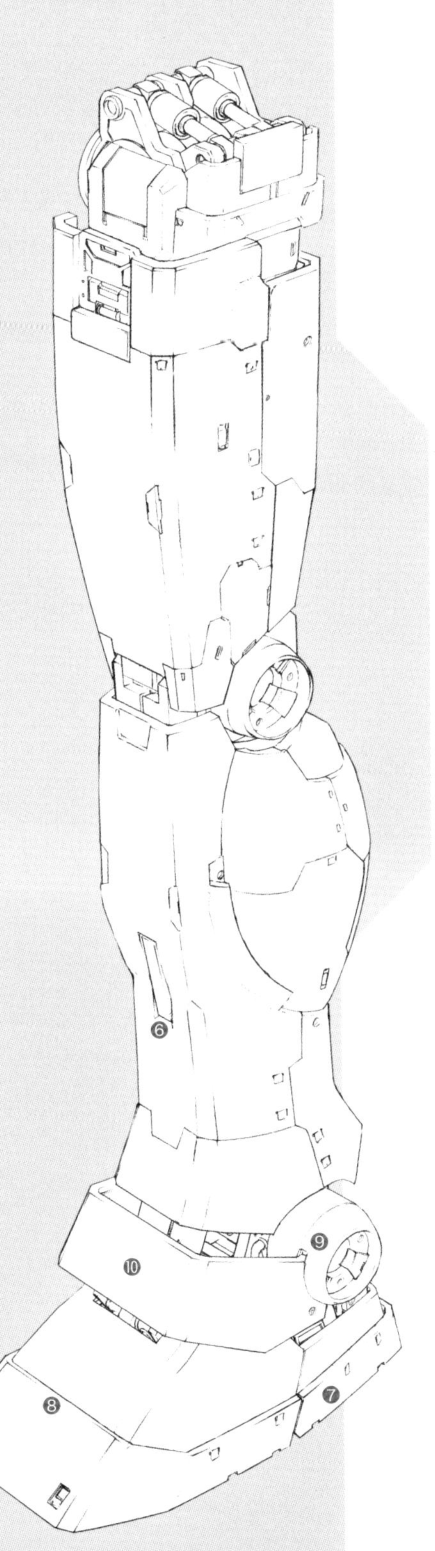

相當於腳跟處設有可供掌握腿部整體狀況的檢驗用顯示器連線埠，能藉由從外部連接的電腦裝置進行檢驗。不過一旦設置這種連線埠，遭到第三者用非法手段連線讀取資料的可能性也會變高，因此該設計一度未能獲得批准。不過在吉姆進入實際運作階段後，發現就運用層面來說，從整備檢驗頻率極高的腿部進行連線讀取資料確實有其必要性，因此經過重新評估之後，改列為一般裝備。不過為了保持機密起見，該部位並未明確地標示出來。再加上安全層面的顧慮，必須先從駕駛艙將MS的控制系統切換至「整備模式」之後，才能真正進行連線。

腳踝同樣是用力場馬達驅動，不過這部分有著非常特殊的構造，也就是以同心圓形式設置兩具馬達❾。其中大扭力的是用來驅動腳部，至於扭力較低者則是用來驅動可供保護腳踝正面的踝護甲❿。用來保護這組馬達的裝甲同樣是椎台形，在直立狀態時當然亦能作為專用拘束裝置的轉接器接合點。踝護甲本身會隨時調整角度，藉此更有效率地保護腳踝關節部位。

與腳踝關節樞軸處底板相連接的部位會讓腳部與貼地面維持最佳角度，藉此對底面受到的衝擊發揮緩衝效果。因此除了前後左右之外，亦在上下方向設置許多阻尼器和促動器，進而構成與骨架相連接的機構。另外，亦針對重點部位設置可檢測各處所受負荷、平衡狀態的感測器。

腳掌內部的前側設有大型緩衝裝置⓫，小腿末端正面也設有緩衝裝置⓬，這兩處能吸收觸地時從腳尖傳來的斜向衝擊力道。

分割為三片的底面均有各自與促動器和緩衝裝置連結在一起，有著於觸地時能夠在某種範圍內配合調整位置的設計。要是無法配合調整的話，感測器會檢測到這個狀況並發出警告。

即使如此，腳部整體的損耗率還是相當高，雖然總是列為修改的對象，不過在外觀上並沒有顯著差異，因此難以判斷是否經過升級改良。

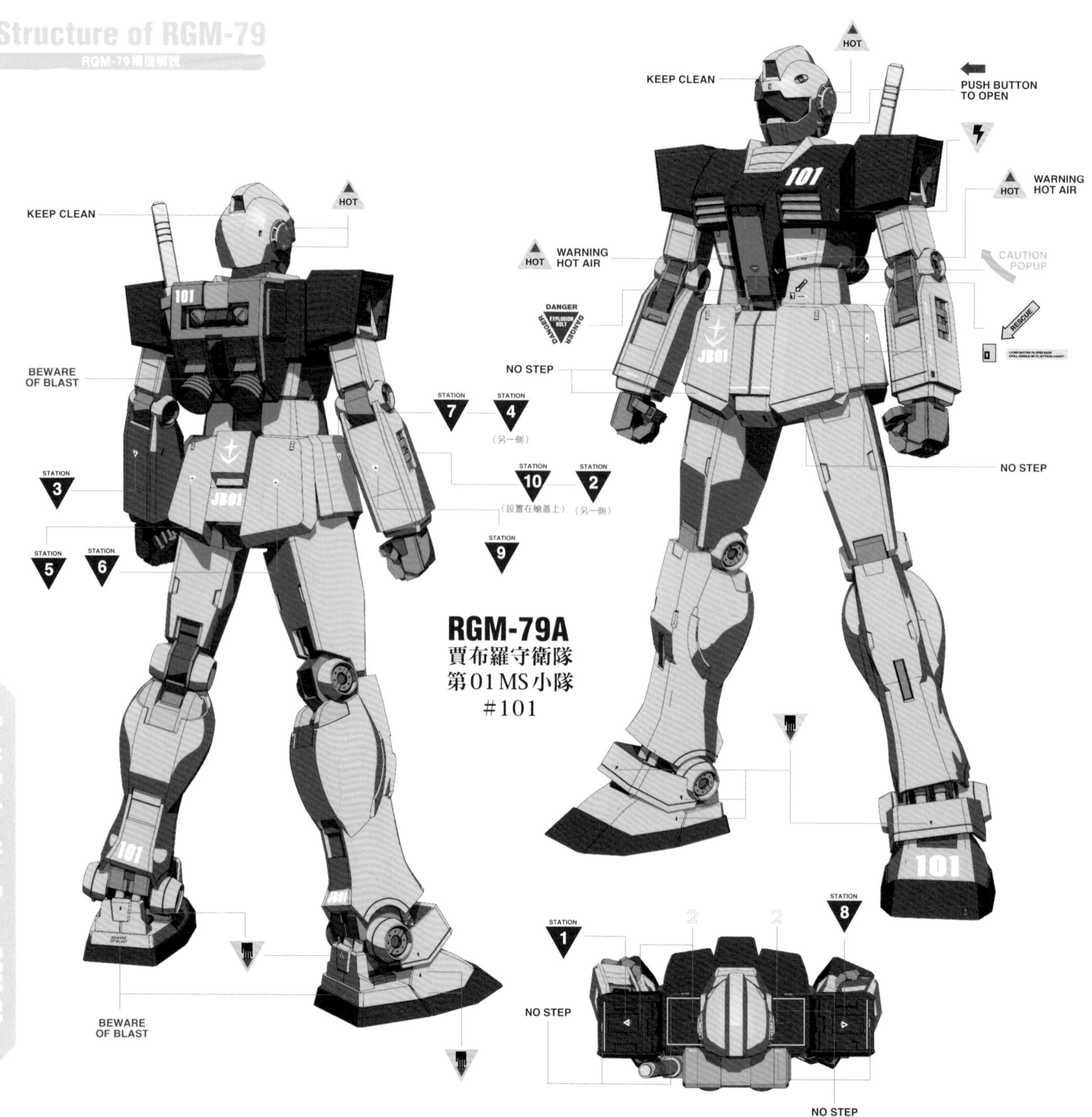

CAUTION & MODEX ■警告標誌&識別編號

聯邦軍徽章：這是象徵隸屬陣營的標誌，聯邦軍MS必須在正面與背面各設置一個。

識別編號：有別於生產序號，這是象徵隸屬部隊的編號。基本上是三位數的數字，由小隊編號＋機體本身編號所構成（例如：203代表第二小隊三號機）。多半會設置在胸部和腿部（其中一邊）的前後兩側。

警告標誌：這是為輔助整備人員整備作業而設置在機體上，屬於提醒和標明檢修艙門等設備位置何在的標誌。一般來說，當量產達到相當程度後，隨著整備人員日益熟悉機體構造，這類警告標誌的數量通常也會逐漸減少。

其他：亦有些部隊會加上隊徽，或是象徵所屬基地或母艦的標誌。聯邦軍徽章和識別編號在設置部位上其實有一定規範，不過隊徽之類的標誌就相對沒那麼多限制，多半選擇設置在肩甲正面和護盾等處。

聯邦軍徽章

宇宙軍

陸軍

WARNING HOT AIR	=注意有熱氣噴出
BEWARE OF BLAST	=此處有噴射口 請勿靠近
KEEP CLEAN	=設有鏡頭和感測器等器材 須清理乾淨
NO STEP	=請勿踩踏（注意腳邊）
 STATION 3	=武裝掛架
 HOT	=高溫危險

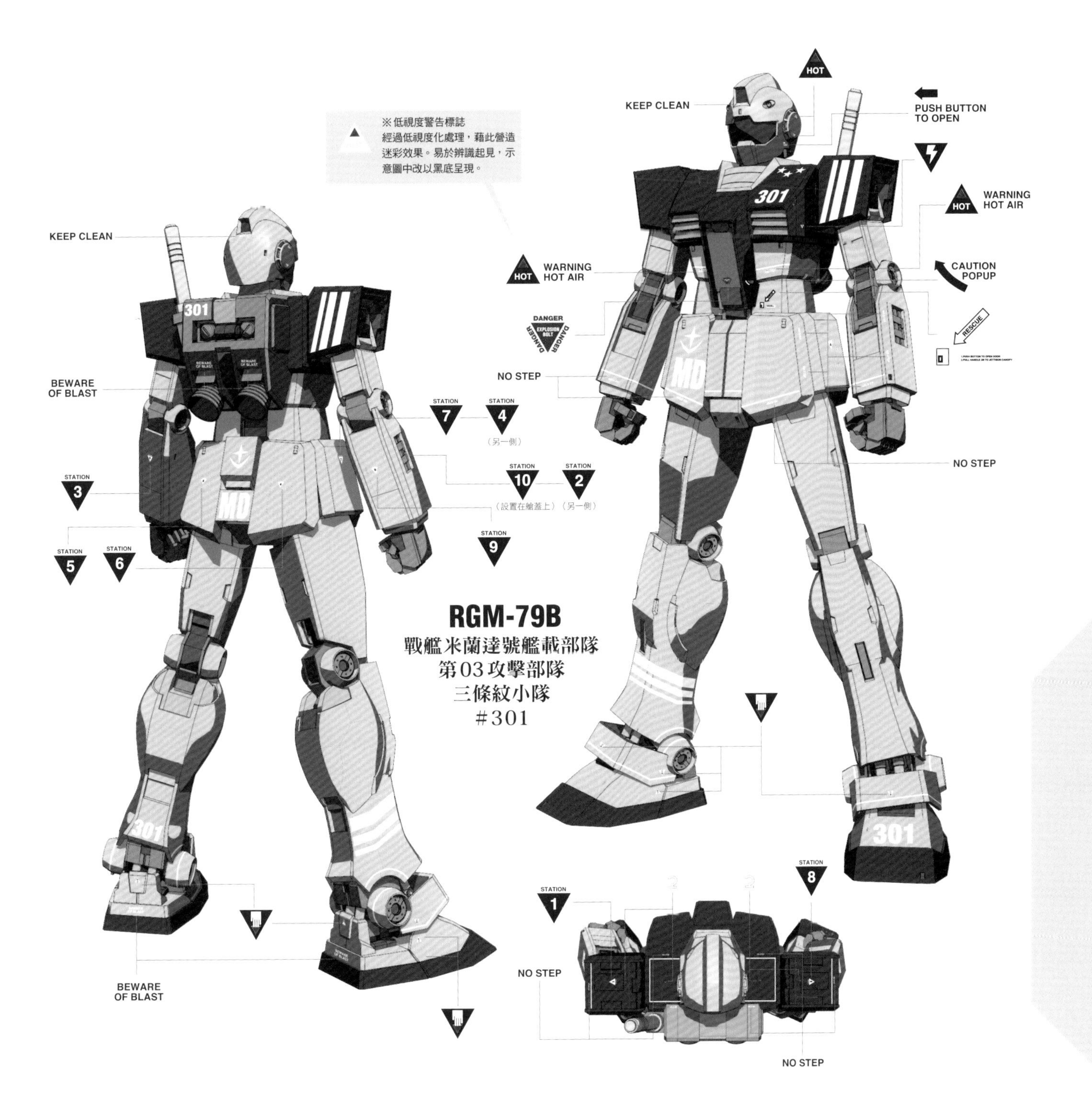
※低視度警告標誌
經過低視度化處理，藉此營造迷彩效果。易於辨識起見，示意圖中改以黑底呈現。
KEEP CLEAN
HOT
PUSH BUTTON TO OPEN
WARNING HOT AIR
CAUTION POPUP
RESCUE
DANGER EXPLOSION BOLT
NO STEP
BEWARE OF BLAST
STATION 7
STATION 4
（另一側）
STATION 10
STATION 2
（設置在艙蓋上）（另一側）
STATION 3
STATION 5
STATION 6
STATION 9
STATION 1
STATION 8
301
MD
RGM-79B
戰艦米蘭達號艦載部隊
第03攻擊部隊
三條紋小隊
#301

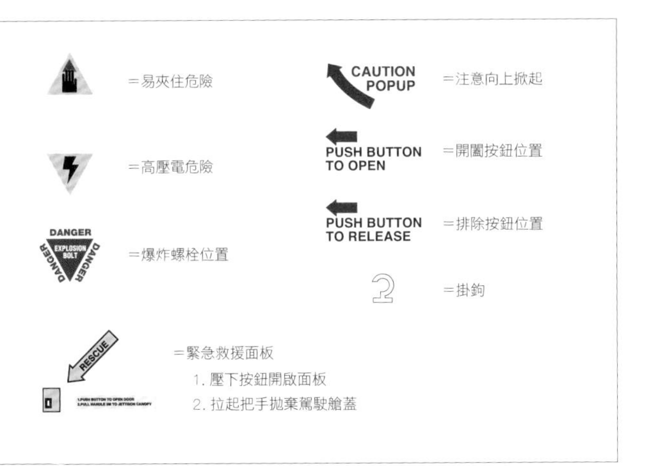
=易夾住危險
=高壓電危險
DANGER EXPLOSION BOLT
=爆炸螺栓位置
CAUTION POPUP
=注意向上掀起
PUSH BUTTON TO OPEN
=開闔按鈕位置
PUSH BUTTON TO RELEASE
=排除按鈕位置
=掛鉤
RESCUE
=緊急救援面板
1. 壓下按鈕開啟面板
2. 拉起把手拋棄駕駛艙蓋

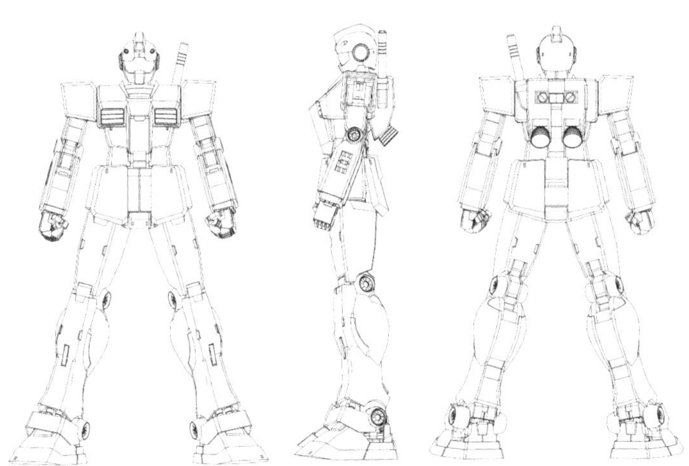

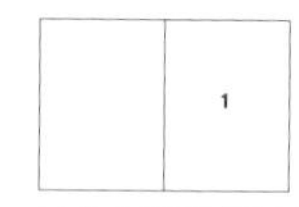

1：U.C.0079年10月，於北美奧古斯塔基地以北約200公里處南塔哈拉一帶拍攝到的RGM-79[E]初期型吉姆。奧古斯塔基地當時正在研發RGM-79C吉姆改，因此留有從月神2號運來1架[E]型作為母體，以便當成動態樣品的紀錄。

人型兵器MS

MS乃是設想在米諾夫斯基粒子散布環境下進行戰鬥所需而創造出的戰術機動兵器，在該情況下被看好能發揮出遠勝於其他傳統兵器群的戰鬥力。

MS相對於其他機動兵器所具備的最大優勢，一言以蔽之正在於其機動性。話雖如此，這裡指的既不是在地面上能以雙足行進，也並非可以在空間中進行的AMBAC機動能力。而是指MS可以充分發揮整體機能，藉此在逐一攻擊各個目標之際有效縮短攻擊行動所需的時間。具備針對米諾夫斯基粒子散布環境下進行過最佳化的偵察系統、模仿人類軀體才得以做出的AMBAC機動，以及外部選配式兵裝等特徵，這些都是足以對其他兵器先發制人進行攻擊才賦予的規格。

MS最強大的武器，正在於從四肢這個概念施加細膩分割而成的複數可動部位設計，如此一來即可搶先占有最佳攻擊位置，並且採取最佳射擊姿勢，這點是其他兵器無從望其項背的。

以進行反戰車戰為例，當對手往地平線方向只觀測到MS的頭部時，MS當然也已經能目視辨認到對方。在這個狀況下，進入目視辨認範圍的戰車已幾乎完全被MS掌握位置，相對地，就身體仍在地平線以下的MS來說，究竟是否位於某種遮蔽物後方，實際上是站著還是蹲著，這些姿勢相關資訊都是戰車這方所難以推測的。另外，就連MS手上的武器也無從目視辨認，根本沒辦法判斷射程。不僅如此，若是在該狀況下彼此開火，那麼視距離而定，MS可以在閃避第一發射擊之餘，亦同時進行射擊動作。這時MS可以在預先推測戰車閃避還擊模式的情況下進行攻擊，不過戰車就無從對應MS的多樣化迴避模式了。

MS能夠對手腳的可動機構進行細膩控制，在進行空間機動時等狀況下，這種能力更是有助於立刻將槍口對準三百六十度的任一方向。以配備固定式武裝為主的太空戰鬥機來說，在射擊前必須做出讓機體能朝向對方的準備動作，可是就MS而言，用不著花那麼多時間就能開第一槍。視狀況而定，有時用不著改變身體的方向，只要轉動臂部，甚至是純粹讓手腕做出細微的動作，即可將射線軸朝向攻擊目標。

MS多半並未將主武裝固定在機體的理由就在這裡。尤其是以光束兵器來說，即使小型化在技術上有其門檻，再加上還有著得從機體本身供給能量的問題，因此要製作成攜行式武裝可說是極為困難，但聯邦軍還是列為最優先課題，而且還在研發初期就克服，由此足以證明這方面在運用上所具備的高度效益。

MS之所以打從登場初期就成為具有高度效益的機動兵器，充分應用自舊世紀時代起為了實現「人型」機械所進行的各式研究，可說是一大關鍵所在。在為了讓機械能模仿人類動作所進行的運動模式分析、控制演算法等研究中，只有「為何非得讓人型機械達到可實際運用境界不可」這個根本的課題一直找不到答案。然而在MS誕生的同時也就明快解決這點。正因為有著研究人員們多年來累積的知識與經驗，這才得以在早期階段就實現MS的概念，並且對自我存在提出明快的解答。

就算不做成人型，或許還是有可能做到AMBAC機動和控制射線軸；但反過來說，假如人類打算將自己不了解的肢體構造發展成戰術兵器，並且達到能夠完全發揮機能的程度，那麼究竟得花上多久的歲月才行。光是這樣設想一下也就能明白，因此也就用不著再問MS為何要做成人型了。總之MS必然會製作成人型，這才是更貼近事實的說法。

就吉翁公國軍一路發展至MS-05的歷史來說，或許有可能造成誤解，不過還是得從已經完成的理想藍圖，也就是硬體部分開始回顧起，這可說是一連串試錯的過程。這點只要看了屬於第一種實戰型MS的MS-05薩克Ⅰ和MS-06薩克Ⅱ就曉得。初期MS之所以能做得相當接近人型，顯然是當時早已有理想的軟體存在，並且據此設計相關的硬體，除此之外不做他想。要是沒有這份成功作為基礎，日後也就無從接連催生有著多樣化外形的MS。就外形方面來說，在某種程度上異於人體，讓形狀稍有變化的設計方式會比較有發揮空間，也比較易於對應某些特定的區域。即使如此，盡可能讓MS的頭身比例與人體相近，這點其實具有重大的意義與好處。聯邦系MS同樣並未超脫人體的均衡性，理由之一亦在於此（當然也有著可以採用共通整備架之類的理由）。反過來說，想要控制有著獨特外形的MS，那麼肯定也得具備相對應的高度技術才行，並非一朝一夕就能獲得成果。

如同前述，至少就初期MS來說，最為理想的樣貌是人型，除此之外不做他想。吉翁公國在國力上遠遜於聯邦，從根據MS在戰術上能發揮優勢就下定決心開戰可知，顯然除了在MS這種看起來極端不切實際的兵器上繼續邁進以外別無選擇，也因此才順利地完成MS。可是聯邦軍就無從動搖軍方高層將傳統觀念視為理所當然的態度。

因此就算是想實現前述的機動特性，也得先從克服加入傳統兵器的「長處」這個關卡著手。在這種強況下誕生的，正是堪稱為RX-75鋼坦克前身的RTX-44。像這樣分階段證明運用上的效益，其實也是不得不為的做法。

後來能夠真正按照研發局規劃的藍圖設計體型並進行實際驗證，已經是V作戰時正式獲得批准，也就是U.C.0079年時的事了。

Earth Federation Force RGM-79G/GS GM COMMAND

RGM-79G/GS 吉姆突擊型

■在克拉克希爾湖畔準備進行運作試驗的RGM-79D。攜行武裝是當時屬於一般搭配的90mm機關槍和護盾。

■機體概要

以吉姆突擊型這個名稱※為人所知的RGM-79G／GS是在一年戰爭後期由聯邦宇宙軍所研發、投入的機型。基礎設計是由地球上屬於宇宙軍要地的MS研發據點，也就是北美奧古斯塔工廠※擔綱。不過推進背包等空間戰用裝備則是有局部交由月神二號工廠負責設計。另外，基於後述的理由，在生產方面多半是由月神二號的生產線進行。

■作為研發母體的D型

在說明G／GS型之前，必須先從作為該機型基礎的RGM-79D開始講起。

如同已在其他章節中提過的，自U.C.0079年10月初起，在RGM-79家族屬於先行量產機的RGM-79[E]和RGM-79[G]就已開始部署至局部地區，陸續地投入各戰線的實戰中。

以在大氣層內的戰鬥來說，如果是極初期型的RGM-79與MS-06F／J薩克Ⅱ交手，姑且可用「戰得平分秋色」來形容。這並非純粹出自當時眾駕駛員的證言，從根據軍方正式紀錄計算出的交換比（擊墜對被擊墜比率）亦可獲得佐證。

然而隨著公國軍逐漸開始部署MS-09德姆，這個狀況就開始往惡化的方向發展，到了11月初，交換比已經呈現慘不忍睹的數字。雖然具備比MS-07B古夫更厚重的裝甲確實也有其威脅性，不過MS-09最為棘手之處還是在於具備氣墊行進機能，這使得該機種在重力環境下能發揮出雙方陣營MS中最為卓越的機動性，況且聯邦陣營MS駕駛員們還不到能非常熟練地操縱機體的程度，因此無從有效地對應。前線傳出「給我們機動性更高的MS」這類呼聲也日益水漲船高。

當時奧古斯塔工廠技術人員已在著手研發RGM-79的高階版本，面對這類水漲船高的呼聲，他們提出極為簡潔的答案。那就是將RGM-79D這架新設計機型把以往只有兩具的主推進器增設至四具，亦即純粹地提高總推力。MS-09用氣墊推進系統是茲馬德公司的苦心力作，就算是聯邦也沒辦法在一朝一夕內模仿得來。況且若是要從無到有地建構出與MS-09同等的氣墊推進系統，這顯然需要具備充裕的時間等條件，但當時的聯邦軍也欠缺這些要件。理所當然地，增加推進器的數量後，單位時間內的燃料消耗量也會跟著增加，導致能維持戰鬥機動的時間變短。不過在增加推力之後，即使只能維持短時間，卻也成功地獲得足以和MS-09相抗衡的機動性。

總之，D型自11月中旬起開始生產，陸續供給前線部隊後，亦接連締造不負期待的戰果。在與聯邦駕駛員累積實戰經驗，以及能夠更熟練地運用機體等要素的相輔相成下，D型的評價也變高不少。部署D型一事也被視為「對德姆」的方案，只要是吃過德姆苦頭的士兵都很喜歡這個機型。

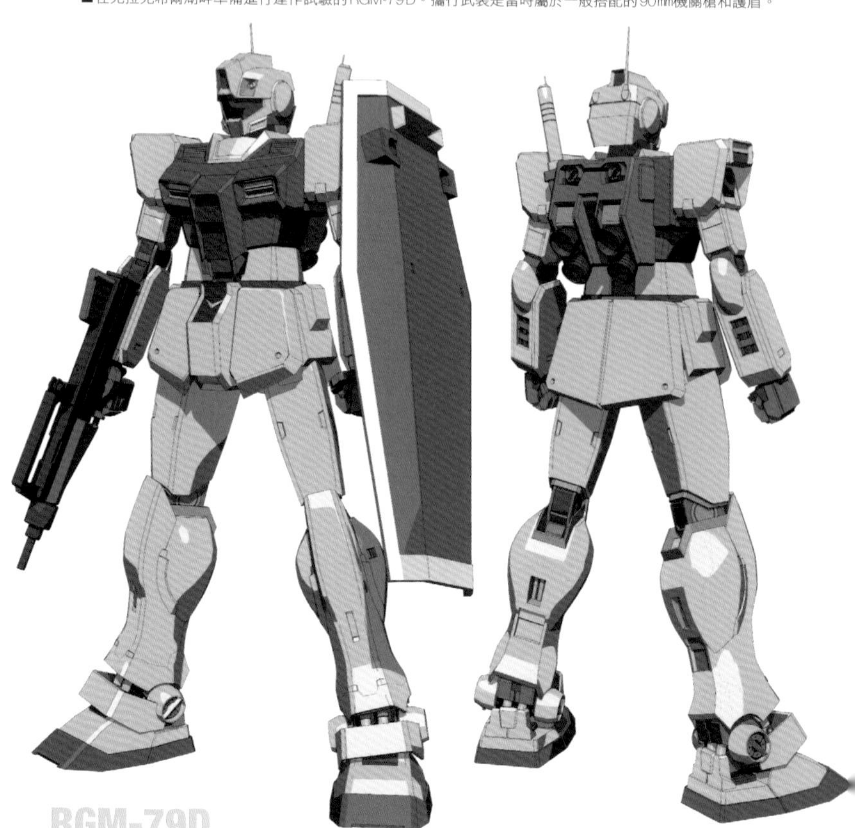

※關於吉姆突擊型的名稱
雖然RGM-79G／GS名為突擊型，但其英文名稱卻並非象徵特種部隊或突擊隊的「Commando」，而是意指司令、指揮的「Command」。不過從藉由分散設置推進器、獲得比既有機型更高機動性的設計可知，確實是屬於「突擊隊」使用的機型，推測可能是戰時的混亂狀況導致英文名稱登錄有誤。

※奧古斯塔工廠
與位於克拉克希爾湖畔的奧古斯塔基地併設，屬於宇宙軍管轄的兵器研發工廠。雖然在地球進攻作戰展開後，大部分北美地區遭到吉翁公國軍長期占領，不過奧古斯塔勉強維持在聯邦陣營的控制下。隨著正式研發MS，這裡也成了和月神2號同等的宇宙軍研發要地，後來經由「G4計畫」的宇宙軍試驗方案而研發RX-78NT-1鋼彈（研發代號＝亞雷克斯）。從組織名稱或許不易想像，不過當時宇宙軍也有諸多部隊分派到地球各個戰線。奧古斯塔工廠正是為了提供這些地面部隊才進行重力環境下規格機的研發，並造就RGM-79D這類機型。
這裡在一年戰爭時成為聯邦軍在北美的重要據點，潛入吉翁公國軍的幹員在獲得情報後也會匯集至此。或許受到這層因素影響，早在U.C.0079年8月前後就已著手將新人類能力利用在軍事上的研究。當時所謂軍事運用，其實是指培育具備超乎常人反射速度的駕駛員，並研發足以配合該駕駛員能力的新人類專用MS，因此奧古斯塔研究所也暗中招募能研發這類兵器的技術人員。

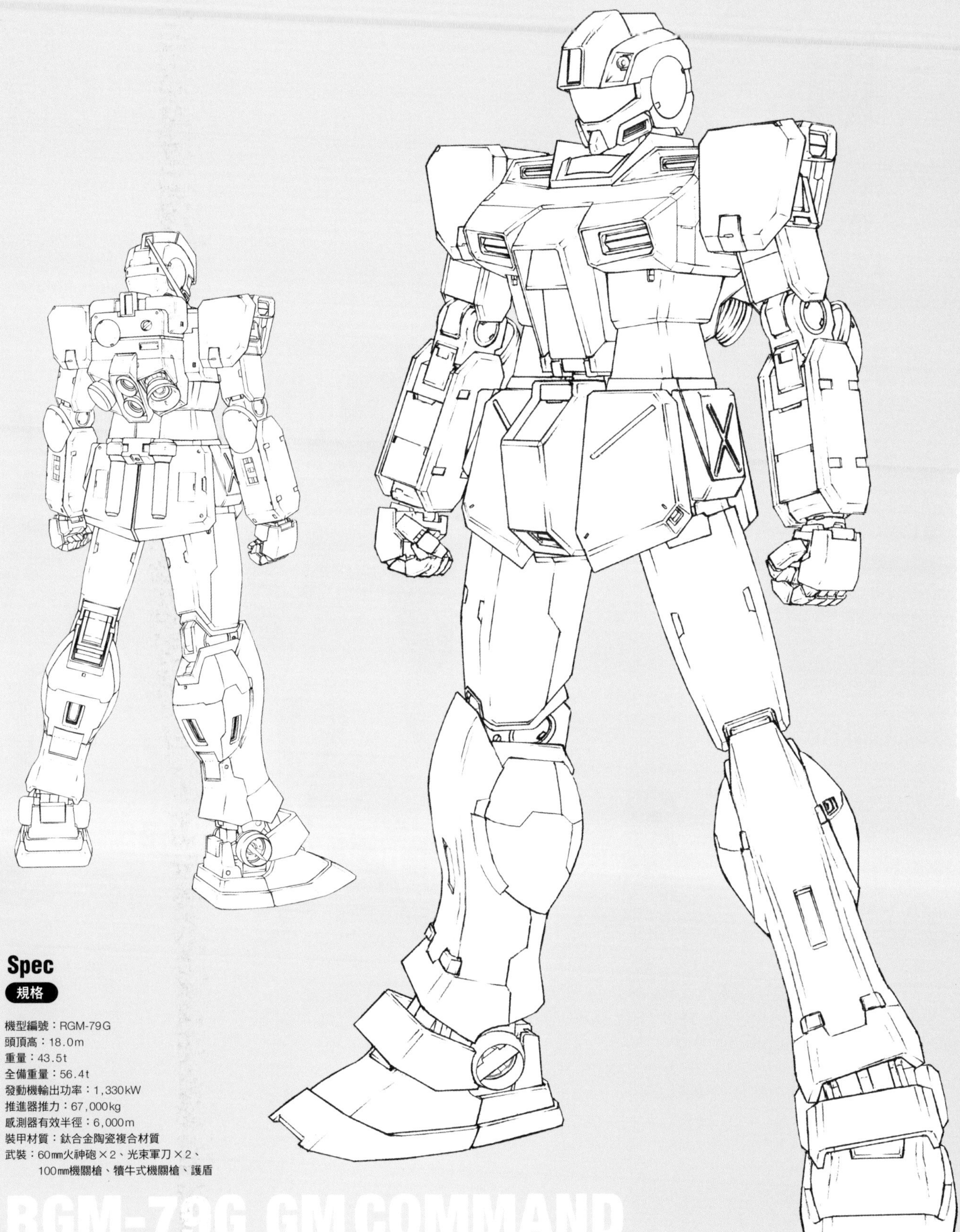

Earth Federation Force RGM-79G

Spec

規格

機型編號：RGM-79G
頭頂高：18.0m
重量：43.5t
全備重量：56.4t
發動機輸出功率：1,330kW
推進器推力：67,000kg
感測器有效半徑：6,000m
裝甲材質：鈦合金陶瓷複合材質
武裝：60mm火神砲×2、光束軍刀×2、
100mm機關槍、犢牛式機關槍、護盾

RGM-79G GM COMMAND

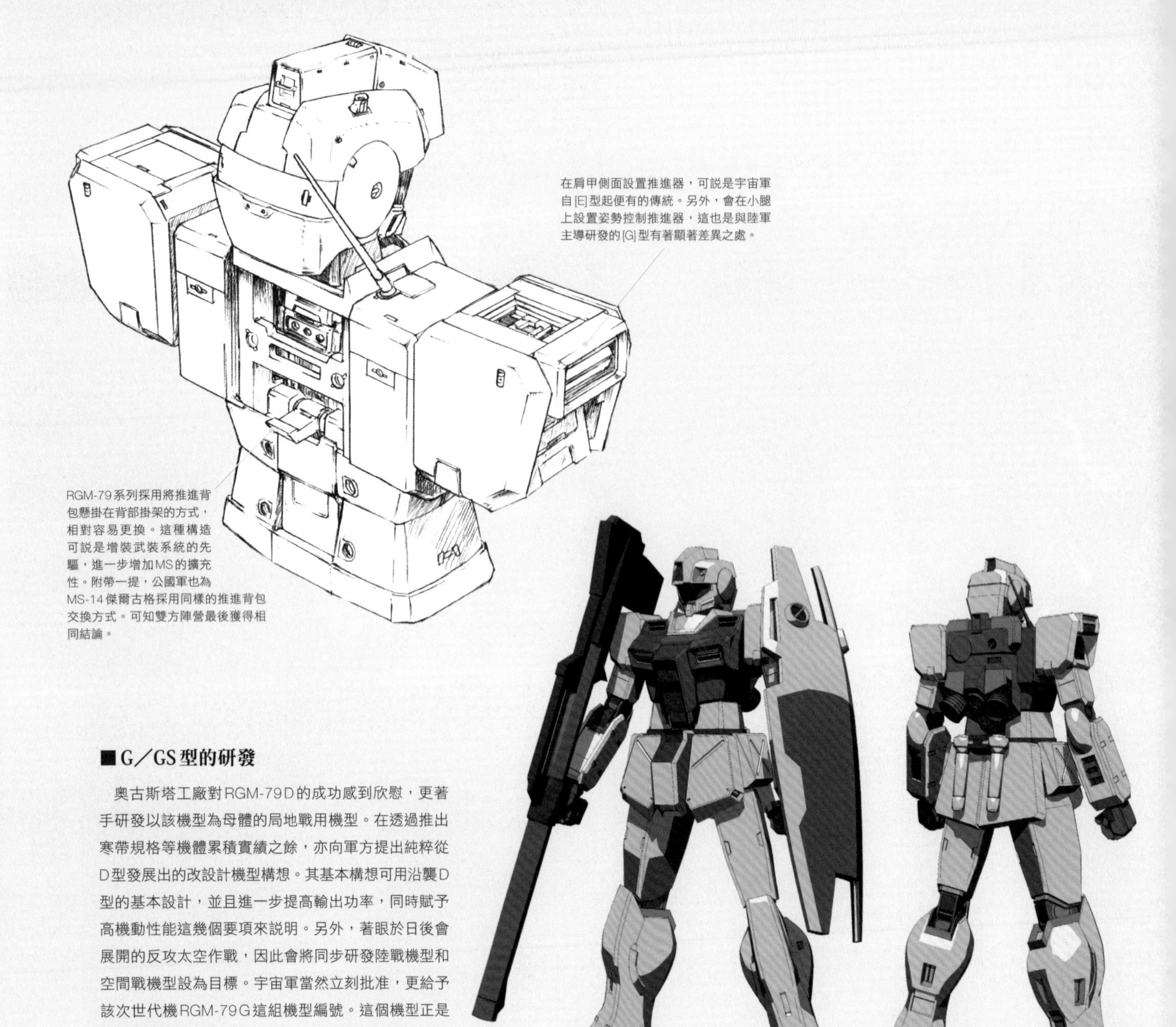

■G／GS型的研發

奧古斯塔工廠對RGM-79D的成功感到欣慰，更著手研發以該機型為母體的局地戰用機型。在透過推出寒帶規格等機體累積實績之餘，亦向軍方提出純粹從D型發展出的改設計機型構想。其基本構想可用沿襲D型的基本設計，並且進一步提高輸出功率，同時賦予高機動性能這幾個要項來說明。另外，著眼於日後會展開的反攻太空作戰，因此會將同步研發陸戰機型和空間戰機型設為目標。宇宙軍當然立刻批准，更給予該次世代機RGM-79G這組機型編號。這個機型正是吉姆突擊型。

G型在保留D型受到肯定的機動性之餘，更一步在機體各部位分散設置推進器，亦一併整個更動主推進裝置（推進背包）的型號，為陸戰機型和空間戰機型設計屬於各自的最佳化推進背包。這也是能用來區別屬於1G規格的G型，以及0 G規格機型GS型的首要特徵所在。

另外，在保留D型上具有實績的輔助冷卻機構，藉此確保主體搭載的發動機能穩定運作之餘，亦進一步採用輸出功率更高的太金公司製新型發動機。因此獲得近乎1,400千瓦的輸出功率後，總算得以正式運用光束槍和光束步槍這類的裝備。不過這也是如同一柄雙刃劍的決定。畢竟當時想要製造這種等級的高輸出功率發動機，那麼就非得使用到無重力環境下的生產設備不可，這代表著無從在屬於聯邦軍最大生產據點的賈布羅進行大量生產。宇宙軍確實有著月神二號這個生產據點，但該處並沒有如此大規模的無重力環境生產設備。G型在生產數量上之所以不如同家族的其他機型，首要理由顯然是集中在與生產該發動機相關的問題上。不過宇宙軍也並未把這個機型視為用來汰換所有既存機體的次期主力機，基本上只是當作優先分發給較老練駕駛員的新機型，部署的區域亦很有限。RGM-79G／GS吉姆突擊型正如其名所示，有著濃厚的特戰部隊用機型味道，這也和其登場經緯和運用狀況有著密切關係，在接下來的段落中將會詳盡地說明。

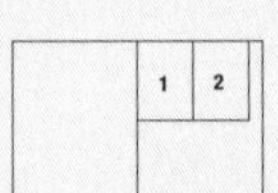

1：有鑑於戰爭甫結束的混亂期，非法移居地球的案例有著顯著增加的趨勢，於是派出巡邏部隊在衛星軌道上執行巡邏任務，照片中正是隸屬該部隊的RGM-79GS。雖然接敵機會並不高，但軌道畢竟是有著大量太空垃圾飛舞的危險地帶，因此護盾是不可或缺的裝備。

2：這也是戰後拍攝的照片。這架自豪地展現桶滾飛行的機體，應是隸屬安曼防空中隊的RGM-79GS。在大戰中，月面處於公國軍掌控下，屬於殘黨勢力較雄厚的區域，因此駐留聯邦軍不時會為了威嚇而展開訓練飛行。

為進一步提高生產量，採用RGM-79家族首見的單眼式主攝影機組件。頭部的固定式武裝則是標準裝備，搭載2門60㎜火神砲。由於設想到會與既有機型混編運用的狀況，無論砲管或彈藥箱均採用與既有機型相同的型號。

■推進背包
論及G型的首要特徵，當然就屬這種全新設計的推進背包。G型為1G規格，主推進器噴嘴也就設置成朝向重力作用的機體下方。相對地，GS型為0G規格，噴嘴設置成分別朝著不同方向。
附帶一提，這種推進背包也能小幅度改裝，供既有機型設置。在大戰後期也曾製做將RGM-79[E]的核心區塊和推進背包更換成GS型版本的改裝機。

■G型推進背包

■GS型推進背包

■運用實績

如同前述，在一年戰爭後期時，聯邦軍在太空中的MS生產據點相當有限，導致G型一直無從加快生產步調。因此開始生產後並未規劃已部署既有機型的部隊全面汰換，而以是中隊長機形式個別分發，在大隊中也只有局部小隊會全面汰換為G型。但亦有例外的情況，那就是某些新設置的部隊會全面採用G型，不過這已經是大戰進入尾聲，也就是U.C.0079年12月的事了。

以一年戰爭後期這個時間點生產數量最多的RGM-79吉姆來說，不僅是用來進攻吉翁要塞的機體，本身也具備足以擔綱突擊步兵任務的性能。相對地，作為G／GS基礎的，正是在覺得RGM-79基本性能有所不足的幾位駕駛員爭取下，進而研發的D型。因此即使同樣投入要塞攻略戰，這兩種機型擔綱相異任務的例子也不少見。

舉例來說，替負責攻堅的RGM-79和球艇部隊排除前來迎擊的敵方MS部隊，或是護衛為了提供補給和回收MS部隊而在後方待命的船艦，顯然都是必須具備一定經驗與技術才足以擔綱的任務。這方面當然會從宇宙軍旗下地面部隊中優先挑選具備實戰經驗的駕駛員來執行。

空間機動性較高的RGM-79G／GS適於執行這類任務，具有實戰經驗的駕駛員也會優先獲得隸屬單位分派該機型。另外，這些駕駛員亦會在新編組的小隊中擔任隊長，就結果來說，RGM-79G／GS交由「指揮官」使用的例子確實不罕見。但這並不代表該機型是為了指揮官所打造的，頂多只能說是擁有足以擔任指揮官實績的駕駛員對於機體性能會比較講究，而這個機型剛好能滿足他們的需求罷了。

就對MS戰來說，當時的聯邦軍就算把模擬戰也算進去，在經驗上也仍有所不足，因此這類人才可說是格外寶貴，派去執行性質異於攻堅部隊的任務，正是為了讓他們能充分發揮自身的經驗。吉姆突擊型之所以會具有濃厚的特種部隊用機味道，可說是具體反映實際上的運用狀況。

以負責支援攻堅部隊打進要塞的游擊部隊來說，他們必須能在混亂的現場中掌握狀況，並且對抗前來

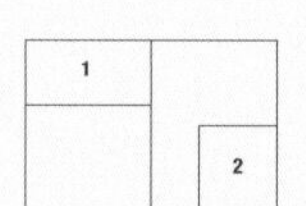

1：U.C.0080年11月，收到可疑貨櫃船出沒的目擊報告，因此派出月神2號的宇宙艦隊所屬機前往該處。為因應對艦戰鬥的可能性，是以配備火箭砲的狀態出擊。不過後來發現該可疑船隻是當局雇用的民間太空垃圾回收業者所持有，純粹是聯絡疏失造成的誤報。

2：照片中是右手持拿BG-M-79F-3A光束步槍，左手持拿HB-L-07／N-STD超絕火箭砲的RGM-79GS吉姆突擊型。以光束兵器來說，考量驅動方面存有隱憂，攜帶多挺不切實際，不過搭配實體彈兵器運用就不成問題了，因此在實戰中採用這類裝備的例子相當常見。

迎擊的薩克和德姆等吉翁軍MS，因此能締造一定程度以上的戰果。在一年戰爭後期這段時間裡之所以王牌駕駛員輩出，理由也和這層背景有關。

附帶一提，駕駛員在新接受針對進攻要塞所需的MS搭乘訓練之後，並不會分派去執行支援任務或艦隊直接掩護任務，而是會按照原先規劃分派至RGM-79吉姆的攻堅部隊。畢竟要是明明接受要塞攻堅的專門訓練，卻在沒有任何實戰經驗的情況下派去執行其他任務，這樣的做法會顯得欠缺效率可言。

總之即使G型在一年戰爭中大顯身手的機會相當有限，在戰爭結束後卻也持續生產一段時間。就技術方面解決與生產發動機相關的問題後，即使是地面上的生產設施也能開始製造G型了。雖然在數字上沒有高過C型，卻也生產一定的數量。在大戰中設計的RGM-79家族裡，G型在規格上格外出色，在大戰甫結束的數年期間，負責緝捕公國軍殘黨的游擊部隊和特種部隊所屬駕駛員也都偏好使用該機型。尤其是對酷熱的非洲戰線來說，備有輔助冷卻機構的G型更是格外寶貴，因此非洲方面軍直到U.C.0080年代後期都還在使用該機型。另外，GS型亦有供外宇宙艦隊部署使用。

■光束軍刀掛架
G型的性能大致來說都在既有機型之上，但不代表沒有被省略的機能。其中最為顯著的，就屬供給光束軍刀的能量充填。既有機種的光束軍刀掛架是設置在推進背包上，還可從該處獲得發動機的電力供給，使用後亦可充填能量。不過G／GS型的推進背包在設計上著重於機動性，因此取消這種內藏式的充填機構，僅在臀部設置純粹掛載用的掛架。光束軍刀的攜行數量之所以增為2柄，理由在於1柄根本不夠用。

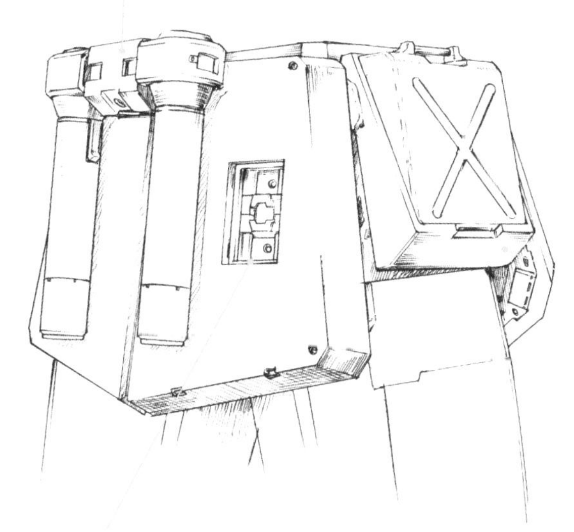

與既有機型不同，腰部側面並非純粹的裝甲，而是設有可掛載選配式裝備的掛架。為該處設計的標準裝備為增裝燃料槽，有助於提升可使用的燃料總量。這種燃料槽易於裝卸，在無重力環境下只要由熟練的整備兵經手，數十秒內即可更換完成。該處在初期方案中原本打算在裝甲裡設置整體燃料槽，不過為了縮短再出擊所需的時間，才更改為可拆卸的設計。附帶一提，視狀況而定，亦可改為裝設收納榴彈的武器櫃或機關槍掛架。

後裙甲處裝甲板裡設有可供選配式兵裝使用的掛架。該處可掛載備用彈匣或榴彈等的裝備，但這樣一來也會妨礙到光束軍刀抽出，導致第一線人員給予的評價並不高。利用該處掛載選配式兵裝的例子亦相當罕見。

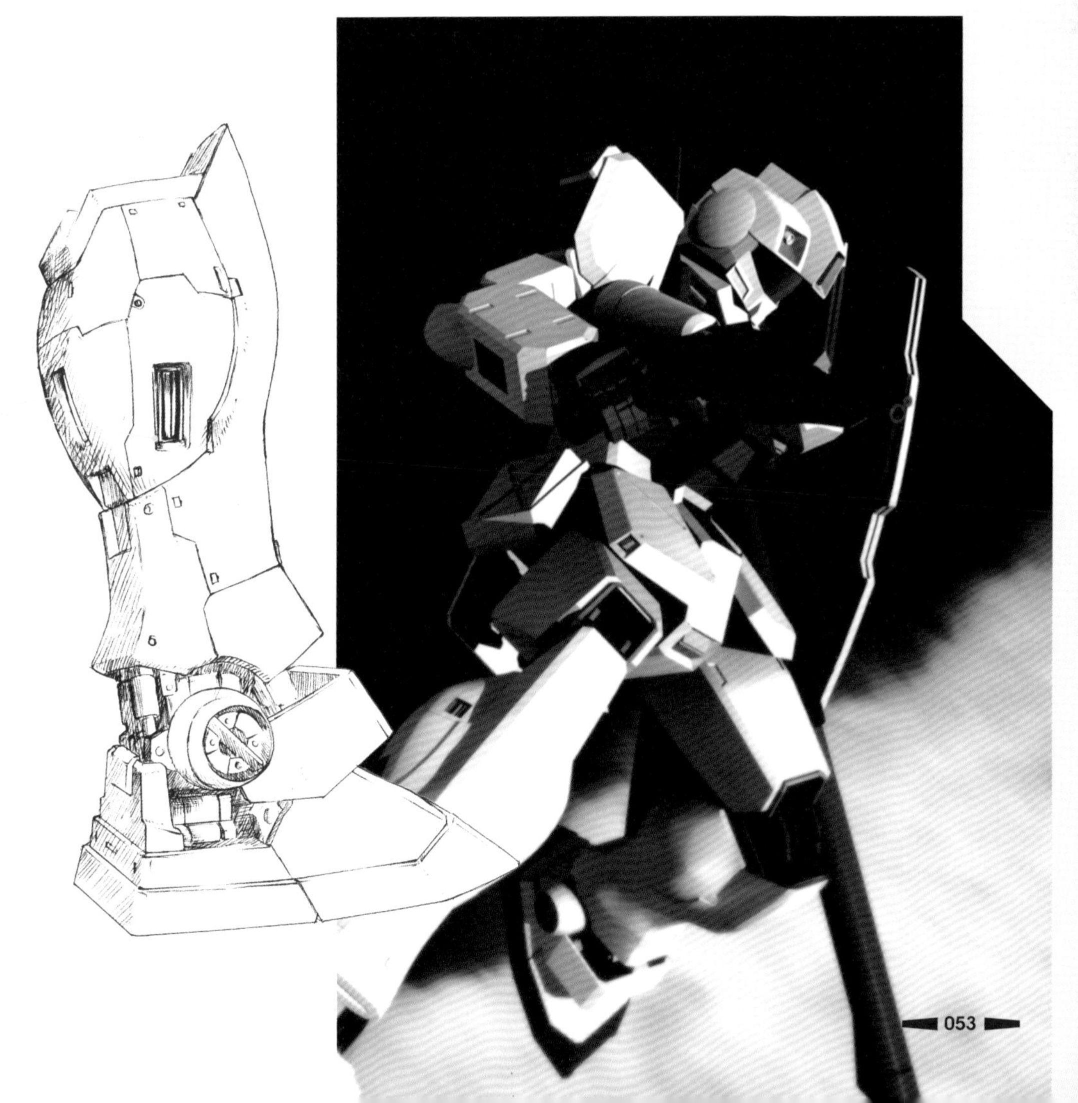

D型在小腿肚背面設有1具推進器，G／GS型則進一步在小腿肚的側面和正面各設1具，共計設置3具。在機體全身各處設置的姿勢控制用推進器總數方面，D型為5具、G型為10具，GS型則是14具。就結果來說，得以更細膩地控制機體的姿勢。

■AMBAC與噴射推進器
AMBAC是能夠賦予MS獨特機動性的機能，其概念為只要當MS的手腳擺出適當動作，就算不使用燃料也能迅速改變機身方向。自一年戰爭後期起出現的MS，與G／GS型相仿、在機體各處設置噴射（輔助）推進器的機型明顯地增加了。
AMBAC能確實改變機體的方向，在移動些許距離時也能發揮效用。反過來說，在保持射擊姿勢的狀態下閃避敵機攻擊，或是抱著重物的情況下改變機體方向時，多半無法獲得充分的反作用力。因此隨著可搭配燃料式高效率輔助用姿勢控制推進器，進而發揮更高度機動性的運動控制程式達到實用階段之際，搭載這類噴射推進器的新機型也陸續登場。

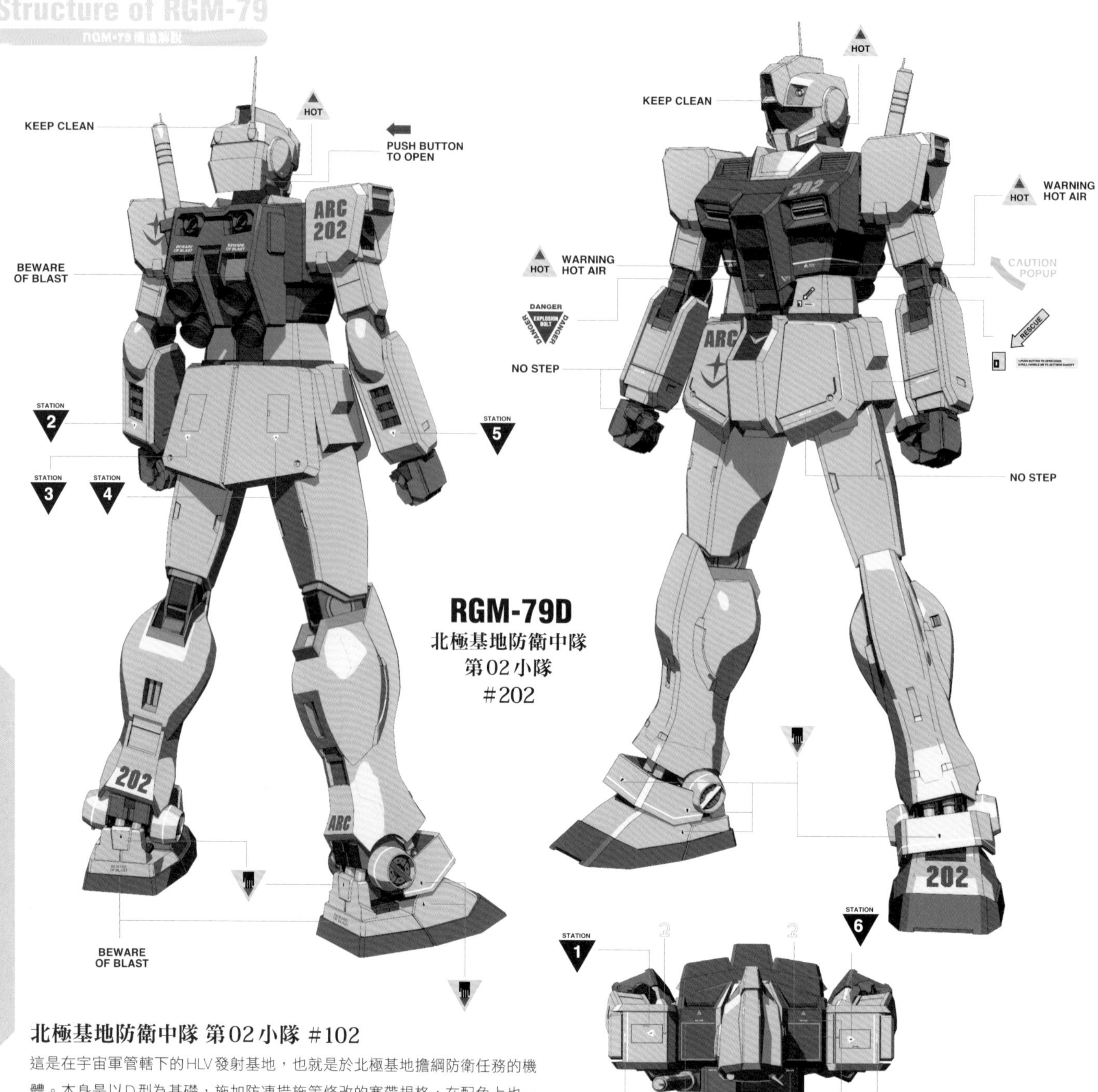

RGM-79D
北極基地防衛中隊
第02小隊
#202

北極基地防衛中隊 第02小隊 #102

這是在宇宙軍管轄下的HLV發射基地，也就是於北極基地擔綱防衛任務的機體。本身是以D型為基礎，施加防凍措施等修改的寒帶規格，在配色上也一如被冰雪覆蓋的嚴寒地帶，採用白色和灰色這類較內斂的色調。

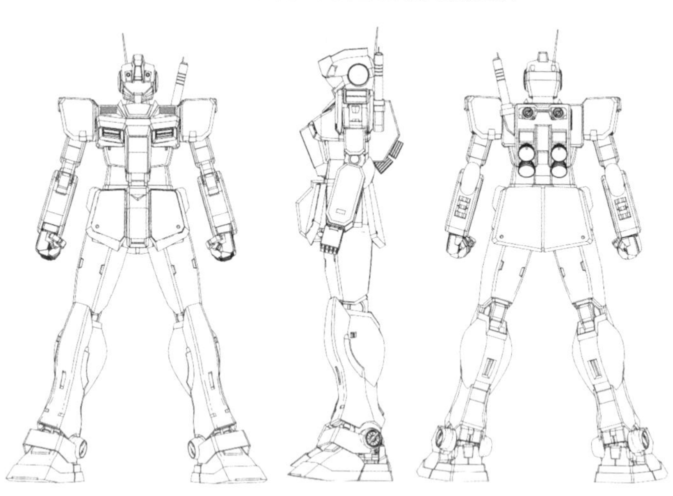

■作業範圍線

RGM系列在肩部和裙甲上設有象徵該部位在整備時可作為踏腳處，或是在重力環境下要注意避免從該處滑落的作業範圍線。

作業範圍線旁還會設有「NO STEP」（勿踩踏）的標誌，但這並非和裝甲強度有關的標誌，而是該處有從斜面之類構造，為防滑落危險才會如此標示。

由於G型和C型的肩部設有散熱機構和噴射口，提高在該處作業的危險性；再加上整備時多半在殖民地或太空等低重力環境下進行，因此肩部上也就不再設置作業範圍線。

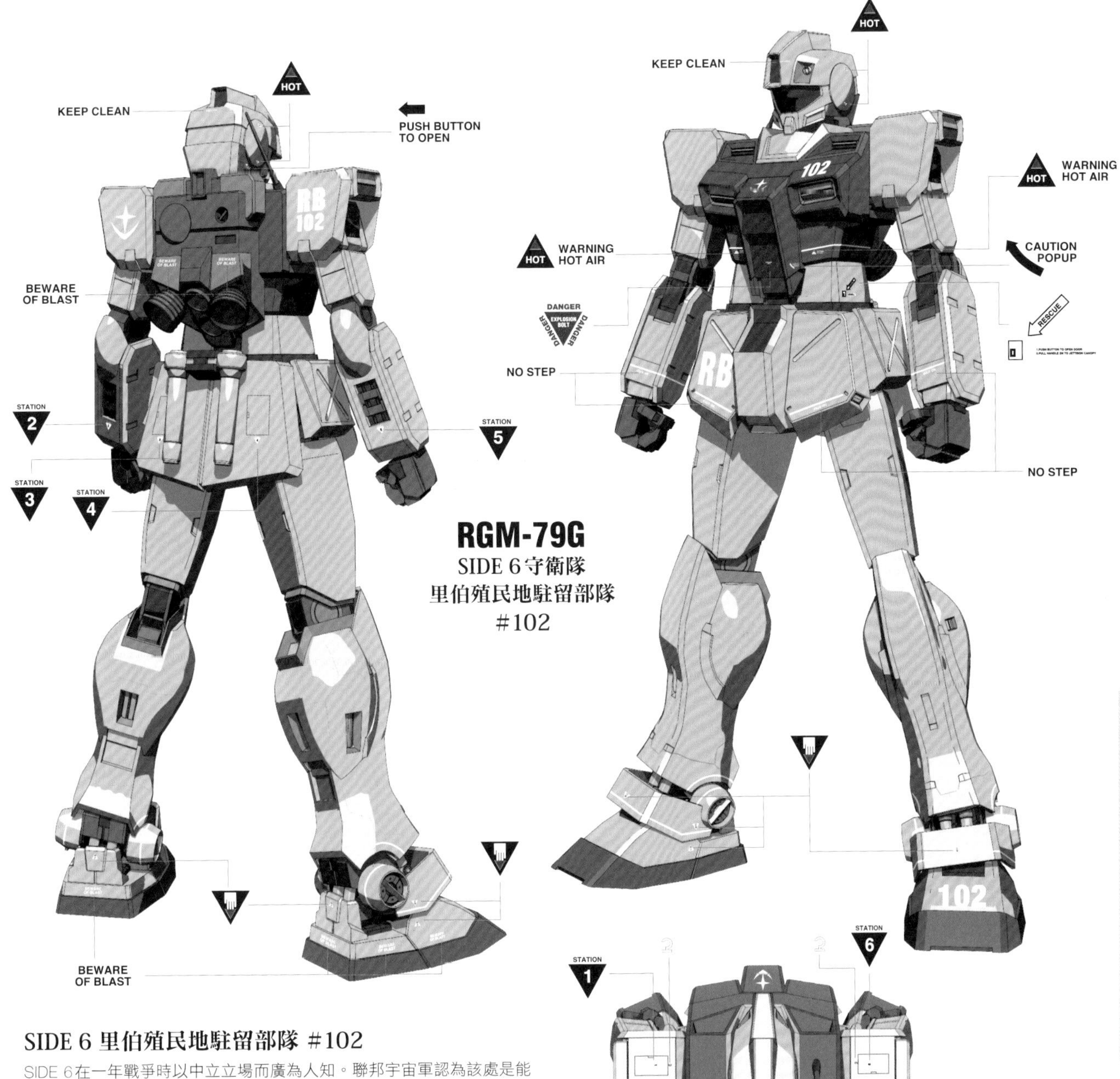

RGM-79G
SIDE 6守衛隊
里伯殖民地駐留部隊
#102

SIDE 6 里伯殖民地駐留部隊 #102

SIDE 6在一年戰爭時以中立立場而廣為人知。聯邦宇宙軍認為該處是能夠測試新研發MS的安全地區，於是以最高機密形式設置研發據點，並編派由當時最新銳機型吉姆突擊型組成的部隊駐守里伯，擔任該基地的守衛隊。後來也確實發生過和吉翁公國軍MS交戰的情況。

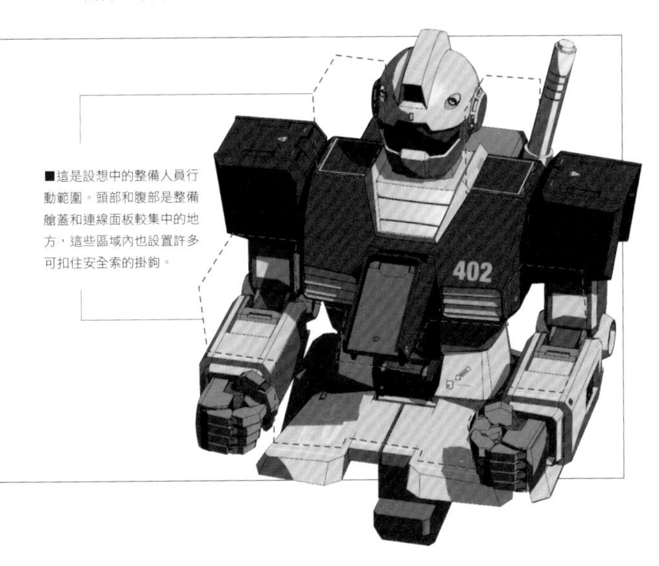

■這是設想中的整備人員行動範圍。頭部和腹部是整備艙蓋和連線面板較集中的地方，這些區域內也設置許多可扣住安全索的掛鉤。

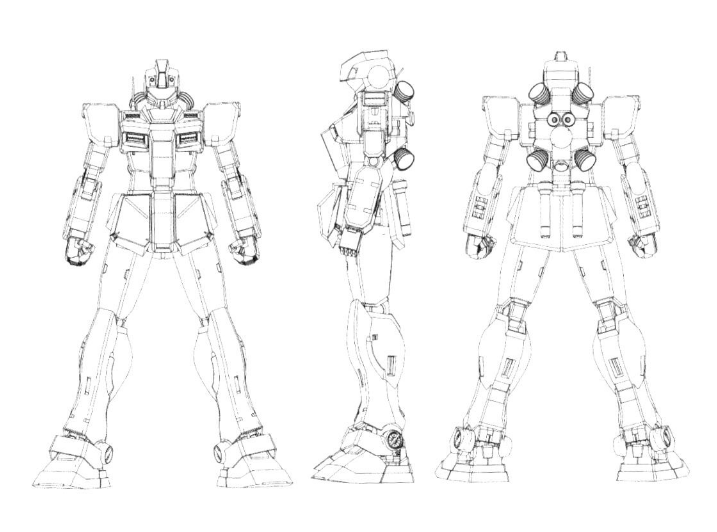

RGM-79C吉姆改

■機體概要

一般來說，提到RGM-79C時，多半是指在戰後由賈布羅工廠設計、製造的RGM-79小幅度改良版本。就整體來看，這的確也是事實沒錯，但更正確地來說，C型的初期機型早在戰爭結束之前，也就是在U.C.0079年12月時就已出廠，而且還投入北美戰線和阿．巴瓦．庫攻防戰。這方面得從C型本身有點複雜的研發經緯開始說明起。

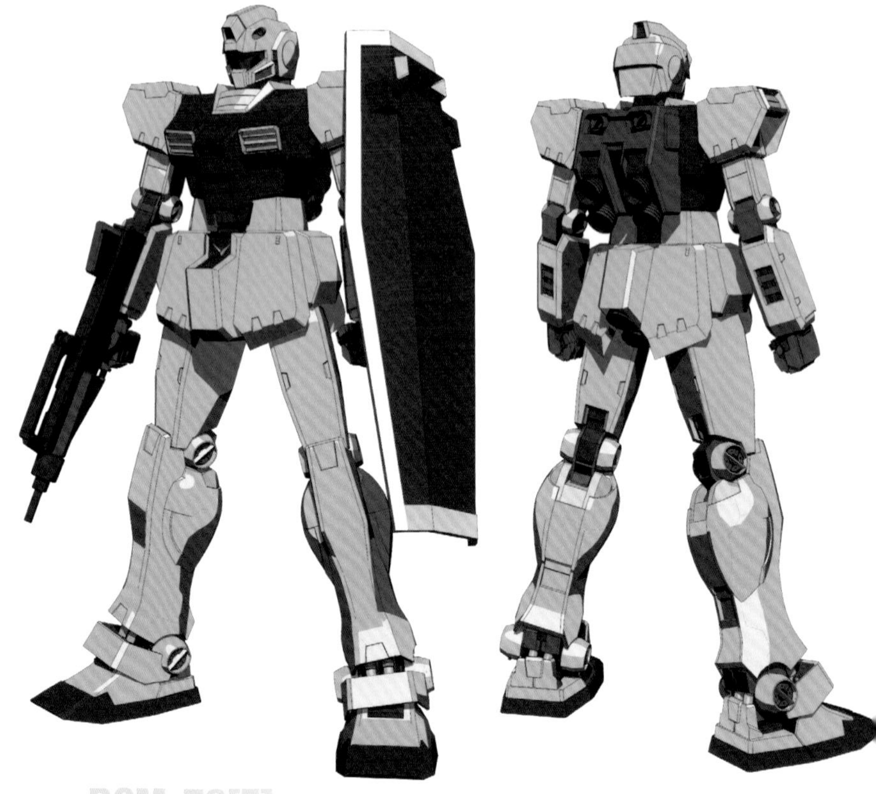

RGM-79[E]

繼有限地先行量產之後，賈布羅的地底工廠也在U.C.0079年10月左右開始正式生產RGM-79，各地的聯邦軍兵器研發工廠也已著手研發各種新型MS。這個時期雖然陸續開始研發特殊任務機和局地戰機之類的衍生機型，不過摸索標準機型這類通用機後續發展的計畫也已有所動作。

當時聯邦軍陸續讓相異研發據點同步研發在概念上幾乎完全的機體。至於公國軍則是由吉翁尼克、茲馬德這兩間公司——有時還包含MIP公司在內競標次期主力機。就像經由競標進行篩選相同，聯邦軍的官營工廠之間亦是在彼此較勁※。屬於通用機的RGM-79後繼機種也一樣，有數間兵器研發工廠參與競標計畫。身為MS研發核心的賈布羅工廠當然也是其中之一。

不過在第一次生產機（RGM-79A）開始生產後，率先在通用機領域締造成果的並非賈布羅工廠，而是宇宙軍派系的奧古斯塔工廠。藉由高機動推進背包賦予瞬間性高推力的D型※在設計上獲得高度肯定，進一步研發其高階機型RGM-79G吉姆突擊型的計畫也獲得批准。不過G型在搭載高輸出功率型發動機之餘，在生產性方面亦衍生出問題。因此賈布羅工廠決定改走能提高生產性的路線，並且列為C型進行基礎設計時的原則所在。相對於具備高性能，但必須使用到無重力環境下生產設施的G型，C型則是所有生產工程都能在地面設施進行，這正是賈布羅工廠企圖營造出的區別。

雖然C型是由賈布羅工廠設計的，不過就裝甲形狀和內部構造等設置方式來說，比起該工廠製的RGM-79[G]陸戰型吉姆和A型，其實還更像是月神二號工廠製的RGM-79[E]初期型吉姆※。這是因為本機型已將作為基礎研發衍生機的眼界納入考量中，所以採用較為充裕的構造設計所致。在各工廠為了競標而較勁的同時，私底下亦有在交流技術和情報，可說是在互有影響的狀況下進行MS研發。C型有著源自月神二號製[E]型的機體設計——藉此賦予比其他機型更出色的整備性——還採用以奧古斯塔製D型為源頭的各種裝置，更搭載賈布羅製造的標準型發動機。可說是繼承各工廠血脈的「混血兒」呢。

附帶一提，本機型的輸出功率為1,250千瓦，基本上採用和第一次生產機同等級的發動機。考量到目標為能夠在地面進行完整生產，於是並未採用在製造過程中有局部

※聯邦內部的競標
不只戰時，聯邦經常採用這種競標形式。0080年代後半的次期主力MS競標案也是具體例子。為了繼RMS-106高性能薩克之後接下這個位置，亞納海姆公司提出的方案是RMS-107馬拉賽，新幾內亞工廠也提案RMS-154巴薩姆一較高下。月神2號工廠和培曾工廠也都研發巴薩姆的衍生型號，爭取制式採用資格。內戰結束後，亦有海帕斯（※機型編號不明）和RGM-88X傑達競標，後者勝出後修改若干設計，也就成制式採用機的傑鋼。

※D型（RGM-79D）
在RGM-79系中被歸類為後期生產型的機型。自一年戰爭後期的敖得薩之戰起，吉翁軍開始從地球撤退。D型是在該時期才出廠，部署時也就不是以前線為主，而是以防衛據點為優先，因此D型也有配合各據點施加局部改造的機體。當中最具代表性的就屬北極基地的寒帶規格機體了。

※RGM-79[E]初期型吉姆
在RGM-79A的規格定案後，兵器研發局指示月神2號工廠著手研發太空戰鬥用途的正規生產機型，並給予RGM-79E這組機型編號。月神2號工廠重新調整裝甲形狀、增設主推進器後，姑且著手製造先行生產機。為了加以區別，先行生產機登錄為RGM-79[E]。然而奧古斯塔製G型的研發進展比想像中來得更快，E型的研發只好就此中止。雖然未能量產，不過原本配合E型研發中的宇宙用高機動推進背包改為提供給GS型，機身主體設計則轉用至C型上。
附帶一提，提供聯邦軍內部和聯邦議會的資料當中，其實也有誤把RGM-79[E]和原訂計畫RGM-79E混為一談的情況。

仰賴無重力環境的1,400千瓦級發動機。這個決定也導致必須擁有1,350千瓦水準輸出功率才能穩定運作的光束步槍無從被列為標準裝備，成為在武裝面選項較少的重要因素。不過眼見在太空進行的決戰即將到來，再加上吉翁公國軍也陸續投入新型MS的現況，總之「先想辦法湊齊數量」才是真正的盤算，確實也可說是沒辦法之下的決定呢。

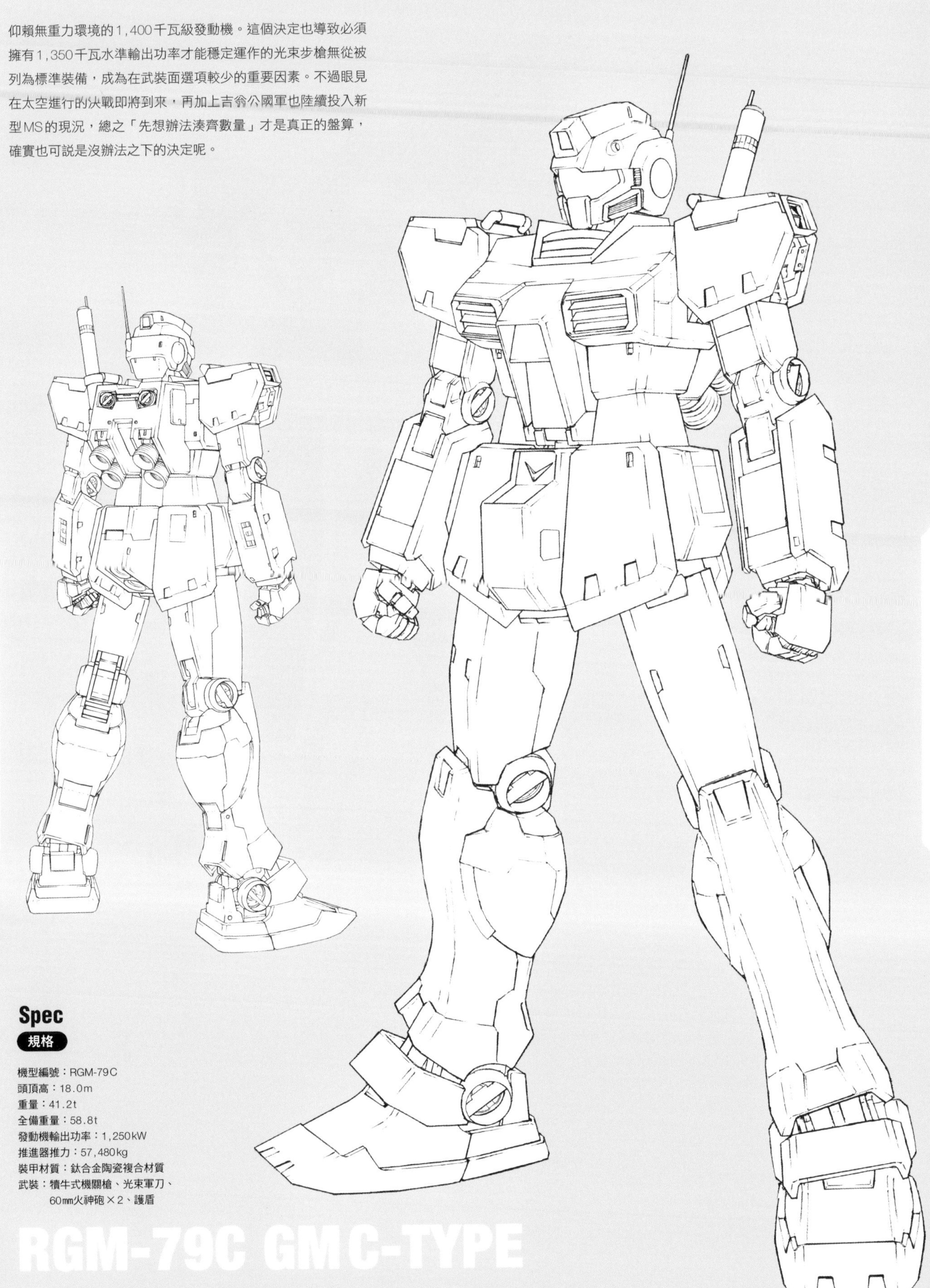

Spec
規格

機型編號：RGM-79C
頭頂高：18.0m
重量：41.2t
全備重量：58.8t
發動機輸出功率：1,250kW
推進器推力：57,480kg
裝甲材質：鈦合金陶瓷複合材質
武裝：犢牛式機關槍、光束軍刀、
60㎜火神砲×2、護盾

RGM-79C GM C-TYPE

Earth Federation Force RGM-79C

1：U.C.0083年9月時拍攝，為進行訓練飛行的RGM-79C吉姆改。為了參與即將在2個月後舉辦的戰後首場閱艦儀式而展開訓練，這正是當時的紀錄照片。該機體配備的是戰後型武裝GR・MR82-90mm吉姆步槍。
2：照片中為結束在地球衛星軌道的戰鬥巡邏任務後，正在返航中的薩拉米斯級塞拉耶佛號所屬RGM-79C。從照片中可知，為了順利降落，該機體啟動面朝母艦方向的推進器減速，藉此調整彼此的相對速度。
3：這是為了因應U.C.0086年發生於SIDE 2六號殖民地「卡拉布里亞」的舊公國殘黨團體起兵事件，派往該地的SIDE 2駐留艦隊所屬機。雖然成功鎮壓恐怖分子與其備有武裝的迷你MS，卻也嚴重損害周遭建築物，招致嚴重的責難。

■部署實績與戰後的規格變更

C型一號機是在U.C.0079年11月底出廠，自12月初起便正式供應給前線。就初期便獲得分發C型的部隊來說，確實是以教導部隊為首之類性質較獨特的部隊，不過後來也陸續分發給一般部隊。率先取得C型的，正是賈布羅直轄的教導團，接著則是逐漸普及至北美地區。在這個時間點已經大致底定編制的歐洲戰線幾乎看不到C型身影，之前就部署RGM-79[G]陸戰型吉姆等先行量產機的亞洲區在分發順序上也排得比較後面。

至於太空方面，雖然來不及趕上所羅門攻略戰，不過C型的空間戰規格也早已自12月起量產，因此仍有一定數量的機體參與阿・巴瓦・庫攻略戰，對於攻陷該要塞有所貢獻。

戰爭結束後，C型與G型也一併進行生產。到了U.C.0081年，為合理化部署計畫，聯邦軍重新整合戰爭期間百家爭鳴的MS規格，力求消耗性零件能共通，並且統一操作系統。C型也配合採用統一規格的消耗性零件，以及修改武裝固定用轉接器等規格更動，成為採用新規格的骨幹機型。由於在這類戰後規格的機體中，C型的生產數量遠超過其他機型，因此導致世人普遍地認為「C型是戰後研發的機型，用意在於整合戰爭期間各行其道的規格」。在戰爭期間生產，更於大戰後期各場激戰中「殘存」的各機體亦陸續改裝為戰後規格，使得戰爭期間規格的機體不復存在，這個發展也助長前述見解廣為流傳。

尤其是U.C.0081年10月13日議會通過的「聯邦軍重建計畫」，更進一步成了推手。由於MS部隊需要重新整編，聯邦軍暫時採取生產增量體制，才得以順利增加可供調度的數量。這波生產一直持續到RGM-79R吉姆Ⅱ於U.C.0083年出廠為止，而且在陸續改裝為R型規格之餘，亦一路運用至U.C.0090年代。

推進背包採用設有4具主推進器的型號。雖然[E]型未能設置光束軍刀充電機能，不過隨著內藏輔助發動機，總算得以實際裝設。C型在裝甲形狀和內部構造等方面也都洗鍊許多，因此獲得生產性和整備性均比舊有機型更好的肯定。

後裙甲的中央區塊分割為上下兩片，可作為掛載火箭砲的掛架。附帶一提，先行生產機的[E]型就沒有裝備這種火箭砲掛架，堪稱是分辨兩者的特徵根據之一。

臀部設有2具朝向機體下方設置、推力為1,870kg的推進器。這種設置方式也是沿襲自[E]型，不過內藏推進器已換成更小巧的新型號。正是因為成功縮小推進器的尺寸，才得以在推進器上方設置火箭砲掛架。

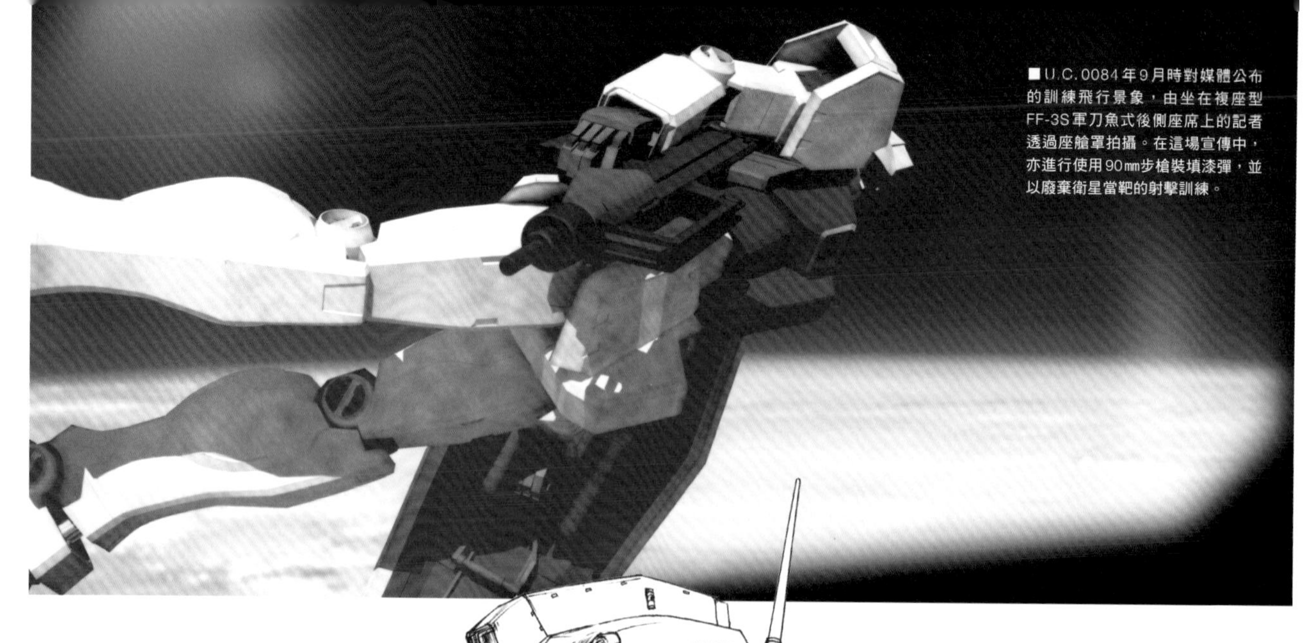

■U.C.0084年9月時對媒體公布的訓練飛行景象，由坐在複座型FF-3S軍刀魚式後側座席上的記者透過座艙罩拍攝。在這場宣傳中，亦進行使用90㎜步槍裝填漆彈，並以廢棄衛星當靶的射擊訓練。

C型的感測器系內藏機器，有戰爭期間型號和戰後型號之別。戰後生產型引進當年D型和C型嘗試使用的技術，改為不僅生產性更高、精確度與可靠性也更高的器材。隨著局部機構簡化，頭部組件的空間也更為充裕，因此相較於戰爭期間型號，得以成功提升火神砲的裝彈數量，這點相當值得注目呢。

[E]型與C型的頭部外形幾乎完全一致，不過C型增設桿形天線。就機能來說，和G型設置在肩頭上的天線近乎完全相同，均為通信用的器材。就算是在米諾夫斯基粒子散布到達戰鬥濃度的狀態下，只要具備高強度的指向性，在短距離內還是能進行通信。自D型以降也就將這種足以涵蓋周圍的頭部天線列為標準裝備。

[E]型在肩甲頂面向上掀開時，可擴大臂部的活動範圍，肩部正面與背面裝甲不必跟著臂部一同轉動，臂部也能大幅度上下擺動，同時亦能控制末端推進器的噴射方向。甚至無須卸下肩甲，也能對肩關節進行整備，可說是相當先進的設計呢。賈布羅工廠在設計C型時就採用[E]型計畫機的構造，因此擁有幾乎完全相同的外形。
附帶一提，肩甲頂面靠近肩頭的起重吊具，並非設置在這片可動裝甲上，而是直接固定在肩內部骨架上，因此具有很高的支撐強度。

部署於地球、殖民地、月面等重力下環境的機體，均設有駕駛員登降用的絞車組件，以及避免滑落的欄杆。對於不習慣的人來說，要單腳踩著踏板並攀著纜繩一路上升到十多公尺高的駕駛艙去，其實就足以嚇破膽了。也因此傳出「能這樣登上駕駛艙才有資格當駕駛員」之類的閒聊笑談。

C型和A型等先行生產機同樣保留核心區塊構造。該構造能夠以區塊為單位進行更換，這也代表主發動機和駕駛艙一帶能夠一併更換，使得本機型在作為測試平台時非常優秀。不過A型與C型的核心區塊在電子組件等規格方面並不同，無法直接交換，必須進行加裝轉接器之類的處理才能更換。

■作為測試平台的C型

C型從設計階段開始便將擴充性納入考量，自戰爭期間就是諸多機型的藍本。特化對MS格鬥戰性能的特殊規格機體RGM-79FP吉姆打擊型就是其中一例。該機型當時是轉用研發中的C型，並且追加耐彈裝甲※和格鬥戰用護目鏡而成的重裝甲型機體，顯然是把公國軍的MS-07B古夫視為競爭對手。

另外，到了戰後亦作為研發各種新型機體的測試平台。這方面最為著名的，應該就屬「GP計畫」中配合收集數據資料所需施加改裝的高出力型吉姆了吧。該機型是從U.C.0081年4月這個年度完成更新，並且分發到澳洲特林頓基地的10架C型裡調用兩架改裝而成。整體增設1,650千瓦級的高輸出功率發動機、大型推進背包，以及新型緩衝阻尼器等裝備。這些裝備均是出自戰後在正式進軍MS製造業界的亞納海姆電子公司之手，此機型正是用來為該公司研發中的RX-78GP01鋼彈試作一號機收集各種數據資料。

不僅如此，自U.C.0084年起，亦有比照R型規格施加修改的CR型，這個機型同樣投入各種新型推進背包的搭載實驗等用途上，在充分發揮其高度擴充性下，使這個機型得以扮演MS研發幕後功臣的角色，一路持續到U.C.0080年代中期。到了U.C.0080年代後期時，MS研發主流已轉變到全可動骨架機，也就是第二世代MS上，因此C型也改為分發給實戰部隊作為主力機使用，被研發部門當作測試平台的使命至此告一段落。

※耐彈裝甲
耐彈裝甲正如從其名，屬於額外設置的增裝裝甲。聯邦軍向來相當積極研發增裝裝甲，不過在系統上可大致分為兩類。一類是內含飛彈武器櫃等武裝，兼具強化火力性質的增裝裝甲，另一類則是純粹提高耐彈性能。RGM-79FP吉姆打擊型的耐彈裝甲正是依循後者概念設計而成，也就是將傳統戰鬥車輛等載具設置的爆炸反應裝甲放大為MS尺寸。以FSWS計畫機為代表的火力增強裝甲案，在戰後也偶爾會提出評估，不過MS用火器的主流從實體彈轉變為光束兵器之後，爆炸反應裝甲也就逐漸淡出MS用裝備的舞臺。

CAUTION & MODEX
■警告標誌&識別編號

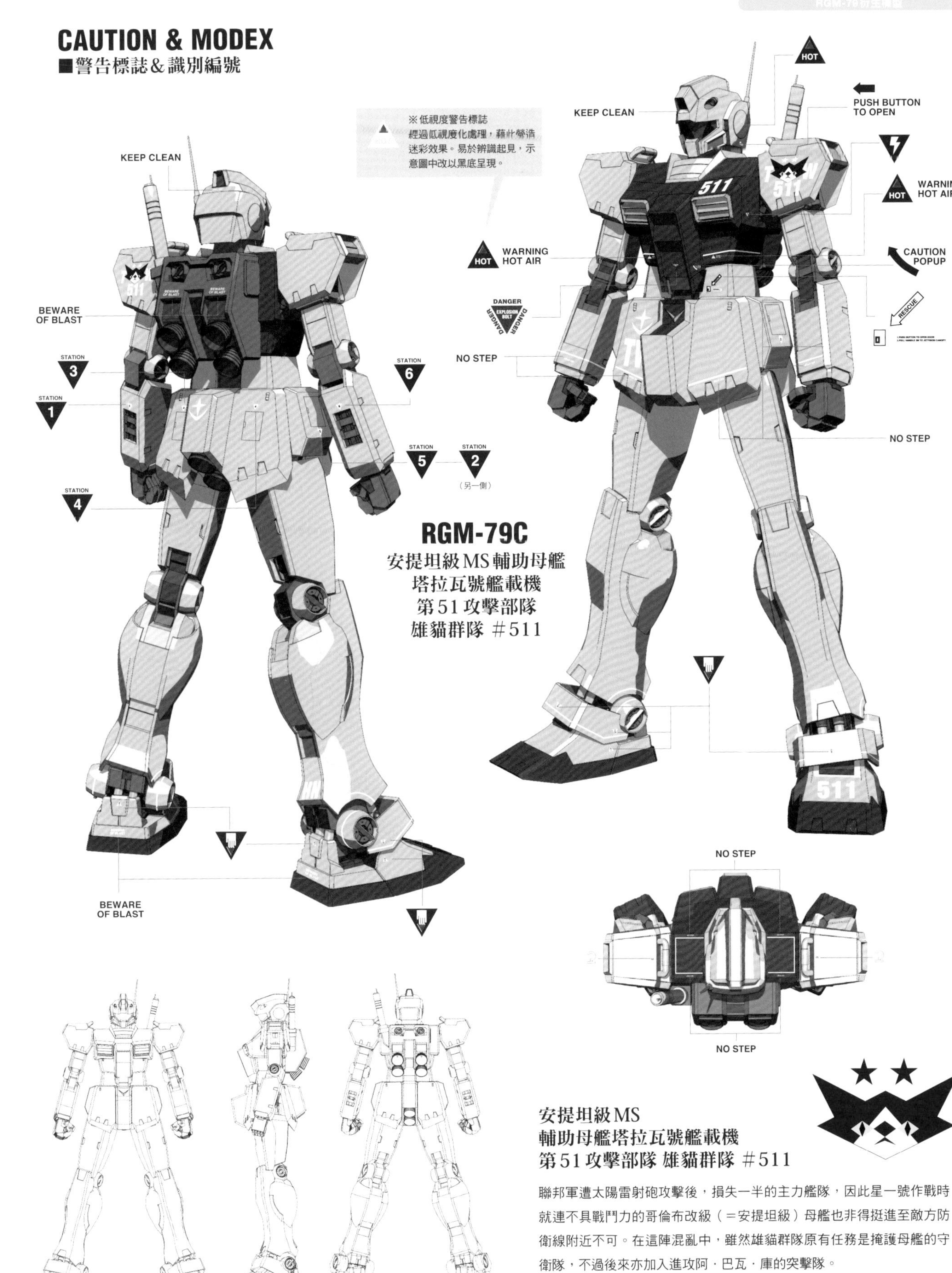

RGM-79C
安提坦級MS輔助母艦
塔拉瓦號艦載機
第51攻擊部隊
雄貓群隊 ＃511

安提坦級MS
輔助母艦塔拉瓦號艦載機
第51攻擊部隊 雄貓群隊 ＃511

聯邦軍遭太陽雷射砲攻擊後，損失一半的主力艦隊，因此星一號作戰時就連不具戰鬥力的哥倫布改級（＝安提坦級）母艦也非得挺進至敵方防衛線附近不可。在這陣混亂中，雖然雄貓群隊原有任務是掩護母艦的守衛隊，不過後來亦加入進攻阿・巴瓦・庫的突擊隊。

Earth Federation Force MOBILE SUIT RGM-79 GM

Oparating system of Mobile suit

MS的機體控制與操縱系統

MS是在U.C.0070年代後半登上歷史舞臺的，在經由散布米諾夫斯基粒子所發展出的新戰術中，證明這種全新兵器的高度效用，甚至還在這個混亂期間內一舉改寫戰場上的規則。MS之所以能崛起，除了合乎物理法則的要素，也就是硬體面之外，在軟體面奠定的技術也極為重要，這點肯定是不言而喻的。

就這方面的軟體來說，狹義上是指用來控制機體的作業系統（OS），不過在此是指包含使用硬體的人類，以及其教育方案在內的諸多事項。當然在運用層面上不僅是操縱者本身，亦得提及與整備和補給相關的基礎要件才行，不過本章節將會以解說操縱系統概要，還有與培育操縱者相關的事項為主旨。

■機體控制概要

從軟體層面來看，MS的機體控制必須結合人類進行操縱操作，以及內部的OS控制這兩者才算完整。嚴格來說，能銜接起這兩者的介面更是不可或缺。

MS內部具有複雜到不可思議程度的機構，光是為了控制核融合爐和發動機就得各自搭載專用的電腦，亦少不了用來演算與各種導航相關數據資料的裝置。將這些全部整合起來，藉此掌握機體目前狀況的則是中央控制系統，在這個前提下，MS可視為能夠自動進行單獨行動的個體。

不過MS終究並非完整的自動個體，所有主動行為都是出自駕駛員的操縱。以人類為例來說，心臟和各種內臟總是自動地在運作，一張開眼睛即可看到視野範圍內的景色，不過要是自己沒那個意願的話，那麼不管他人再怎麼催促都不會踏初步伐走動，道理就是如此。

外行人可能會難以理解，不過只要想成MS除了固定在整備架上以外，基本上都是維持在自動控制的狀態下就行了。即使是駕駛員不在駕駛艙裡，將機體暫時停住呈現靜止狀態時也一樣，為了確保平衡起見，各動作部位其實仍維持在穩定控制狀態下不變。當然若是站在純粹的平面上，或是處於無重力環境下，那麼用雙腳站著的姿勢也就幾乎不必進行關節控制，況且在設計上原本就已將盡可能做到足以獨立站穩納入考量中，因此在這種情況下的能量消耗幅度也相當少。

換句話說，MS本身總是在執行「用最穩定的方式站著」這個內部命令。這點無論是有駕駛員搭乘，或是在執行戰鬥任務期間也都不會有所改變。

理解前述的道理之後，應該就分辨出由駕駛員進行操縱操作，以及MS本身的自動控制，其實是不同的兩件事。就算是最基礎的步行動作，對於雙足步行機械來說也是強行要求在不穩定的狀態持續運作。若是要雙足步行機械做到能夠敏捷地行動，那麼反覆地在不穩定狀態下迅速地取得平衡會是不可或缺的概念。換句話說，該如何在會破壞穩定的駕駛員操縱操作下有效率地進行整合，這方面只要交由MS的基礎動作性能來決定即可。

操縱系統介面在這之間所扮演的角色，就是接收來自操縱桿和踏板等操縱機器的命令，同步翻譯成適當語法，並且傳達給機體各動作部位。與此同時，前述與自動控制相關的演算裝置亦會對該命令附加適當的調整。也就是說，不完全取決於駕駛員手動操縱操作機體，實際上機體系統本身也會為了維持穩定而持續進行調整。

不過，在不同機種之間仍會有所謂的「操縱性」差異存在，因此換乘其他機種時，理所當然地得經過熟習飛行訓練才行。不僅如此，以造成這類干涉的狀況來說，不熟悉操作的駕駛員會以機體為主進行微調，但相對地，以王牌駕駛員為首的部分駕駛員顯然較偏好能更直接地傳達操縱反應。附帶一提，MS的空間高機動性可說是奠基於AMBAC系統，這部分和機體的主動行動和穩定控制雙方面都有所關聯，不過就起源來看，該系統應歸類為穩定控制的一環。

1：照片中為在北極基地周圍執行巡邏任務的寒帶規格RGM-79D。雖然基於確保機密，北極基地並未公開過正確位置，不過當中又以位於格陵蘭一帶的說法最為有力。照理來說，將HLV發射上太空時，在赤道附近利用地球自轉產生的離心力會最有效率，不過該地在一年戰爭時而臨吉翁公國軍勢力大舉壓境，不得不改從北極基地將物資發射至軌道上。因此聯邦軍的MS邁入實際運用階段後，隨即優先部署至北極基地。

■MS的操作

如同前述，就算駕駛員是初學者，其實也用不著為了讓MS能穩穩地站著而進行任何特殊操縱。況且MS本身是巨大兵器，從外形來看也是不容易站穩的雙足步行機械，要是在殖民地或城市裡之類地方發生使用不慎的問題，那麼肯定會造成嚴重的災情。因此在操縱操作方面也精心設計成能直覺地使用、不會過於複雜的形式。

操縱桿的規格為雙手各握住一柄使用，要學會基本動作其實很簡單，而且現今各機體的操作桿幾乎都已經是共通的配置。就像汽車和機車有著方向盤、油門、煞車等操作裝置一樣，在這方面的配置方式也很類似，只要學會如何操縱一架MS，那麼用不著長期訓練，也能大致開動其他機種。迷你MS之類的準MS也是一樣。順帶一提，殖民地居民裡的工業和土木工程等從業人士幾乎都有相關執照，只要具備這方面的技能，就算是臨時搭上戰鬥用MS，應該也還算操縱得來。

像這樣統一操縱與操作方面的規格，其實早在一年戰爭期間就已經設想到，而且當時聯邦軍和吉翁軍雙方不僅駕駛艙的內部配置方式相當相似，就連操縱操作方法本身也幾乎一模一樣。之所以會出現這種情況，理由在於操縱操作系統奠定之初，聯邦軍從擄獲的吉翁軍MS身上進行分析研究，判斷得出直接套用其相關成果會來得更有效率的結論。更何況後來還有吉翁方面的研發相關人士流亡投效，因此聯邦軍在研發MS一事上，原本就和吉翁這方有著密不可分的關係。

總之，雖然在一年戰爭結束後正式統一機體本身的規格，亦一併重新規劃操縱系統和駕駛艙內部設置方式，卻也在未全盤顛覆既有操縱方式的情況下更換為新系統。因此曾在一年戰爭中經歷過實戰的駕駛員們均能順利地換乘新機種。

MS的操縱操作等級可大致分為三類，第一個是與步行之類的機體基本動作有關。這方面包含准MS等機體在內幾乎都是共通的，簡單來說就是只要將操縱桿往前推並踩油門踏板，MS就會往前進。

如果僅限於基本動作，亦可將機能集中在單側的操縱桿上。這方面只要點選介面設定即可切換模式，如此一來，就算駕駛員因為受傷之類狀況僅剩其中一條手臂能動，要進行基本動作範圍內的操縱也不成問題。

再來是專門操作的範圍，以準MS來說就是進行工程作業，在戰鬥用MS上當然就是與戰鬥相關的輸入操作了。當按著操縱桿上的特定按鈕並操作操縱桿之際，機體的動作就會切換成瞄準操作。此時就算駕駛員進行的操作相同，臂部配備光束步槍的機體、本身設有固定式武裝的機體會各自做出應有動作，不過駕駛員用不著刻意去思考這件事。另外，若是要執行更換武裝使用之類的動作，其實也只要用操縱桿上的功能鈕即可完成操作，因此在戰鬥中用不著鬆開操縱桿。

最後一類「叫出」是機種既有的特殊操作，或是駕駛員個人的特化動作模式。此操作方式可分為從駕駛艙內的操縱面板輸入、聲控輸入，或是事先設定操縱桿上的按鈕簡化複合命令輸入等多種方法，駕駛員可選擇適合自己的方式運用。即使勢必得換乘機種，這類個人特化資料在某種程度上還是能沿襲套用至另一架機體，因此優秀的駕駛員會自行規劃多種動作模式並記錄在機體裡，以便在戰鬥和其他場合中派上用場。另外，這類動作模式亦有根據服勤單位的機庫環境，按實際需求預先規劃好，在駕駛員分發報到時直接提供輸入。不僅如此，在戰技交流會之類的場合上，駕駛員彼此交換操作習慣的情況也不少，甚至不乏日後直接列為正規程式的事例。

■草創期的駕駛員培訓

培訓MS駕駛員時最重要的，不僅在於熟習前述的操縱操作，亦包含牢記在實際戰鬥狀況中必須採取的行動方針。在就算只有一瞬間判斷錯誤也會丟了性命的戰場上，並非只要盡可能多掌握一點判斷基準就能克服難關，更需要在一瞬間內做出判斷並執行，這也是唯有透過實際訓練才能掌握住的關鍵所在。

不僅如此，包含團體行動時的行動規範、戰鬥時的任務分擔等必要項目在內，必須記住的事情簡直多到像山一樣高。另外，現今在第一線進行整備時，由駕駛員出面的情況其實也不少見。透過電路測試器和顯示器分析等裝置，準確判斷座機的狀態，這亦是駕駛員的責任，

■駕駛艙搭載位置

在研發MS時，駕駛艙系統的搭載位置也經歷過諸多爭論和試錯。基於與外部顯示器系統之間的連動，也就是以駕駛員可看到的機能為中心加以考量，將駕駛艙設置在頭部亦是選項之一。若使頭部動作與駕駛艙連動，那麼顯示環境影像的顯示器，也就是攝影機只要把目前行進方向當作正面進行拍攝即可。以這種方式來說，MS眼部所見就像是駕駛員自己看到的一樣，乍看之下似乎是非常適合的設計。不過隨即便發現當MS作為兵器運用時，這種單純的設置方式反而造成諸多不便。

以作為外部偵察系統的頭部來說，必須藉由頸部上下左右自由轉動取得周遭資訊，其實與駕駛員當下為因應需要而前進的方向毫無關係。換句話說，身為兵器的MS並非總是以駕駛員為「主」而行動，有時駕駛員反而是居於「從」的位置。這樣一來，當頭部根據機體管制系統的判斷而獨自轉動方向時，駕駛員就會在跟機身整體動向無關的慣性作用下被甩動。

另外，從保護駕駛員生命的觀點來看，頭部無從增加額外厚度的裝甲，在防禦性能上顯然有所不足。頭部較欠缺搭載駕駛艙所需的容量當然也是理由之一。

因此駕駛艙最好裝設在盡可能靠近機體的重心之處，不僅駕駛員對於機體本身的動向能夠感同身受，視野也總是能維持在機體的正面方向，更易於掌握座機當下的前進方向。附帶一提，日後隨著機體尺寸發展得更大，以及可將頭部搭載機能改為設置在其他部位等的措施後，亦出現將駕駛艙設於頭部的機種。不過這是因為駕駛艙系統已兼具逃生艙機能，再加上可藉由內部控制維持在三維空間的正向位置，才得以實現該設置方式。

把駕駛艙設置在推進背包等從背面往外凸出的部位裡，這種方式當然姑且也列入評估，只是被指出當MS做出轉身動作時，駕駛員會受到強烈的側向G力，可能會對操縱造成影響（理所當然地，愈遠離中心部位，產生的G力就愈大。當MS藉由AMBAC進行姿勢控制時，即使只是距離中心3公尺，G力亦有可能達到三位數。雖說手腳末端部位的G力據說就達到三位數，但這點原本就不在評估範圍內），因此用不著等到以試驗機實驗，這個方案就遭到廢棄。

無論如何，為了確保駕駛艙的牢靠和安全起見，似乎也只剩連同核融合爐設置在胸部裡的設計可行，除此以外幾乎別無選擇。尤其是以駕駛艙所需的牢靠性來說，其實可以運用核融合爐構造體本身和框體固定用骨架所具備的剛性作為局部架構，這麼一來自然也能對提高駕駛員的生還率有所貢獻。

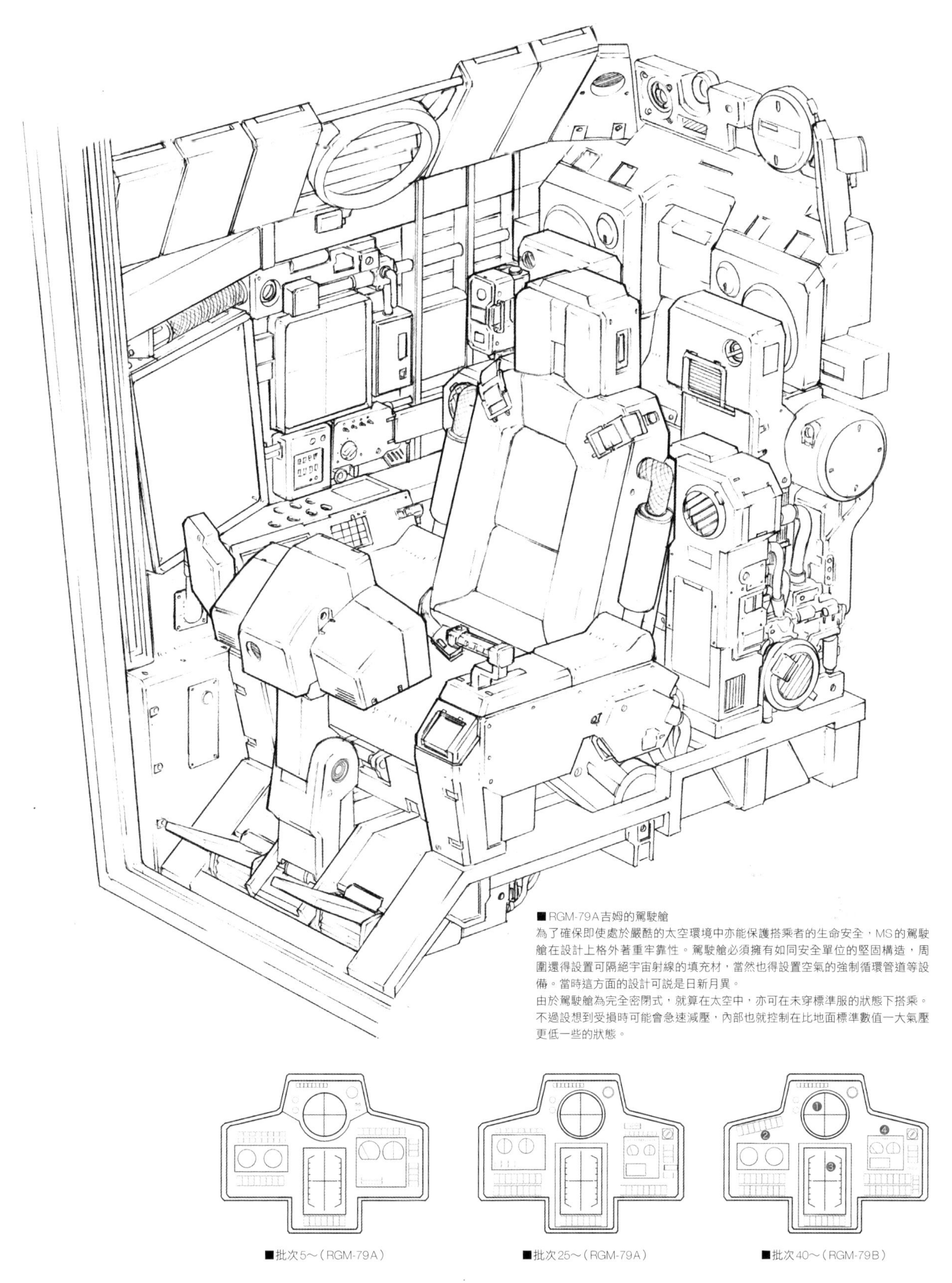

■RGM-79A吉姆的駕駛艙

為了確保即使處於嚴酷的太空環境中亦能保護搭乘者的生命安全，MS的駕駛艙在設計上格外著重牢靠性。駕駛艙必須擁有如同安全單位的堅固構造，周圍還得設置可隔絕宇宙射線的填充材，當然也得設置空氣的強制循環管道等設備。當時這方面的設計可說是日新月異。

由於駕駛艙為完全密閉式，就算在太空中，亦可在未穿標準服的狀態下搭乘。不過設想到受損時可能會急速減壓，內部也就控制在比地面標準數值一大氣壓更低一些的狀態。

■批次5～（RGM-79A）

■批次25～（RGM-79A）

■批次40～（RGM-79B）

■駕駛艙操縱台

視生產時期而定，RGM-79吉姆的駕駛艙操縱台面板在配置方式上多少有些更動。基本上必須將機體位置、瞄準十字線、戰鬥資訊等訊息呈現在正面、左右兩側共計3面的主顯示器上，因此操縱台可大致分為顯示❶俯瞰周圍機影與座機的相對位置關係、❷座機目前的狀況、❸姿態指引儀等各種導航資訊，以及❹各種警告等4種專門資訊的部位。為了更易於掌握這些重要資訊，才會變更設置方式，不過在避免造成駕駛員誤判和反應不過來的考量之下，並未輕率地更動示意圖例。

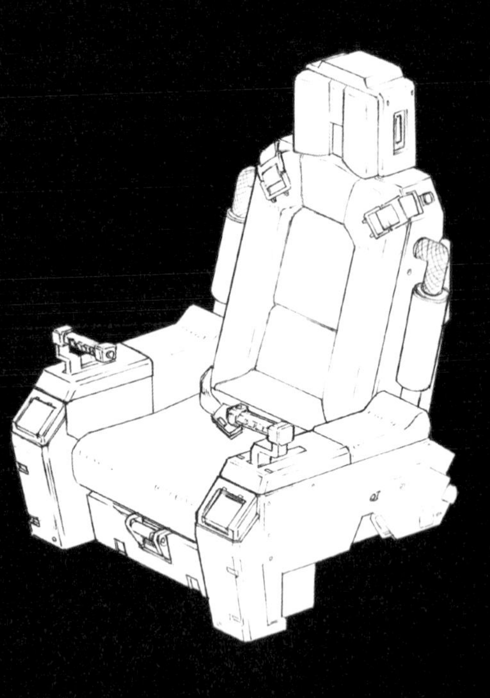

要是沒根據這些資料確實地說明有哪些重點需要在下一次出擊前整備完成，想當然只會加快駕駛員自身步向死亡的速度。

不過這點在現今的聯邦軍培育教程中並沒有明文規定，頂多會提到在第一線必須自負判斷責任之類的場面話。

因此培育駕駛員的教導過程出乎意料地短，再加上若是有志成為駕駛員者本身具有準MS操縱經驗的話，那麼更是能輕鬆地修習完畢。就擔任教官的資深駕駛員來看，其實在進行以指導方針為準的教學時，多半就能感受到「這名駕駛員欠缺相關天分」之類的事情。即使如此，絕大部分的學生還是都能取得資格畢業。然而當真進行戰鬥的話，那麼最快陣亡的，多半也是這類尚無法「獨當一面」的學生。

就統計數字來看，MS駕駛員在首戰中就陣亡的比例明顯偏高。其實打從舊世紀的戰鬥機飛行員時代開始即是如此，唯有經歷過數次實戰洗禮，駕駛員生還率始能夠飛越性地提升。個中緣由難以明文寫成理論，資深駕駛員指導新進人員時，通常也是說只要能在戰場上存活下來，自然就會學到訣竅何在。那麼反過來說，該如何首戰中平安無事地活下來，顯然才是最重要的課題。

以一年戰爭時期來說，真正的MS對戰都是發生在後期，聯邦軍和吉翁軍雙方都多得是第一次上陣的MS駕駛員。即使吉翁軍在MS運用方面確實有一日之長，但到了這個時期也已是民窮兵疲，在阿．巴瓦．庫進行決戰之際，動員而來的學生兵更是占了戰力大半。相對地，地球聯邦軍也仍處於試圖摸索該如何培訓駕駛員的階段，當時在技術水準上遜於現今的駕駛員，這點也不難想像。

因此就算是在所羅門和阿．巴瓦．庫這兩場戰役中，也幾乎看不到小隊之間有組織性地施展合作攻擊之類的戰術，不過剛好由具備天分的教官擔任隊長，也因此曾有效率地進行過模擬訓練的小隊締造豐碩戰果，這類的例子倒是有幾個。從整體準備期間相當有的觀點來看，他們展現足以被稱為精英的才能，這也成為日後迪坦斯選拔人才的基準所在。

那麼，聯邦軍是在何時何地奠定駕駛員培育教程的呢？

在RX計畫時，是以招募到的貝科奴基地成員作為參考，根據他們的資料進行分析規劃。就這個針對早期投入MS而採用的計畫來說，當然也包含編撰與培訓駕駛員相關的一連串教育方案。

聯邦軍的想法其實相當合理，對於唯有採用MS才能施展的新戰術，當然要抱持著貪求的心態徹底進行研究。在此同時，為了實現這些目標所需的基礎設施整備等附帶事項也一樣，進行精細入微的調查。反過來說，當時對於採用MS一事抱持保守態度的派系居多，要是沒準備好紮實的理論作為基礎，那麼MS計畫可能會整個被否決掉，因此MS推進派可說是拼了命地透過包含政治遊說和簡報在內的手段表達訴求。

總之為了實現在這次大戰內就投入MS的目標，編撰駕駛員培育教程和整備必要基礎設施的可說是當務之急，這也是必須與研發MS本身同步進行的研究。

就最後歸納出的結論來說，想要有效率地培育駕駛員，那麼就得設置即使沒有實際機體也能進行某種程度熟習訓練的系統，這是絕對不可或缺的。即使沒有實際機體這句話可不是單純的比喻，在一年戰爭中確實有著如同字面上的意思，未曾搭乘過實際機體就分發到最前線作戰的例子。電車、汽車、飛機之類交通工具的確會使用模擬程式進行訓練，不過就戰鬥機這類實戰兵器來說，過去從來沒有以模擬程式作為訓練主體的例子。話雖如此，在最初的實際運作研發機完成時，模擬程式本身根本就還沒完成，當時的測試駕駛員頂多只接受過示意訓練就上場進行測試，情況或許也沒好到哪裡去。反過來說，之所以判斷僅接受過模擬訓練就足以派去參加實戰，這堪稱是該系統在完成度和可靠性方面都極高的佐證。

即使是經由模擬程式進行訓練，純粹的基本動作需要花上約50小時，一連串的戰鬥相關操作則是需要花上約120小時即可學會，也就是約7個工作天就能讓一名駕駛員出爐。不過正如同前述，在這個過程中並非能夠學到與實戰相關的所有知識，要成為能夠獨當一面的駕駛員，勢必得在前線施加更多的現地訓練才行，說得更極端些，應該還要加上參與實戰並生還歸來的必要條件才對，這點相信就用不著贅言敘述。就算時至今日，資深駕駛員還是會揶揄剛從模擬訓練結業的駕駛員為「紙老虎駕駛員」（＝菜鳥），而且不管經歷過多少次實際機體訓練，只要沒有真正的實戰經驗，這個綽號就會一直掛在身上。

■駕駛座席

由於MS座席向來追求符合人體工學的理想設計，因此至今依然持續地進行研究，也不斷有所斬獲。這方面基本上繼承既有飛機、航宙機、太空工程艇的技術，就現況來看，甚至已達到針對MS這種新兵器類型特化而成的顯著進步。

MS本身是作為空間高機動兵器而誕生，為了讓駕駛員能維持穩定的駕駛姿勢，其實最好是採用能包覆身體的桶形座椅。不過嚴格來說，桶形座椅必須配合各個駕駛員的體型量身打造，使用的效率和效果才會更高。但無論在生產成本和製造流程上都很不切實際就是。

儘管座席搭載通用形式，但也保留可在一定程度內更動高度和前後位置，藉此調整與踏板跟操縱桿之間的距離。比起還就駕駛員用標準服的機能，其實還更著重於減少搭乘者的負擔和不舒適感，至少已經不用像一年戰爭時期駕駛員一樣強忍諸多痛苦了。

以現今規格來說，基本上可在不拘性別的前提下，充分對應從135～200公分的身高。座席本身是由多家廠商製造，不過與駕駛員用標準服背包相連接的基座等部位當然是統一規格。以一般使用狀況來看，無論由哪家廠商製造，在適用調整上應該都不成問題才是。不過就地面工廠和月面工廠製造的產品來說，當駕駛員確實坐滿時，身體感受到的密合度還是多少會有差異。另外，據說亦有能夠配合不同駕駛員的乘坐姿勢，透過內藏感測器和電腦自動調整密合度的高機能、高價位型號的特殊座席存在。

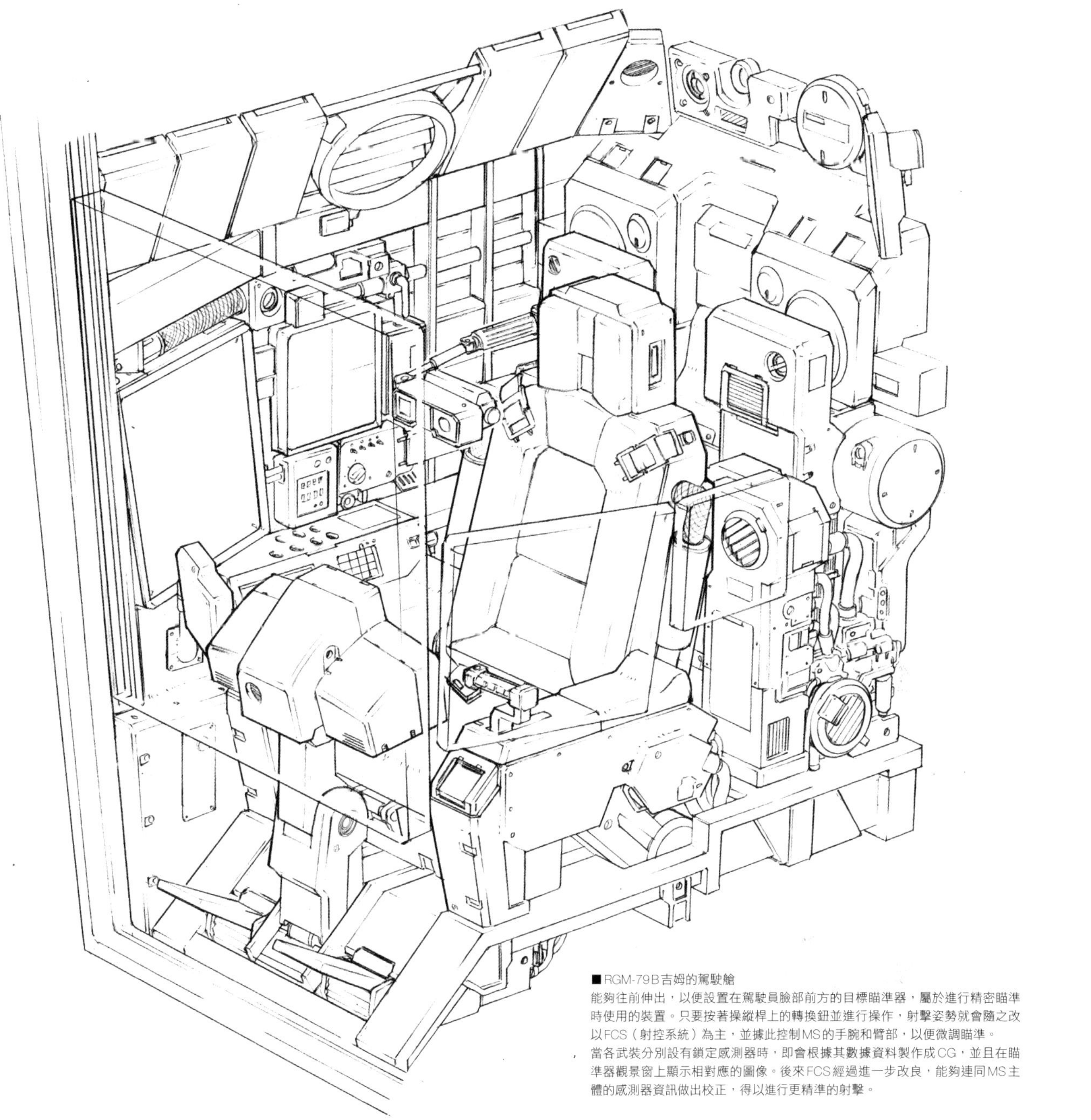

■RGM-79B吉姆的駕駛艙
能夠往前伸出，以便設置在駕駛員臉部前方的目標瞄準器，屬於進行精密瞄準時使用的裝置。只要按著操縱桿上的轉換鈕並進行操作，射擊姿勢就會隨之改以FCS（射控系統）為主，並據此控制MS的手腕和臂部，以便微調瞄準。
當各武裝分別設有鎖定感測器時，即會根據其數據資料製作成CG，並且在瞄準器觀景窗上顯示相對應的圖像。後來FCS經過進一步改良，能夠連同MS主體的感測器資訊做出校正，得以進行更精準的射擊。

■鎖定系統

MS本身是戰鬥機動體，就接敵時要如何攻擊敵方MS的系統運作來說，與駕駛員之間的介面可說是相當重要。有效率地鎖定敵人，並在適當時機攻擊的資訊顯示與目標標定系統，可說是從舊世紀戰鬥機時代開始就持續進行研究的主題之一。

以目視範圍戰鬥為前提的MS來說，即使對遠處的敵人發射飛彈，實際上也欠缺能夠有效導向的手段，因此直接瞄準成了基本原則。現今駕駛艙的顯示系統已經發展到比HUD（抬頭顯示器）更為先進，一般都是採用在駕駛艙內壁投影由機外影像與瞄準線合成的畫面。另外，輔助顯示器等裝置亦可呈現從MS配備火器的射擊軸線處放大影像，使駕駛員得以在判斷是否已精確瞄準後再進行射擊。

以前這類瞄準操作也曾需要搭配其他系統的機器作為輔助。以初期RX計畫MS和延續發展下去的V作戰機體來說，進行瞄準操作時就得使用到平時藉由連接臂收納在座席後側的瞄準器。這是根據能辨識射擊軸線正確方向的瞄準鏡頭，在瞄準器內呈現經由電腦影像處理的瞄準畫面（有別於一般駕駛艙影像，這是經過放大校正處理的影像），供駕駛員作為瞄準操作的輔助。在近接戰鬥等狀況下多半不會使用，主要是作為中／長程射擊用的輔助裝備。這實質上是摸索該如何在命中距離（人類視覺可辨識的範圍）之外進行狙擊後所得的結果，在原本以近接戰鬥為主體的MS對戰中多少能取得一點優勢。但不管怎麼說，這終究只是過渡期的產物，如今的瞄準操作系統已能和駕駛艙內壁投影式顯示器系統連動，因此早已不復存在。

仿駕駛艙區塊製造的模擬訓練艙設有油壓促動器，可藉由該機構的動作在某種程度上重現G力和搖晃等操縱感，但無論把規模放大到什麼程度，終究還是不可能做到與現實情況一模一樣。另外，雖然MS的概念是從太空裝延伸而來，不過因為身形實在過於龐大，因此其動作與人類直覺感受到的還是會有些差距。當然確實也有局部資深駕駛員能夠憑藉觸感體會到這類微幅差距何在，不過大多數的新人駕駛員顯然與這種能力無緣，何況這也是唯有搭乘過實際機體才有機會理解的。

於是重現層面放在以視覺為中心，僅比照駕駛艙裡設置顯示器系統和操縱桿等操縱裝置的模擬訓練艙就此完成。其優點在於模擬訓練艙本身的生產成本很低，有助於一舉培育許多人。如此一來，其實不必仰賴訓練中心這類正規設施，光是戰艦或運輸艦這類規模的場所即可設置。另外，在個別指導方面的機能也相當豐富，就算是在欠缺具有相關資格教官的場合，只要能分階段逐一完成訓練課題，那麼即使是初學者也能學會如何單獨操縱，這點可說是劃期性的機能呢。

不僅如此，在完成初期教育後，就算不進行得花上許多工夫的實際機體運用，亦可充分累積訓練時間。分發到戰艦上的MS駕駛員們其實一有空就會坐進這種訓練艙裡練習。雖然確實有著累積模擬訓練時間可以獲得津貼的措施，不過各駕駛員恐怕是為了盡可能提高自己面臨實戰時的生還機率，才會如此拼命進行模擬訓練吧。

如果是知道比較多相關資訊的人，那麼即可自行設定數值，藉此用既有機種以外的戰鬥力數值進行模擬訓練。這種規格其實是根據聯邦軍MS生產計畫的整體藍圖設計而成，在預料到日後會完成許多衍生機型的同時，亦是為了對應吉翁軍陸續投入戰場的新型MS。

考量到運用實際機體進行訓練還是有其必要性，因此亦製造吉姆教練機這類專供訓練的機型，不過戰況實在極為緊迫，該部隊也幾乎無從有效發揮這方面的機能。駕駛員的初期教育絕大部分還是得仰賴這種模擬訓練。到底，能稱得上資深駕駛員的更是少之又少。因此年齡超過30歲的MS駕駛員寥寥可數，絕大多數都是20歲出頭的。吉翁軍其實也一樣，不過從參與阿・巴瓦・庫戰役的駕駛員大部分是動員而來的學生兵可知，吉翁這邊的情況更為嚴峻。

到了戰後，戰爭的主角已完全轉變為MS，從各種單位提出換乘機種的申請可說是絡繹不絕。由於有著前述的模擬訓練艙，因此具有駕駛天分者相對地較容易嶄露頭角，亦有文官出身者轉任為MS駕駛員的例子。除此之外，近年來準MS已變得較為普及，從小就接觸到MS相關概念的人也比以往更多了，若是純粹就操縱MS的技能來看，這些人有不少其實能表現得比新兵更好呢。

話雖如此，以真正上戰場時的心境這類精神層面事物來說，終究還是很難從模擬訓練中學到的，這點無論是過去或現在都一樣。即使現今的年輕MS駕駛員在技術上有著飛越性提升，首戰的死亡率卻也依舊居高不下，這也是無從否認的事實呢。

※由於可能會在戰鬥中遭到嚴重損傷或破壞，MS的駕駛艙裡通常會減壓約0.2氣壓。在出擊之前，待命中的駕駛員必須先從居住區塊前往減壓區塊（基本上只要把靠近MS甲板一帶視為減壓區塊即可），並在該處待命出擊。

■頭盔外裝零件的形狀會隨生產廠商而異，但整體仍是按照聯邦軍制訂的規格製造，亦有駕駛員個人或部隊根據喜好更換設計配件。基於「提升士氣」，在相當程度上也容許在駕駛服添加個人識別標誌或隊徽。尤其特製配色版本駕駛服更是只有締造過一定戰果的部隊才能申請採用，可說是成為一種身分地位的象徵，幾乎所有駕駛員都對此抱持著憧憬。

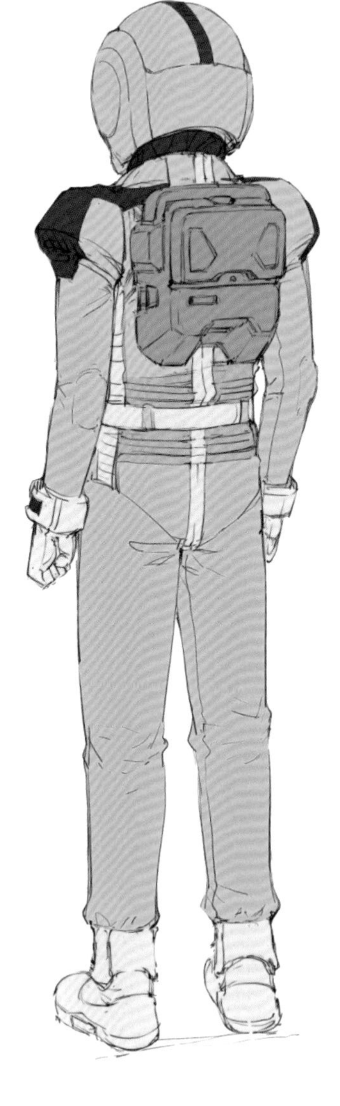

■駕駛服的背包裡備有氧氣槽，以及可供駕駛服裡進行熱交換的循環液等維持生命所需的各種液體儲存槽。這類儲存槽基本採便於補充更換的匣式設計，亦設有緊急狀況下便於注入補充的插槽。這類與性命安危相關的太空用裝備，插頭和插槽均為共通規格，這點早在宇宙世紀前就已明訂於國際法中，因此就算是吉翁公國軍設施裡的設備，在使用上也不成問題。

■駕駛員用標準服

在MS問世後，視狀況而定，MS駕駛員會有著在無輔助器具下出去機體外這類極低壓環境的必要性。緊急逃生時的狀況是如此，在MS搭載環境還不夠十分完備的初期聯邦宇宙軍船艦上進行搭乘、轉乘作業之際也一樣。因此MS駕駛員必須穿上被稱為標準服的專用太空裝才行。

為了對應MS的高機動性，相較於傳統大氣層內戰鬥機駕駛員所穿的駕駛服，標準服大幅地擴充機能。畢竟以大氣層內用飛機來說，能夠進行某種程度機動的方向其實有限，不過駕駛MS時就有可能承受來自上下左右各種方向的G力，因此必須提高血液流動調整機能之類的性能才行。而且除了得在不會妨礙到操縱操作的前提下製造得輕便些之外，還得搭載最低限度的生命維持裝置等相關器材，導致在價格上比一般通用規格的標準服高許多。

為了讓駕駛員用標準服的熱交換機能可以更有效率地運作，因此會配合個人體型採用半訂製的方式製造，不過基於搭載MS的船艦會有內部人員異動，以及按照規定預留備用數量之類考量，多半也會事先多調度一些不同尺寸和配色的標準服就是了。

另外，為了將駕駛員的身體固定在座席上，初期駕駛員用標準服是以繫上安全帶為主，不過在機體遭到大幅度的衝擊時，這種方式會令身體特定部位承受過大的負擔，因此現今改以將標準服的局部構造體直接固定在座席上為主流。

由於現今各勢力MS均採用屬於共通規格的逃生艙式駕駛艙系統，因此標準服的背包能夠像插頭一樣整個塞進座席處插槽裡加以固定。如同插頭的背包部位亦同樣採用統一規格，在緊急狀況下亦可省略補充循環液和內藏氧氣槽的程度，只要更換成備用背包即可再度出擊。另外，若是能將作業時間控制在及短範圍內的話，其實也可以在真空中進行更換，只要有攜帶數量夠充分的備用背包，那麼要長期進行機外活動絕非不可能的事情。不過以一年戰爭時期的駕駛員用標準服來說，一套標準備僅能進行約兩小時的機外活動。其實幾乎所有MS的駕駛艙都會提供內部增壓※，在機內時也並不會消耗到內藏儲存槽裡的氧氣。

駕駛員用標準服是以這種背包為中心，採用如同細膩安全帶的材質包覆住整個身體，這樣一來即可配合G力作用的方向收縮，進而發揮出調整血液流動和吸收衝擊力道的機能。相對地，一般士兵的通用標準服就不具備這種機能。

因此現今的駕駛員用標準服和駕駛艙座席在發展上已是密不可分，隨著MS的性能日益提高，今後顯然尚有進一步擴充機能的可能性。

Earth Federation Force RGM-79[G] GM GROUND TYPE

RGM-79[G]陸戰型吉姆

■機體概要

RGM-79[G]陸戰型吉姆乃是聯邦陸軍在RGM-79正式開始生產前於賈布羅工廠先行生產的MS群之一。這個機型連同先一步製造的RX-79[G]陸戰型鋼彈進行編組，成為地球聯邦軍極初期MS部隊的骨幹。在歐亞大陸更是成為日後展開反攻行動的根基。

U.C.0079年1月底，伴隨於南極舉行的停戰談判破局後，公國軍隨即在2月宣布組織地球攻擊軍。更自3月1日起，果敢地展開大規模地球空降作戰，發動次數共達三波。部隊降落至舊俄羅斯地區、北美、非洲等地，趁機建構橋頭堡，正式展開進攻地球的行動。此後數個月期間，公國軍如同閃電般快速進軍，迅速拓展勢力範圍。然而在開戰後僅僅半年左右，補給線卻已延伸至極限，導致進軍速度開始呈現停滯的趨勢。此時聯邦軍亦體認到傳統兵器屈居劣勢的不利戰況，因此決定避免正面交戰，改為採用游擊戰術，使得前線逐漸陷入膠著狀態。

話雖如此，公國軍陣營並非真的已無計可施，而是加緊研發屬於自身優勢根源的MS，進而接連派出各式新型MS前往他們口中的「重力戰線」。對於光是面對MS-06薩克II就已陷入苦戰的聯邦陸軍官兵來說，MS-07B古夫和各式水陸兩用MS等新型機體出現在戰場上更是只能用惡夢來形容，使得他們僅能如同哀鳴般地不斷向賈布羅總部申請「請盡快完成MS的實戰部署」。

在這等經緯下，聯邦軍高層決定要求研發中的MS加快進度，以便提早投入實戰。原本由RX-75、77、78這三個機種合作行動的構想暫且擱置一旁，屬於RX-75型的先行生產車輛開始試驗性地投入實戰。不僅如此，更打算同步運用生產RX-78-1時剩餘的零件來製造先行量產機。於是便以「RX-79計畫」為名，著手進行先行量產機的設計、製造作業。雖然最初期方案因為生產工程過於複雜而遭到駁回，不過在大刀闊斧地進行省略核心區塊構造之類的簡化設計後，賈布羅的技術人員們總算得以開始製造RX-79[G]陸戰型鋼彈。

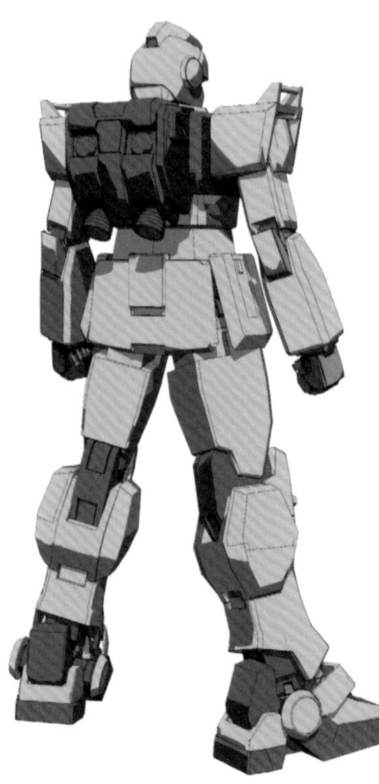

RGM-79[G]

然而，RX-78-1的剩餘零件數量終究有限，即便全數投入，頂多也只能用來製造二十多架機體。因此後來又針對RX-79[G]進行調整，設計簡易生產版，使得整體至少約有二成的機體能夠和研發中的RGM-79用零組件共通。接著更運用RX-79[G]的生產線，共計製造50架左右。此次誕生的產物，正是如今以RGM-79[G]這組機型編號廣為人知的機體。

以駕駛艙的設置方式為首，在沿襲RX-79[G]的基礎設計之餘，推進背包和頭部組件則是採用與A型相近的型號。主機亦換成在賈布羅工廠開始量產的的A型用型號，但初期型號發動機有著廢熱方面的問題尚未克服，因此設置將輸出功率從1,250千瓦控制在1,150千瓦範圍內的制限器。不過在大戰後期亦有換裝為制式生產型號發動機的機體存在。

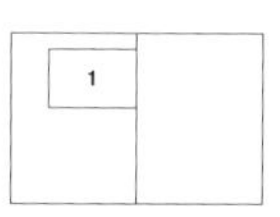

1：RGM-79[G]在RGM-79之前便已投入亞洲地區，可說是聯邦軍實質上最初編組運用的MS部隊，但是這安排其實也是企圖累積運用MS的試驗，因此投入初期在聯邦軍內部也被視為機密，情報受到高度管制。由於生產數量較少，到大戰後期已難以調度零件，必須騰出零件機供拆取零件，導致機體數量變得更少，致使第一線在運用這種機型上面臨重重困難。雖然這張照片的攝影時間不明，不過從有3架[G]型可供運用一點判斷，可能是在投入初期時拍攝。

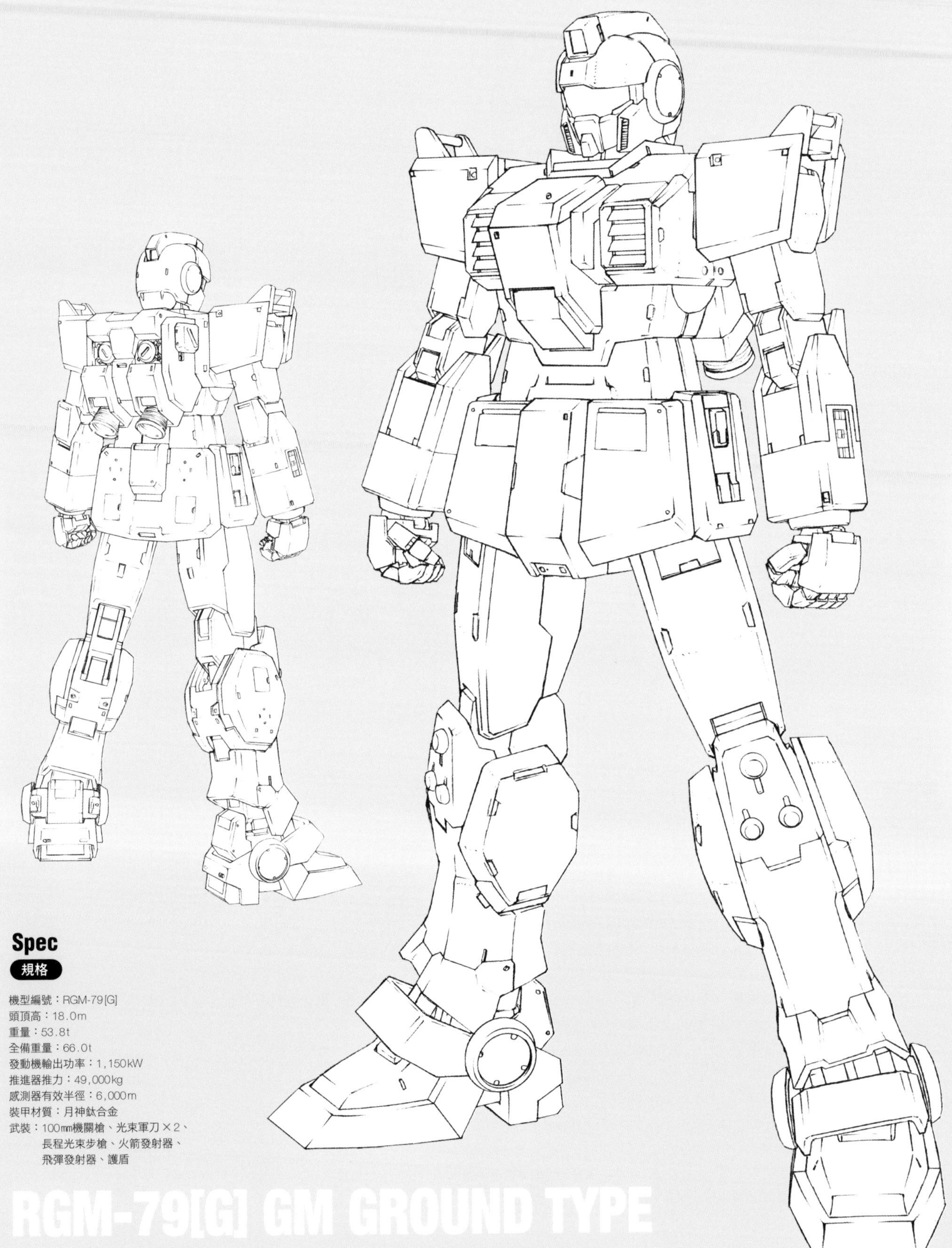

Spec

規格

機型編號：RGM-79[G]
頭頂高：18.0m
重量：53.8t
全備重量：66.0t
發動機輸出功率：1,150kW
推進器推力：49,000kg
感測器有效半徑：6,000m
裝甲材質：月神鈦合金
武裝：100㎜機關槍、光束軍刀×2、
長程光束步槍、火箭發射器、
飛彈發射器、護盾

RGM-79[G] GM GROUND TYPE

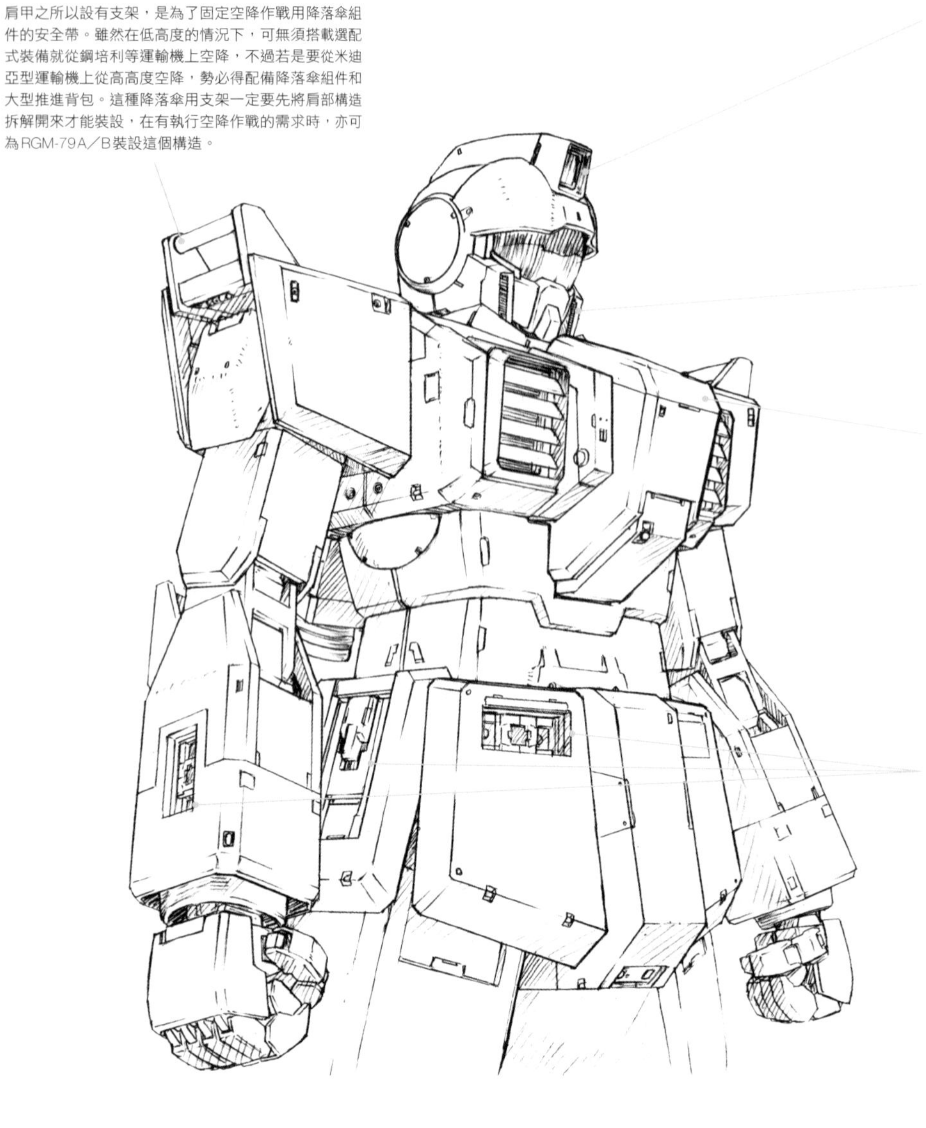

■部署實績

賈布羅工廠製RX-79[G]和RGM-79[G]的首要供應對象為歐亞大陸。率先部署這些機體的則是東南亞戰線。

該戰線最先部署的地區，屬於東南亞至舊中國南方一帶的廣大叢林地帶，原因在於該處的公國軍攻勢較為猛烈。若是在較開闊的土地上，那麼以61式戰車為首的傳統陸戰兵器只要湊到足夠數量，其實還是能勉強對抗公國軍的MS；可是以車輛難以進入的叢林地帶來說，具備雙足步行機構的MS可取得壓倒性優勢。尤其是在高聳樹木為數眾多的東南亞這裡，就算是高度達18米級的MS也能暫時藏身於叢林裡，導致想要用航空戰力對抗MS也極為困難。因此聯邦陸軍決定把最初期編組完成的MS部隊派發給遠東方面軍。由擔綱通信、醫療的總部管理中隊，加上兩支中隊共24架MS和步兵中隊編組而成的機械化混編大隊也就這樣派往東南亞。

該部隊根據大隊長的姓氏取名為「小島大隊」，每支小隊備有3架MS。第01、04、06、08這幾支小隊使用的是RX-79[G]，至於第02、03、05、07這幾支小隊則是使用RGM-79[G]。

由於赴任的駕駛員談不上有經驗可言，負責指揮的軍官也還不夠瞭解該如何運用MS，因此該部隊只能經由摸索方式去開拓出適用於MS的戰術。雖然小島大隊是在9月底編組成立的，不過才邁入10月沒多久就已喪失25%以上的戰力，陷入8支MS小隊中有3支待重新整編的狀況。

雖說是先行量產機，不過有別於屈就降低生產成本所需而對機能大幅設限的RGM-79，RX-79[G]和RGM-79[G]在性能上其實與原本的試作機RX-78有著相近水準。裝甲材質亦是耐彈性極高的月神鈦合金，尤其是RX-79[G]的主發動機輸出功率較高，甚至足以運用光束步槍。因此就算是與公國軍部署在東南亞方面的主力機種MS-06JC比較，原本戰鬥能力不足之處也明顯地強上許多。儘管是這樣，甫成軍後的幾場戰鬥也仍吃盡苦頭，問題說穿了就

在於駕駛員的經驗不夠。事實上隨著逐漸累積作戰經驗，小島大隊的戰果也日益豐碩，到了大戰後期展開的拉薩基地攻略戰時，該大隊就已能以攻略部隊主力的身分大顯身手，對於攻陷基地有著顯著貢獻。

繼東南亞之後投入RGM-79[G]的是歐洲戰線，不過在該地起初也同樣陷入苦戰。

在雷比爾將軍指揮下於11月7日展開的大規模反攻作戰，也就是「敖得薩作戰」中，亦有部署RGM-79[G]的部隊加入戰局。不過作為王牌的MS部隊並未派往最前線，而是分派至稍偏後方的位置。即使如此也仍數度遇上與公國軍交火的機會，得以經歷到成軍後的首戰。然而結果其實相當悽慘，不僅有3架遭到擊毀，還另有6架在行進之際發生摔倒之類的意外，導致陷入癱瘓狀態。雖然該戰場原本是開闊的平地，不過在遭到連日的砲火洗禮後，地面早已變得崎嶇不平，隨著用最高速度步行前進，名副其實地被絆倒的情況也不斷上演。問題出在當初未能去除機體控制軟體裡因為全力步行前進所產生的程式錯誤。在吃過這種苦頭後，聯邦軍技術陣容毅然決定大規模更新機體控制軟體。這種令人慘不忍睹的意外自11月中旬起確實減少，可說是具體反映更新的成果。

聯邦軍最終於敖得薩作戰中取得勝利 ——雖然有局部戰果是由MS締造的 ——不過若是從整體的觀點來看，那麼這可說是大規模動員傳統兵器才獲得的勝利。不過自11月中旬起，隨著湊齊駕駛員經由戰鬥變得更熟練、部隊本身累積該如何運用MS的經驗，以及更新機體控制軟體等正面因素，歐洲戰線的MS部隊也逐漸像東南亞戰線一樣展露頭角。不僅緊追著從敖得薩分別往東、南方向撤退的公國軍不放，更順勢接連奪回遭占領的地方。只是RGM-79[G]並未追加生產，隨著戰鬥造成的損耗，雖然該機型的身影也逐漸從戰場上淡出，卻也充分地完成屬於先行量產機的任務。

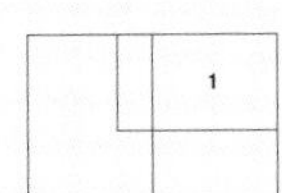

1：U.C.0079年11月下旬，歐洲軍所屬RGM-79[G]對貝科奴太空機場發動猛烈攻勢。此機型的輸出功率比RX-79[G]低，因此並未配備光束步槍，而是以100㎜機關槍作為主兵裝。

RX-79[G]陸戰型鋼彈和RGM-79[G]陸戰型吉姆的膝裝甲上都有尖刺。這種尖刺雖是為了對MS格鬥戰而設置，但幾乎沒有任何實際派上用場的事例報告。倒是有不少人證實過在擺出單膝跪地的「高跪姿」進行精密射擊時，該構造反而有助於維持機體的穩定。

[G]型是以地面上運用為前提設計，腿部其實沒必要設置供姿勢控制推進器和燃料使用的整體燃料槽，因此組件空間較為充裕，該處也就設置大容量電容器和光束軍刀掛架，以取代前述的空間戰用裝備。初期型光束軍刀非常精細，作為防塵策略的一環，特意採用內藏式的收納機構。

陸戰機的腳，正如字面上所示，這是用來穩踏大地、闊步行進的部位，與腳部在空間戰中被要求發揮的機能有所不同。由於絕大部分時間會觸地，俗稱的「靴底」也就未設置推進器；但為了增加抓地力，該處改設置彈出式鉤爪之類的裝備。附帶一提，腳部防塵罩的重量刻意設計為僅憑單人之力就能取下，讓駕駛員在戰場上也能簡易整備。這種設計可說是苦惱於防塵策略的陸戰機型才會有的呢。

■先行量產機的戰後命運

自U.C.0079年10月起，生產的主體轉為RGM-79A／B。RX-79[G]和RGM-79[G]與前述機型的零件共通率原本就較低，這些先行量產機也就逐漸陷入交換用消耗零件不足的窘境。亦開始出現了在戰鬥中受損後，受限於零件不足導致無法修復的例子。這類狀況後來演變成為修復某架機體，只好拆解另一架機體的零件來使用，也就是俗稱的「殺肉修理」。在這層狀況影響下，這些機體到了戰爭結束前夕還能維持正常運作的數量少許多，因此到了戰後重新整編部隊時，RX-79[G]和RGM-79[G]被列為優先汰換的對象。

不過這些機體並未全部送往廢鐵場報廢。畢竟RX-79[G]和RGM-79[G]有不少零件都是取自RX-78-1／2的剩餘零件，以研究MS的素材來說，其實有著諸多值得進一步分析探討之處。亞納海姆電子公司（以下簡稱AE社）在戰後企圖正式進軍MS市場，因此向軍方買下這類已退役先行量產機的所有權，除了經由拆解研究將所得資訊應用在該公司的MS研發作業上之外，亦作為收集各式數據資料的實驗機運用。AE社的加州上廠甚至還拼裝有局部為該公司製零組件的合成獸機體※運用在試驗上。RX-79[G]和RGM-79[G]也就這樣在北美度過餘生，貢獻在AE社的技術培育上。

※合成獸機體
合成獸原是神話中的虛構生物，意指各部位出自諸多相異種族的動植物，有時亦會稱呼動用相異性質或不同出處零件拼裝而成的機械。

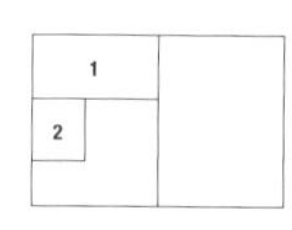

1：RGM-79吉姆運用方法尚處研究階段的MS投入初期，其實就已經出現支援用改裝機。照片中的RGM-79[G]陸戰型吉姆不僅為了在森林隱匿蹤跡而替機身施加深綠色塗裝，更配備了狙擊步槍。雖然並非正式名稱，不過考量到和其他機體做出區別，前線都稱這種機體為「吉姆狙擊型」。

2：在城鎮裡行軍的RGM-79[G]。雖然為了在森林地帶發揮迷彩效果而塗布暗綠色的塗料，但在東歐街景反而顯得很醒目。這張照片的攝影經緯不明，拍攝時間據信應是在制壓敖得薩之後的11月下旬。

CAUTION & MODEX

■警告標誌&識別編號

※考量到與敵方步兵近距離交戰的可能性，陸戰型吉姆將警告標誌的設置數量控制在最低限度範圍，甚至未標示座艙面板和緊急救援開關。由於在戰地會頻繁施加迷彩塗裝，警告標誌整個被塗改覆蓋的狀況也時有耳聞。

※低視度警告標誌
經過低視度化處理，藉此營造迷彩效果。易於辨識起見，示意圖中改以黑底呈現。

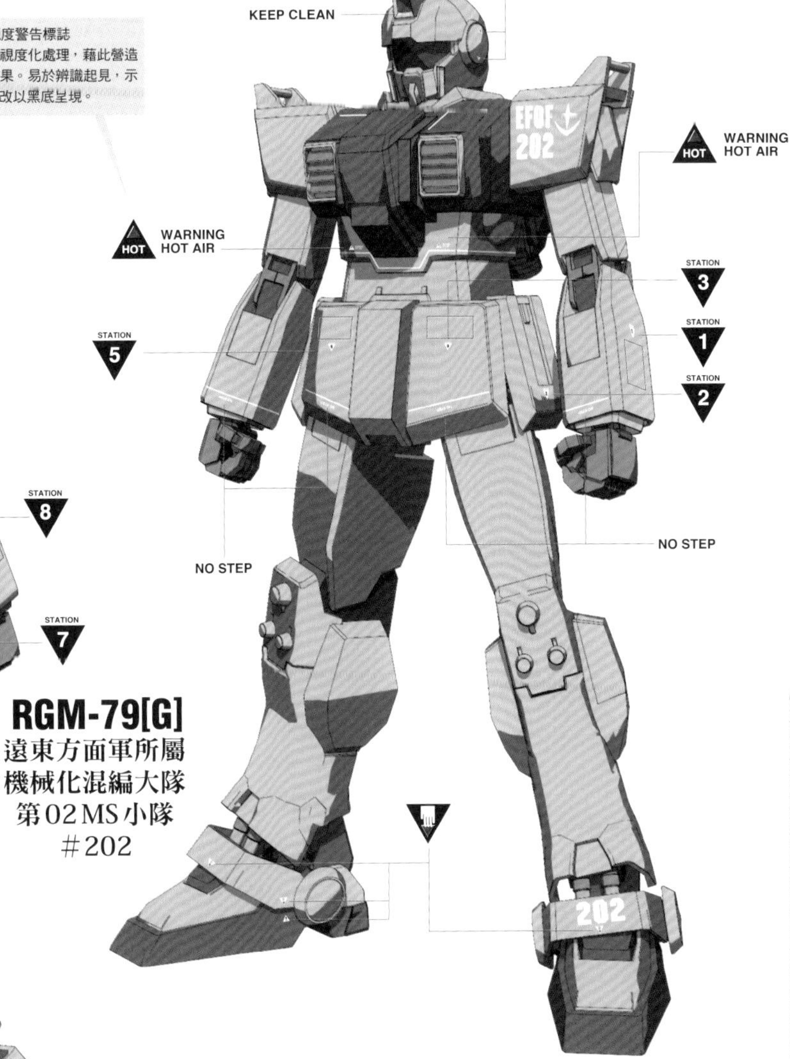

RGM-79[G]
遠東方面軍所屬
機械化混編大隊
第02MS小隊
#202

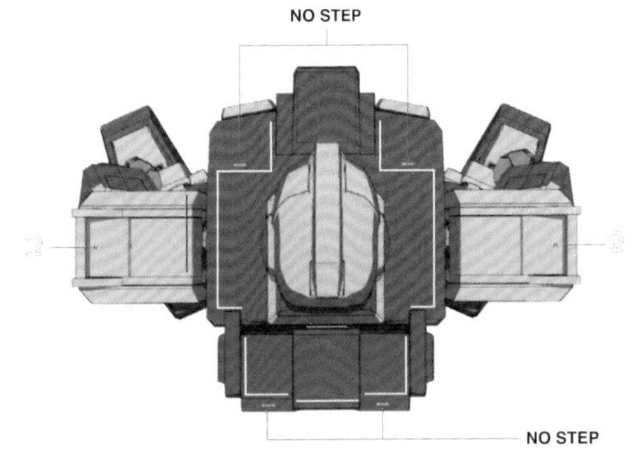

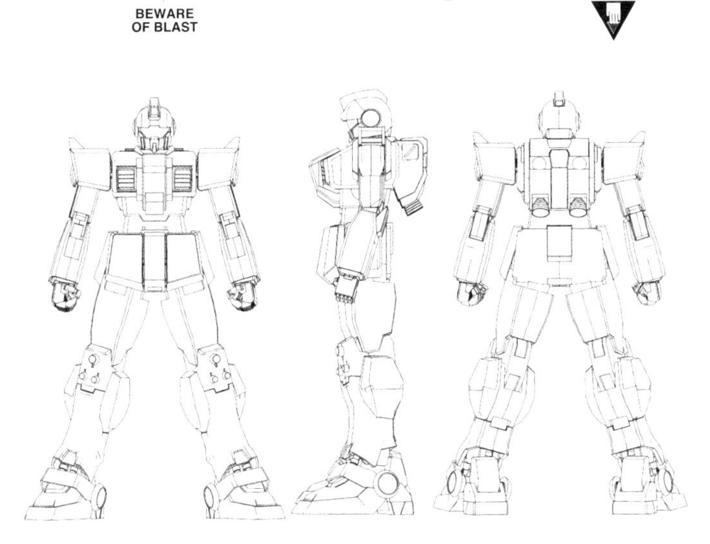

遠東方面軍所屬機械化混編大隊第02MS小隊#202

一年戰爭後期，隨著吉翁公國地面軍開始撤退，主戰場也逐漸分散各地，原本在最前線的MS小隊也準備調動部署地點，轉調參加絲路反攻作戰。在重新整編第02MS小隊之際，由於陸戰型吉姆只剩下伯夏．萊哈爾少尉的二號機尚能運作，便全新領收2架RGM-79A吉姆使用。

Earth Federation Force

RGM-79R

RGM-86G/R

GM II & GM III

RGM-79R 吉姆II & RGM-86G/R 吉姆III

■「聯邦軍重建計畫」獲得核可

U.C.0080年1月1日，聯邦政府與吉翁共和國之間簽訂停戰協定，不過澳洲等幾個地區未能即時收到這個訊息，導致即使到了隔天也仍在持續進行戰鬥。等到正確的消息傳播到這些地方後，戰鬥才逐漸平息下來。不過無視於停戰的呼籲，選擇暫且消聲匿跡的公國軍部隊也不在少數。

在太空方面，有數艘公國軍船艦趁著戰爭結束前後的混亂狀況撤離地球圈，轉為前往位於小行星帶的小行星基地阿克西斯。亦有像艾基爾・迪拉茲上校麾下艦隊這類選擇撤往暗礁宙域的勢力。規模更小的單一船艦行蹤不明案例更是不勝枚舉，有些是找規模較大的殘黨勢力會合，也有決定獨自發展而轉變為太空海盜之類的狀況。另外，殘留在地球上的公國軍殘黨也有不少變成游擊隊。

在大戰後期從北美和澳洲等地撤離後，有諸多這類部隊轉為前往非洲，導致該地的情況變得相當嚴峻。畢竟非洲大陸有著不少寬廣的無人地帶，不乏適合潛伏的場所，再加上跟當地民族派系反政府勢力結合之類的例子也屢見不鮮，使這些部隊能夠逐漸在該地生根發展，令聯邦軍難以追蹤動向。甚至還有跟當地女性結婚生子，平時扮演成難民，暗地裡仍在進行游擊活動的例子，因此即使戰爭結束了，該地也仍長期處於不穩定的狀況中。

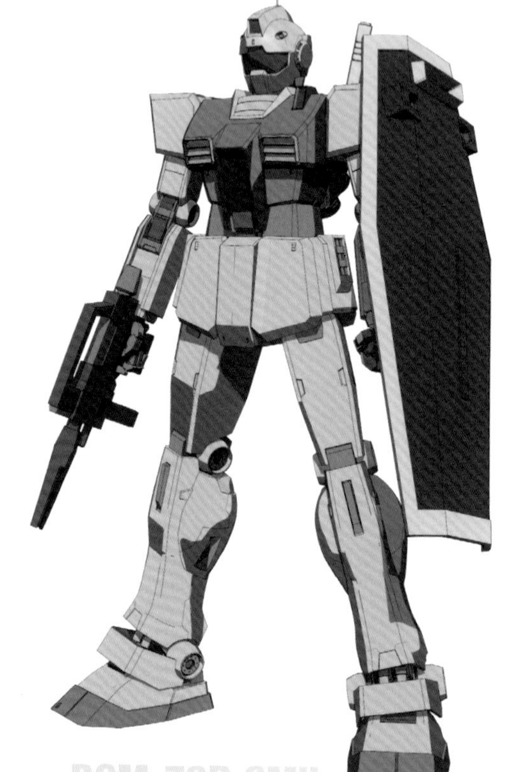

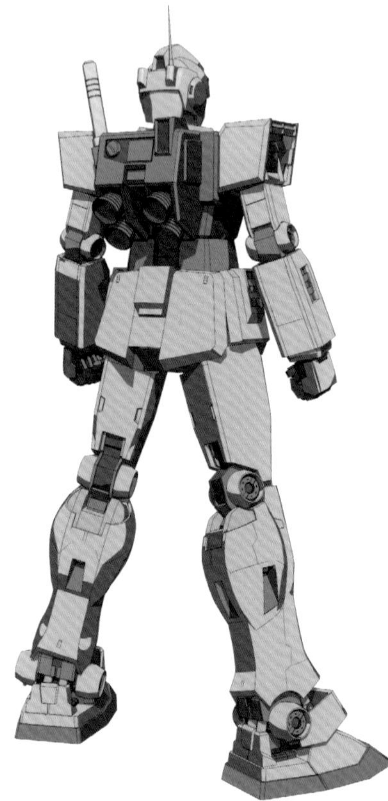

RGM-79R GMII

在戰爭結束過了半年，也就是U.C.0080年6月時，聯邦陸軍非洲方面軍毅然決定執行大規模的掃蕩作戰。在這次作戰結束後，獲得一定程度戰果的軍方宣布已成功將非洲大陸當地公國軍殘黨勢力解除武裝，但日後零散發生恐怖攻擊行動的狀況仍屢見不鮮。隨著進行戰後復員作業，聯邦軍在戰力規模上呈現全面性縮減的趨勢，因此才會遭到戰力居於壓倒性劣勢的殘黨勢力靠著游擊戰術玩弄於股掌間。雖然聯邦軍很希望能增強戰力，不過聯邦議會決定大部分預算撥給戰後復興項目。況且軍方先前曾公開宣告已解除殘黨勢力的武裝，導致欠缺強烈要求追加預算的立場，使得戰力不足的狀況變得更為嚴重。

結果在裝備消耗掉卻無從更新的情況下，聯邦軍於U.C.0081年6月時再度對非洲大陸北部進行大規模掃蕩作戰。不過這場名為「沙漠之風」的作戰在事前就已走漏風聲，使得敵方早就獲知作戰內容，最後當然是以失敗收場。不僅如此，就連北美和東南亞等相對地較安定的區域也有殘黨勢力聯合起兵，導致混亂的狀況進一步擴散開來。聯邦軍完全陷入被動挨打的狀況，雖然最後在各地的戰鬥中還是獲勝了，不過以奧古斯塔基地為首的重要設施也蒙受大幅損害。

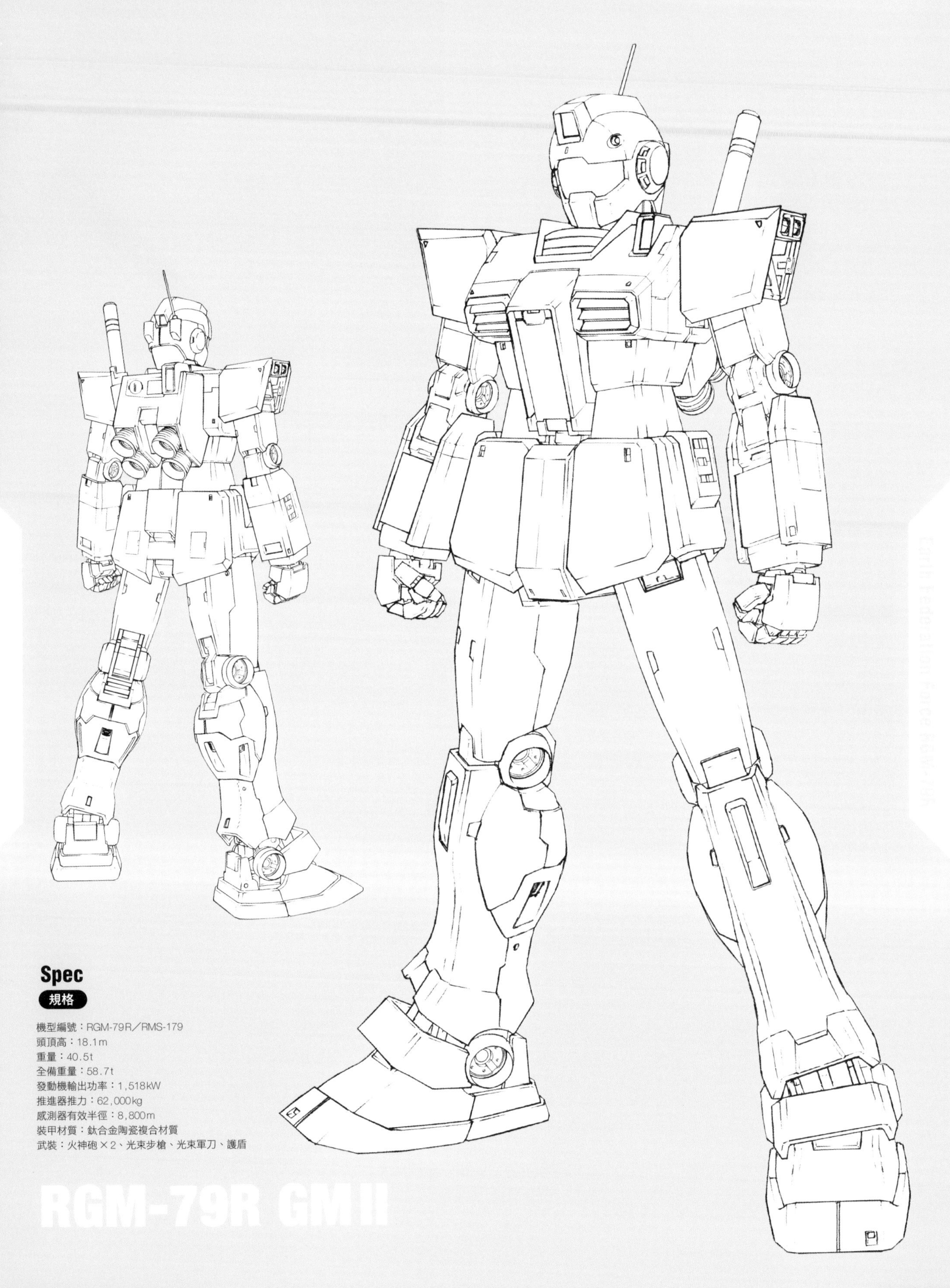

Spec

規格

機型編號：RGM-79R／RMS-179
頭頂高：18.1m
重量：40.5t
全備重量：58.7t
發動機輸出功率：1,518kW
推進器推力：62,000kg
感測器有效半徑：8,800m
裝甲材質：鈦合金陶瓷複合材質
武裝：火神砲×2、光束步槍、光束軍刀、護盾

RGM-79R GM II

在前述經緯下，聯邦議會總算體認到軍隊的體質已經變差，於是於U.C.0081年10月核可「聯邦軍重建計畫」。這個計畫對於戰後的MS生產和研發新型機有著重大影響。

首先是基於整備性和運用效率的考量，將戰爭期間各行其是的機體規格加以整合。遷就於研發時期和研發工廠之類因素，導致互換性較低的消耗類零件均重整為一元化，操縱系統亦擬定同樣要加以整合的方針。在這段過程中，受到已選定RGM-79C吉姆改作為中心機種的影響，RGM-79G／GS吉姆突擊型宣告停止生產，改為追加生產符合新規格的C型來補齊需求數量。

另外，為了提升裝備的品質起見，亦著手重新整編MS研發計畫。在更動受限於研發費用太高而中斷的RX-81計畫之餘，亦積極地推動研發能對應新規格的RGM-79家族小幅度修改機型。基於這個方針，RGM-79N吉姆特裝型和RGM-79Q吉姆鎮暴型※亦要求製造一定的數量，藉此填補C型數量不足所產生的戰力空缺。

另外，亦開始針對A型和C型這類屬於戰爭期間機型的RGM-79家族研究該如何升級。到了U.C.0083年時，屬於改良機型的RGM-79R已就基本規格定案 ──包含搭載1,500千瓦級發動機、強化各種感測器類裝置，以及經由增設推進器提高機動性等項目 ──賈布羅工廠和格拉納達工廠也隨即開始修改第一波的58架機體。這正是第一批名為「吉姆II」的機體群，不過該計畫在U.C.0083年這個時間點尚未納入引進全周天螢幕，或是將操作系統更改為懸吊式座椅。

■懸吊式座椅的普及

戰爭結束後，屬於月面資本的巨大企業集團，也就是AE社企圖進軍MS市場，於是要求加州工廠和格拉納達工廠加快研究開發腳步。該公司成功地與聯邦宇宙軍簽訂新型MS研發契約，隨即開始推動「鋼彈開發計畫」（GP計畫）。該計畫本身引發迪拉茲派系公國軍殘黨在U.C.0083年搶奪試作機的事件 ──更以該事件為開端招致一連串騷動 ──結果導致該計畫主事者約翰・柯文中將失勢，計畫也連帶遭到全面抹消，不過AE社仍從中累積諸多與研發MS相關的經驗，奠定在這個領域展現飛越性進步的基礎。

藉由製造GP計畫機，AE社充分地吸收源自聯邦軍官方工廠的經驗，亦著手整頓三百六十度全周天螢幕的製造體制。不僅如此，該公司更在U.C.0084年時自行研發出次世代型操縱系統「懸吊式座椅」，還發表作為其普及型號的JTS-17F。接著更推出由全周天螢幕搭配懸吊式座椅構成套組的逃生駕駛艙系統，並且開始向聯邦軍展開強烈的推銷攻勢。

這種系統當然相對地易於整合相異機種的操縱系統，不僅適用於研發中的新型機，亦有著可裝設在既有機種上的優點。以「聯邦軍重建計畫」為契機，體認到需要整合操縱系統的聯邦軍 ──當然也是經由AE社私底下進行政治遊說促成的 ──立刻相中這種新型操縱系統，並且決定引進到次期主力機RMS-106高性能薩克上。不僅如此，更擬定要在五年內為既有機種全面更換這種新系統的方針。從U.C.0083年開始改裝的RGM-79R吉姆II也一樣，只要是列為自U.C.0085年起接受改裝的機體就會引進全周天螢幕和懸吊式座椅。

※RGM-79N與RGM-79Q
吉姆特裝型（N型）和吉姆鎮暴型（Q型），均是引進D／G型系列和RX-78NT-1亞雷克斯的奧古斯塔工廠系技術才設計而成。在操縱系統方面，則採用以C型為中心的共通規格，因此從C型汰換成N型或Q型均進展得相當流暢。

※RMS-117
月神2號工廠製RMS-117卡爾巴迪β，是由舊公國軍在大戰後期研發的MS-17B卡爾巴迪修改而成，這點是廣為人知的事實。

■RGM-79R與RMS-179

自展開「聯邦軍重建計畫」起，聯邦軍在對RGM-79吉姆施加小幅度修改，亦有著利用接收的公國軍生產設施追加生產MS-11迅捷薩克作為戰力等規劃，試圖摸索運用舊公國軍製MS的方法。作為這些方案的一環 ──當然包含避免技術外流的用意在內 ──招募諸多公國出身的技術人員加入官營工廠，後來月神二號工廠也因此成功地研發出RMS-117卡爾巴迪β※。該機種在0G下有著出色機動性，還成功地爭取到母港在於月神二號的聯邦正規軍宇宙艦隊採用為艦載機。

在這種逐步引進公國系技術的發展中，U.C.0085年時決定將格拉納達工廠與AE社合作研發的RX-106／RMS-106高性能薩克列為制式採用機。高性能薩克不僅是戰後全新研發的機種，亦是第一種大規模引進公國軍系技術的機體，更可說是首度從RGM-79家族手中奪走通用主力MS寶座的存在。

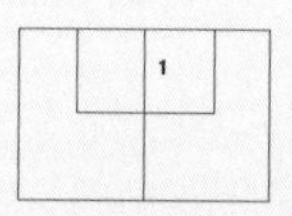

1：U.C.0087年5月，於SIDE 3與月球間航道上拍攝的紀錄照片。該場面為薩拉米斯改級巡洋艦能代號派出艦載MS部隊所屬的RGM-79R，對無視停船命令的太空貨船擊沉的瞬間。附帶一提，根據事後調查，確認該太空貨船是由幽谷的下游組織使用。

頭部組件基本保留接受修改機體的原樣。話雖如此，除了增設蘇西公司製無段方位天線（側頭部），頭部右後側也新增桿狀天線，左後側亦追加後方尋標器，大幅提升偵察和通信機能。這些裝置能夠與左胸口以及推進背包右側增設的輔助感測器連動，使得感測器整體的有效半徑延伸近3,000公尺，達到8,800公尺之遠。

推進背包更改為自D型起列為RGM-79家族標準的4具噴嘴型（不過從C型修改而成的機體仍保留原有型號）。右側也增設後方警戒用的輔助感測器。

U.C.0080年代研發MS的趨勢之一，就是為肩甲設置姿勢控制用推進器。在這個趨勢下，肩甲側面自然也設置2具推進器。至於臂部只有將武裝掛架統一修改為戰後規格，沒有其他大幅更動之處。

吉姆Ⅱ有著自U.C.0085年起修改而成的RGM-79R，以及屬於全新製造機體的RMS-179的區別，不過兩者均已完整引進全周天螢幕和懸吊式座椅。這方面其實是RGM-79吉姆雖然省略核心區塊系統，卻仍保留核心區塊構造本身，才能相對順利地完成換裝。換裝主發動機時也一樣，用不著大幅更改設計，即可搭載1,500千瓦級的發動機。

然而，高性能薩克因為主發動機運作不順暢的問題，導致頻頻發生無法同時使用光束步槍與光束軍刀的狀況。這件事令軍方內部少數純聯邦技術派對於公國系技術保持的不信任感變得更為嚴重，甚至促成在格里普斯工廠研發純聯邦技術製MS——也就是日後的鋼彈Mk-Ⅱ。不過造成高性能薩克運作不順暢的問題，其實出在AE社製發動機產生的故障上，跟公國系技術無關。不僅如此，源自公國系的技術有著許多更為先進之處，有不少地方都值得聯邦這邊學習吸收。只是故障的相關資訊遭到刻意斷章取義，成了軍方內部派系鬥爭的材料，結果在某段時間內讓純聯邦技術設計的RGM-79家族順勢獲得機會重新進行評估。

就這樣，格里普斯工廠開始增量生產在規格上與R型吉姆Ⅱ幾乎完全相同的RMS-179吉姆Ⅱ，使得吉姆Ⅱ成為總生產數量達10,000架以上的最佳銷售機種。

附帶一提，嚴格來說，即使同樣稱為「吉姆Ⅱ」，但實際上有著由既有機體修改而成的RGM-79R，以及經由格里普斯工廠重新設計後全新製造的RMS-179之別才對，不過這兩者經常被視為相同機種，就連在文字記述上也常混為一談。因此就算是軍方內部製作的文件，想要純粹根據機型編號來判斷是否為全新製造的機體也很困難，要是不搭配批次序號和整備紀錄作為參考，那麼根本無從判斷是哪一種吉姆Ⅱ。

※AE社製發動機
在RX-106通過測試運用，決定採用RMS-106高性能薩克作為制式機種的時間點，其實在設計上仍是搭載太金工業製發動機，不過在AE社的運作下，即將量產前夕突然決定更換為AE社製發動機。然而改採AE社製發動機後，剛開始運用就頻頻發生無法達到額定輸出功率的狀況，只好很沒面子地針對初期製造的高性能薩克發布「不建議同時使用光束步槍和光束軍刀」這份注意事項。後來這問題至U.C.0087年底已獲得改善。

RGM-86R GMIII

■部署實績

由於RMS-106高性能薩克這個新機種是優先分發給迪坦斯，因此RGM-79R／RMS-179吉姆Ⅱ主要是提供給正規軍。

在聯邦於U.C.0087年發生內部鬥爭之際，迪坦斯與幽谷雙方都積極地招攬正規軍部隊支持，造成這兩個陣營都有在使用RGM-79R／RMS-179的現象。因此在戰場上也不乏同機種彼此交火的狀況。然而相較於自U.C.0087年起正式開始普及的第二世代MS（全可動骨架機），在靈敏性方面已有所不及，只好陸續卸下在最前線進行戰鬥的任務，轉為擔任支援機的狀況也隨之增加。於是就這樣逐漸被後繼機種 ── 迪坦斯採用的是RMS-108馬拉賽和RMS-154巴薩姆，至於幽谷則是採用MSA-003尼摩等機種 ── 取代原有的位置。

■更新為RGM-86G/R「吉姆Ⅲ」

聯邦於U.C.0087年發生內部鬥爭，到了U.C.0088年時則是以幽谷和卡拉巴陣營獲勝的形式逐漸收場，亦實現政權交替的目標。聯邦軍的體制當然也為之一變。

不僅幽谷和卡拉巴自行成立的戰力納入正規軍當中，同時也陸續安排原先為了協助幽谷，接連叛離的前正規軍部隊回歸編制。另一方面，迪坦斯派系部隊也在解散編制後重新整編，展開大規模的組織重整。

在新體制之下，聯邦軍也重新評估配備的MS。聯邦軍下令全面性擱置由迪坦斯主導的兵器研發計畫，甚至也對其內容進行嚴密的審查。部分工廠與研究機關進行的不人道兵器研發※當然遭到中止，其中內容若是與幽谷陣營提交的計畫有所重疊，那麼該計畫便予以凍結；至於未重疊者，就納為整合對象。另外，為了促使身為幽谷陣營最大贊助商的AE社能夠便宜行事，就結果而言，相對縮小了官營工廠的規模，而委託AE社進行研發的幅度則是急速擴張。

1：照片中為剛跳離的RGM-86R，這是從德戴改機身上攝影機拍攝到的寶貴景象。從以綠色為特徵配色來看，應該是隸屬幽谷和卡拉巴陣營的機體。

※不人道兵器研發
迪坦斯和新人類研究所勾結，透過包含人體實驗在內的手段研發出強化人，更致力研發可供搭配運用的腦波傳導裝置搭載型機動兵器。幽谷和卡拉巴陣營曾高聲責難這類兵器的不人道之處，在掌握政權後便全面中止相關計畫。在格里普斯戰役結束後，新人類研究機關也接連勒令關閉，不過腦波傳導裝置相關技術的運用本身並未遭到否決，僅將主導權移交給新設立的研究機關。

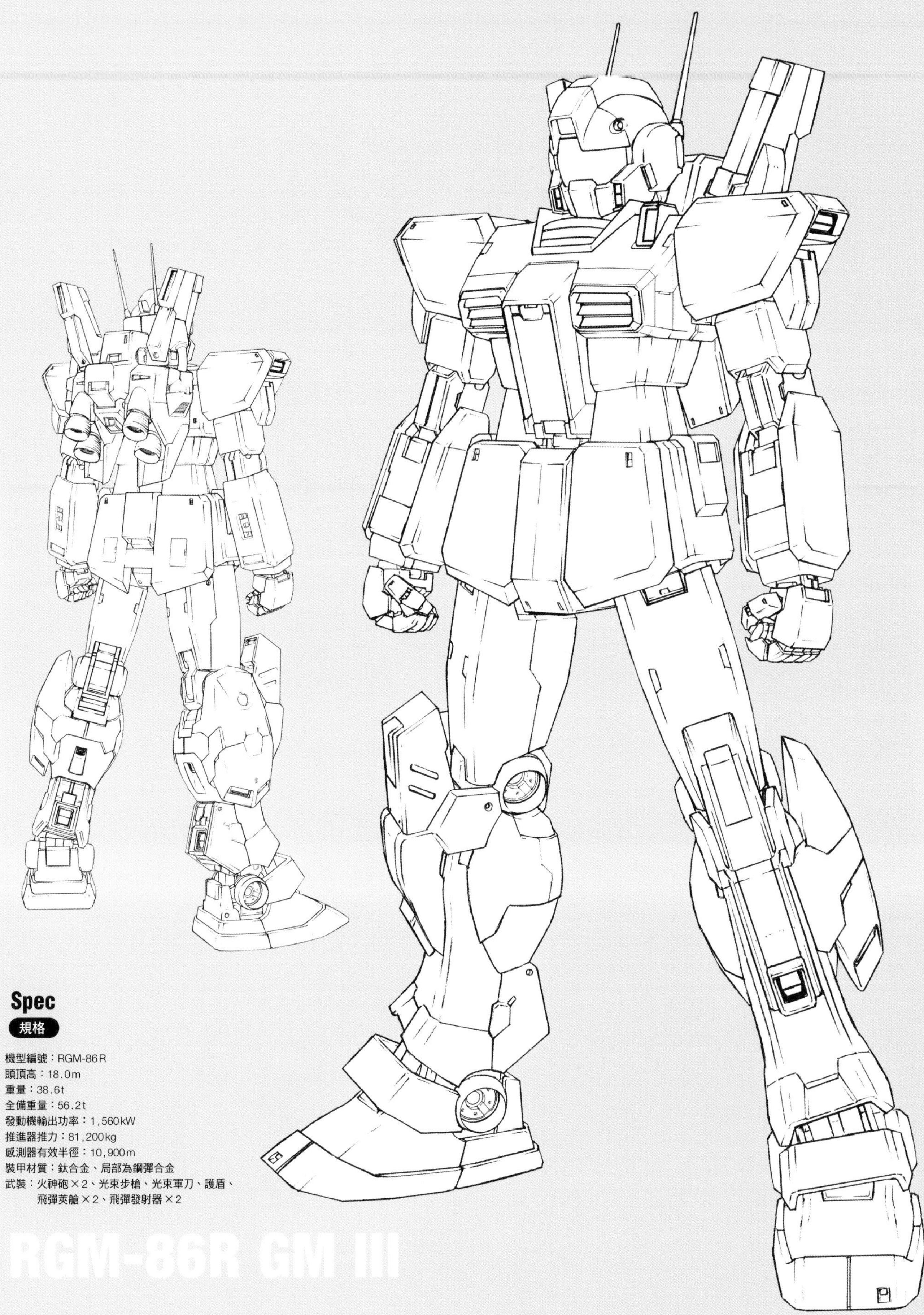

Earth Federation Force RGM-86R

Spec

規格

機型編號：RGM-86R
頭頂高：18.0m
重量：38.6t
全備重量：56.2t
發動機輸出功率：1,560kW
推進器推力：81,200kg
感測器有效半徑：10,900m
裝甲材質：鈦合金、局部為鋼彈合金
武裝：火神砲×2、光束步槍、光束軍刀、護盾、
飛彈莢艙×2、飛彈發射器×2

RGM-86R GM III

隨著升級為RGM-86R規格，在廢除推進背包右側的輔助感測器之餘，頭部組件的感測器類裝置也更換為最新版本。就結果來看，感測器有效半徑進一步增加約2,000公尺。外觀上也將桿狀天線增加為2根，整體給人的印象稍有不同。

RGM-86G／RGM-86R採用了規格以RX-178鋼彈Mk-II為準的推進背包。雖然噴嘴共有4具這點和舊機型相同，不過推力和噴嘴運作範圍均增加了。不僅兼具光束軍刀掛架機能的可動式輔助推進基座共備有2具，還內藏大容量的電容器，相較於既有型號，如今已更適合進行長時間運作了。附帶一提，該推進背包頂部可增設四連裝飛彈系統。

軀幹方面其實和RGM-79R／RMS-179大致相同，沒有顯著更動。雖然也有隨著頭部組件性能提升而撤除胸部輔助感測器的機體，不過同樣也有保留該裝置的例子，可見該處顯然沒有被列為必須修改的項目。主發動機也是繼續沿用舊有型號，不過隨著局部零件更新和調整，額定輸出功率的最高數值也從1,518千瓦提升到1,560千瓦。

比照新幾內亞工廠製和培督工廠製的RMS-154巴薩姆型，全面性採用在穩定動作方面備受肯定的RX-178鋼彈Mk-II型臂部組件，運作上比以往更為流暢，亦能進行更細膩的操作。肩甲上也設置增裝組件用掛架，可供配備十五連裝小型飛彈莢艙或四連裝中型飛彈莢艙。

受到體制改變的影響，前線部隊運用的MS也得配合新政權方針進行取捨選擇。包含可變MS在內，迪坦斯時代研發的諸多試作機均遭到報廢，成本效益比偏低的MSA-003尼摩也中止生產。在與AE社洽談關於次期主力MS——亦即後來的RGM-88X傑達，以及RGM-89傑鋼——的研發事宜之餘，作為在具體成果出爐前的替代戰力，因此推動延壽方案讓現有的大量RGM-79R／RMS-179吉姆II能夠繼續服役，也就是「GM III計畫」。

GM III計畫的骨幹不僅在於為RGM-79R／RMS-179吉姆II施加進一步修改，亦在於延長服役年限，以待次期主力MS建軍完成。

聯邦軍針對這個課題所歸納出的答案，正是引進在RMS-154巴薩姆身上展現一定成果的RX-178鋼彈Mk-II系技術。隨著臂部組件等局部構造更新為可動骨架，以及採用高機動推進背包，整體有三成以上都更換成所謂「Mk-II系」的零組件。主發動機本身也經由調整提高輸出功率，還有局部裝甲材質也經過翻新，就連感測器類裝置也力求引進新型器材。經過前述修改後，機型編號也更改為RGM-86R，「吉姆III」就此正式開始運用。另外，供卡拉巴運用的地面特化機體則是RGM-86G。

附帶一提，吉姆III的發展歷程與吉姆II相仿，並非僅侷限於修改既有機體，亦有全新生產的機體。包含被稱為「新吉姆III」以作為區別的新生產機體，以及改裝為預警型的E型等機型在內，RGM-86型共計製造約800架。

RGM-86G／RGM-86R吉姆III在前述經緯下，成為幽谷政權下新生聯邦軍的主力機種，還在阿克西斯派公國軍殘黨勢力宣言復興新吉翁時投入戰鬥，在各地奮戰。即使面對新吉翁製新型機也仍驍勇善戰。自始祖的RGM-79吉姆出廠開始算起，這已經是九年後的事了，由此也可見證其設計確實具備豐富的擴充性。即使到了U.C.0090年代，吉姆III也仍在服役，在RGM-89傑鋼完成全面部署之前，吉姆III亦始終堅守在主力MS的崗位上。

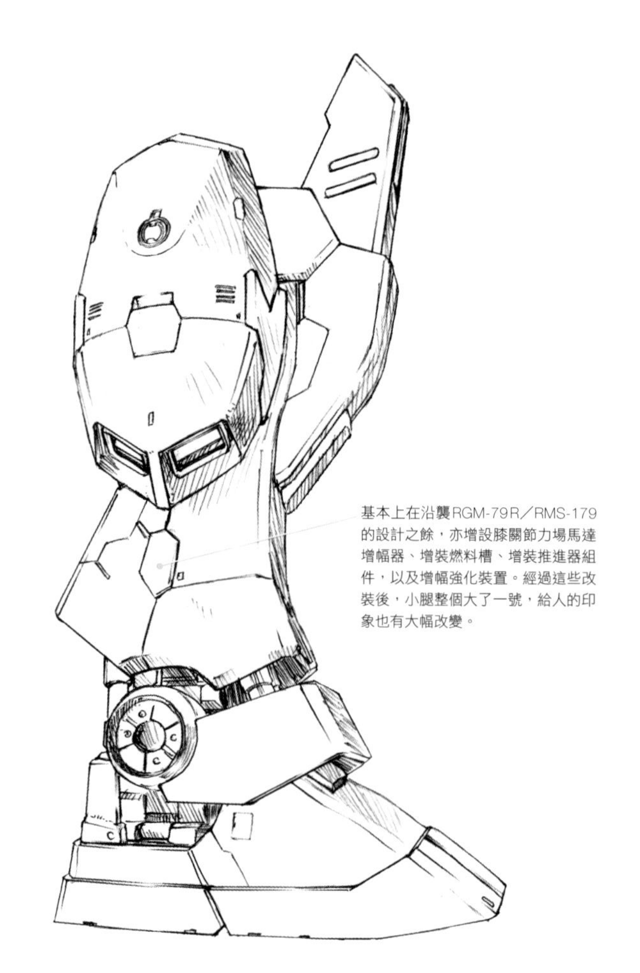

基本上在沿襲RGM-79R／RMS-179的設計之餘，亦增設膝關節力場馬達增幅器、增裝燃料槽、增裝推進器組件，以及增幅強化裝置。經過這些改裝後，小腿整個大了一號，給人的印象也有大幅改變。

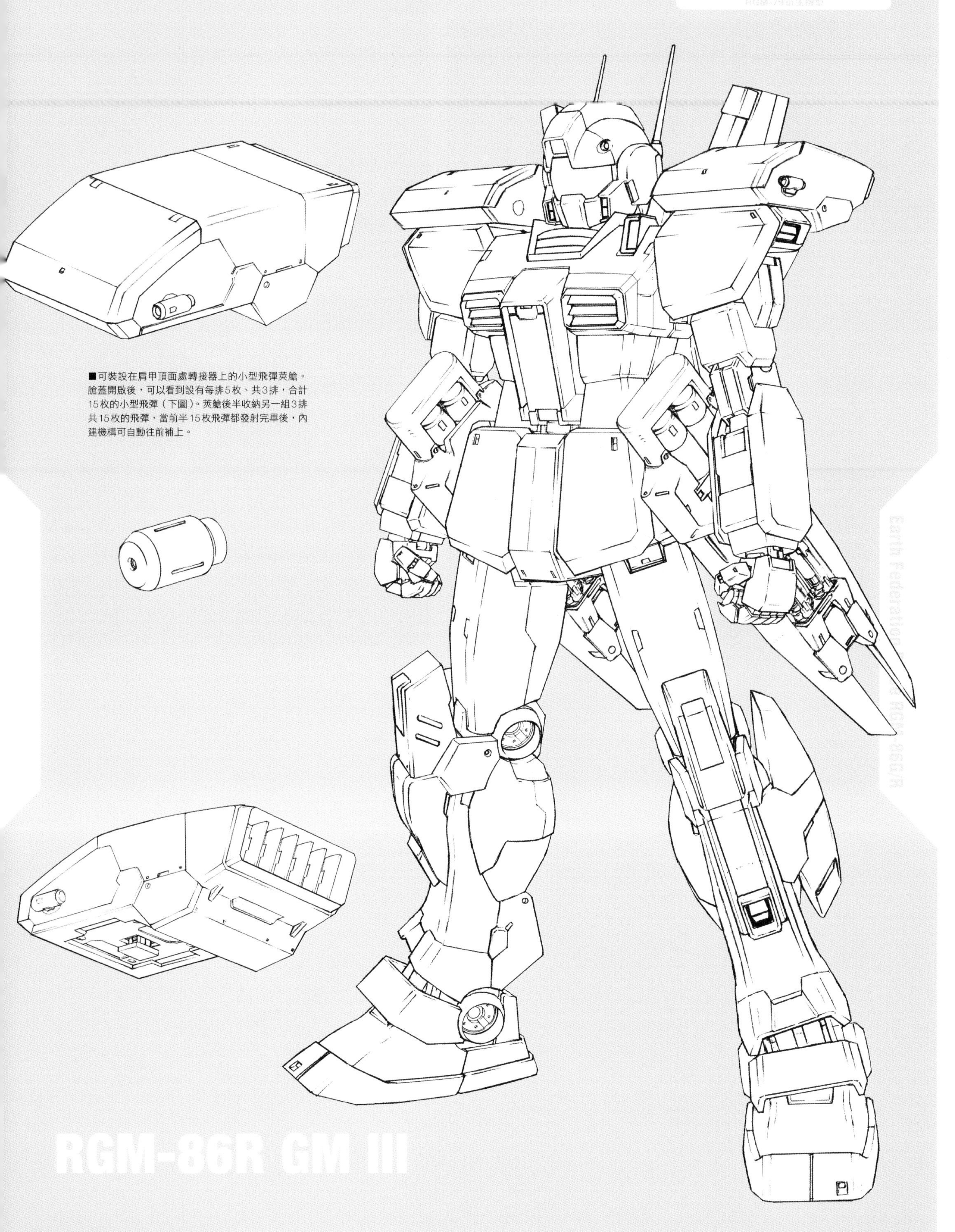

RGM-86R GM III

■可裝設在肩甲頂面處轉接器上的小型飛彈莢艙。艙蓋開啟後，可以看到設有每排5枚、共3排，合計15枚的小型飛彈（下圖）。莢艙後半收納另一組3排共15枚的飛彈，當前半15枚飛彈都發射完畢後，內建機構可自動往前補上。

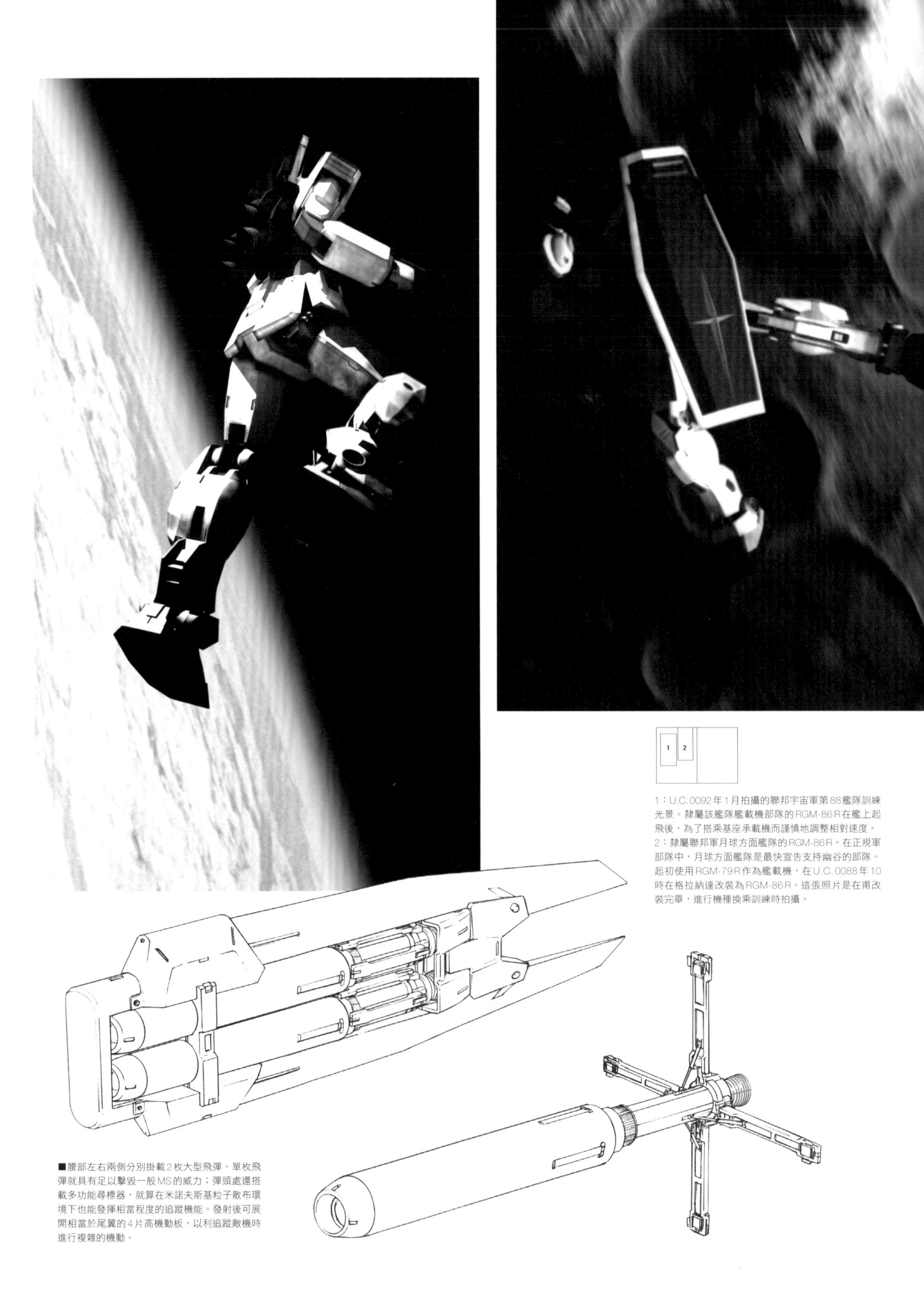

1：U.C.0092年1月拍攝的聯邦宇宙軍第88艦隊訓練光景。隸屬該艦隊艦載機部隊的RGM-86R在艦上起飛後，為了搭乘基座承載機而謹慎地調整相對速度。
2：隸屬聯邦軍月球方面艦隊的RGM-86R。在正規軍部隊中，月球方面艦隊是最快宣告支持幽谷的部隊。起初使用RGM-79R作為艦載機，在U.C.0088年10時在格拉納達改裝為RGM-86R。這張照片是在甫改裝完畢，進行機種換乘訓練時拍攝。

■腰部左右兩側分別掛載2枚大型飛彈，單枚飛彈就具有足以擊毀一般MS的威力；彈頭處還搭載多功能尋標器，就算在米諾夫斯基粒子散布環境下也能發揮相當程度的追蹤機能。發射後可展開相當於尾翼的4片高機動板，以利追蹤敵機時進行複雜的機動。

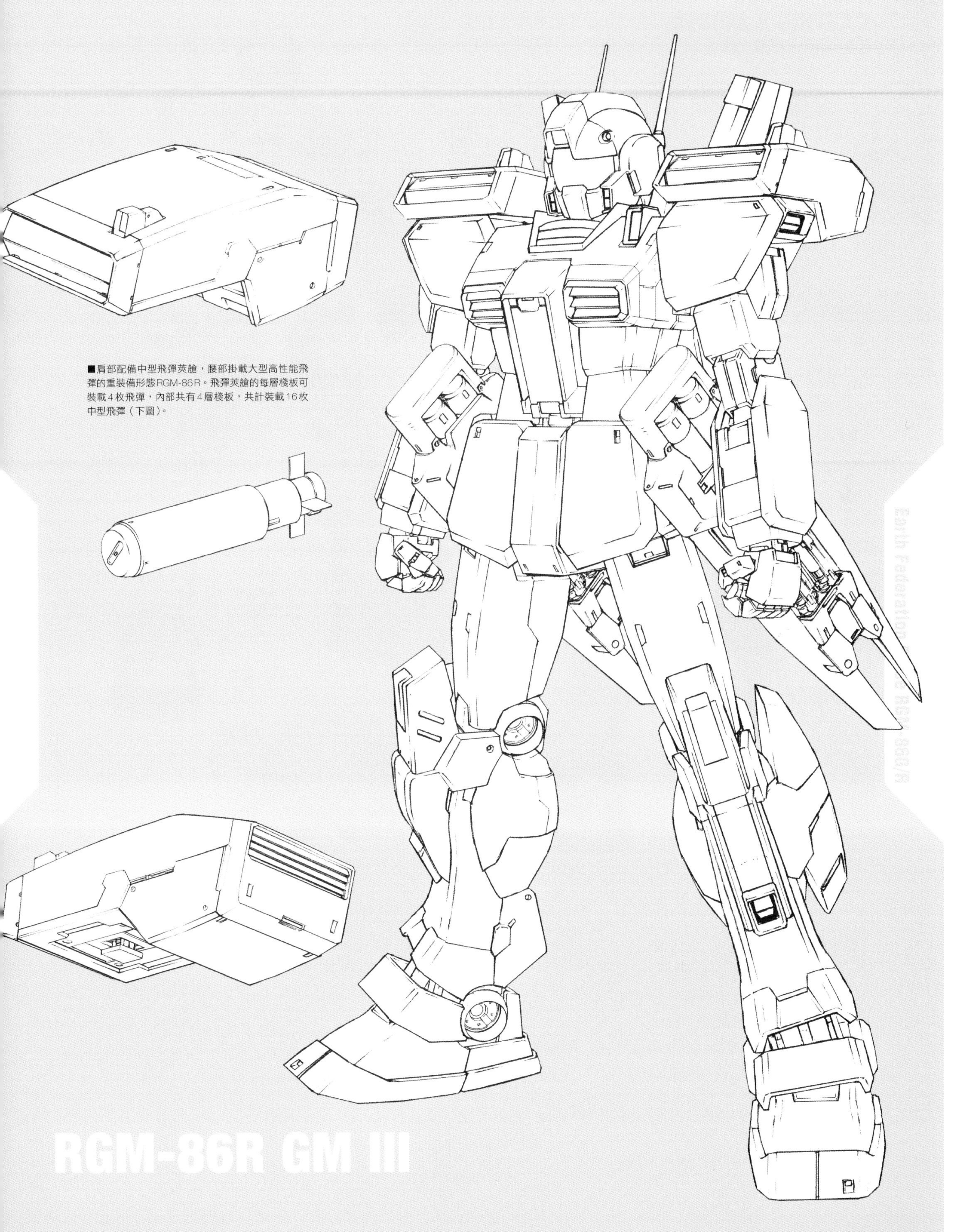

■肩部配備中型飛彈莢艙，腰部掛載大型高性能飛彈的重裝備形態RGM-86R。飛彈莢艙的每層棧板可裝載4枚飛彈，內部共有4層棧板，共計裝載16枚中型飛彈（下圖）。

RGM-86R GM III

CAUTION & MODEX

■警告標誌&識別編號

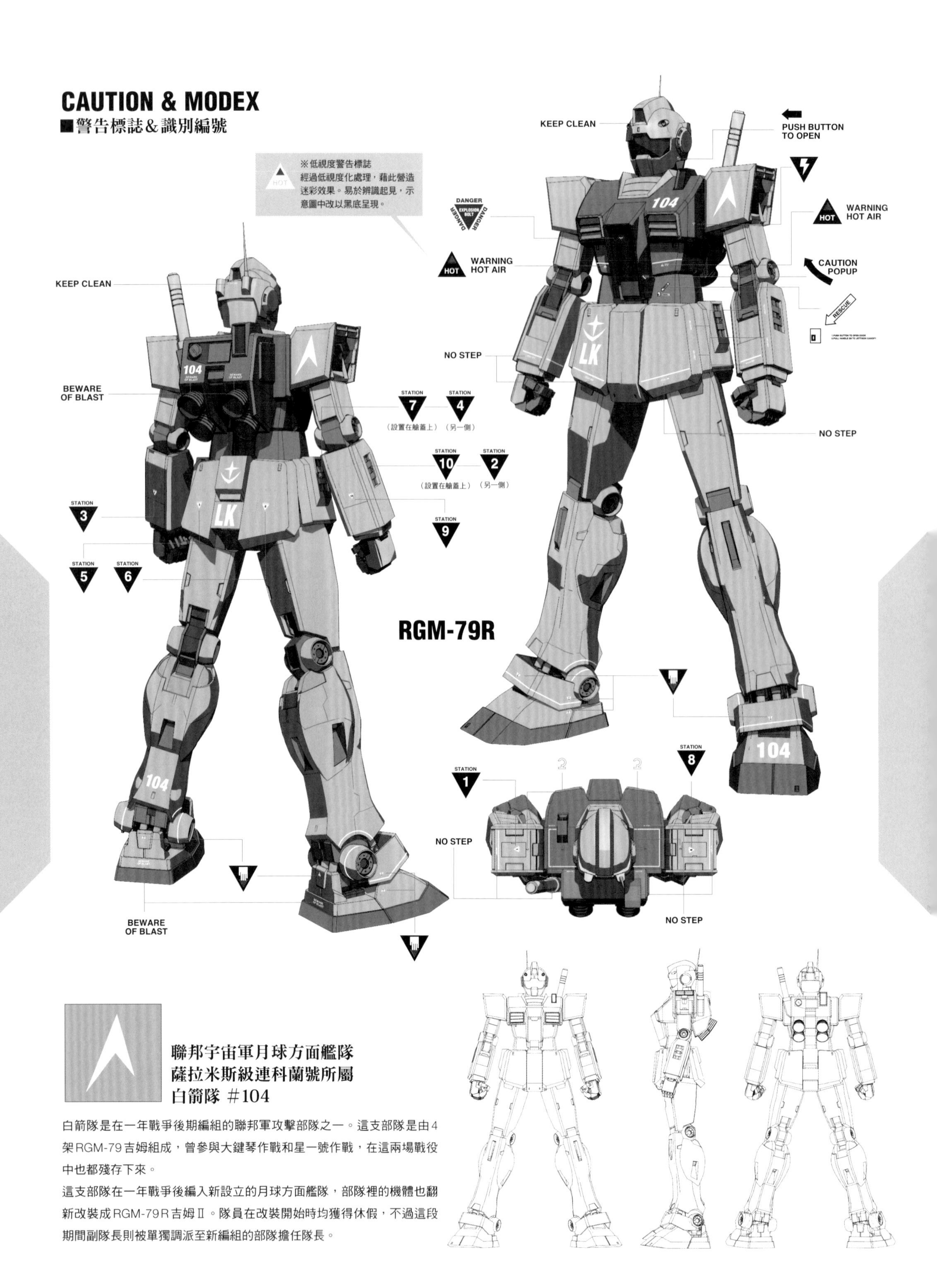

聯邦宇宙軍月球方面艦隊
薩拉米斯級連科蘭號所屬
白箭隊 #104

白箭隊是在一年戰爭後期編組的聯邦軍攻擊部隊之一。這支部隊是由4架RGM-79吉姆組成，曾參與大鍵琴作戰和星一號作戰，在這兩場戰役中也都殘存下來。

這支部隊在一年戰爭後編入新設立的月球方面艦隊，部隊裡的機體也翻新改裝成RGM-79R吉姆Ⅱ。隊員在改裝開始時均獲得休假，不過這段期間副隊長則被單獨調派至新編組的部隊擔任隊長。

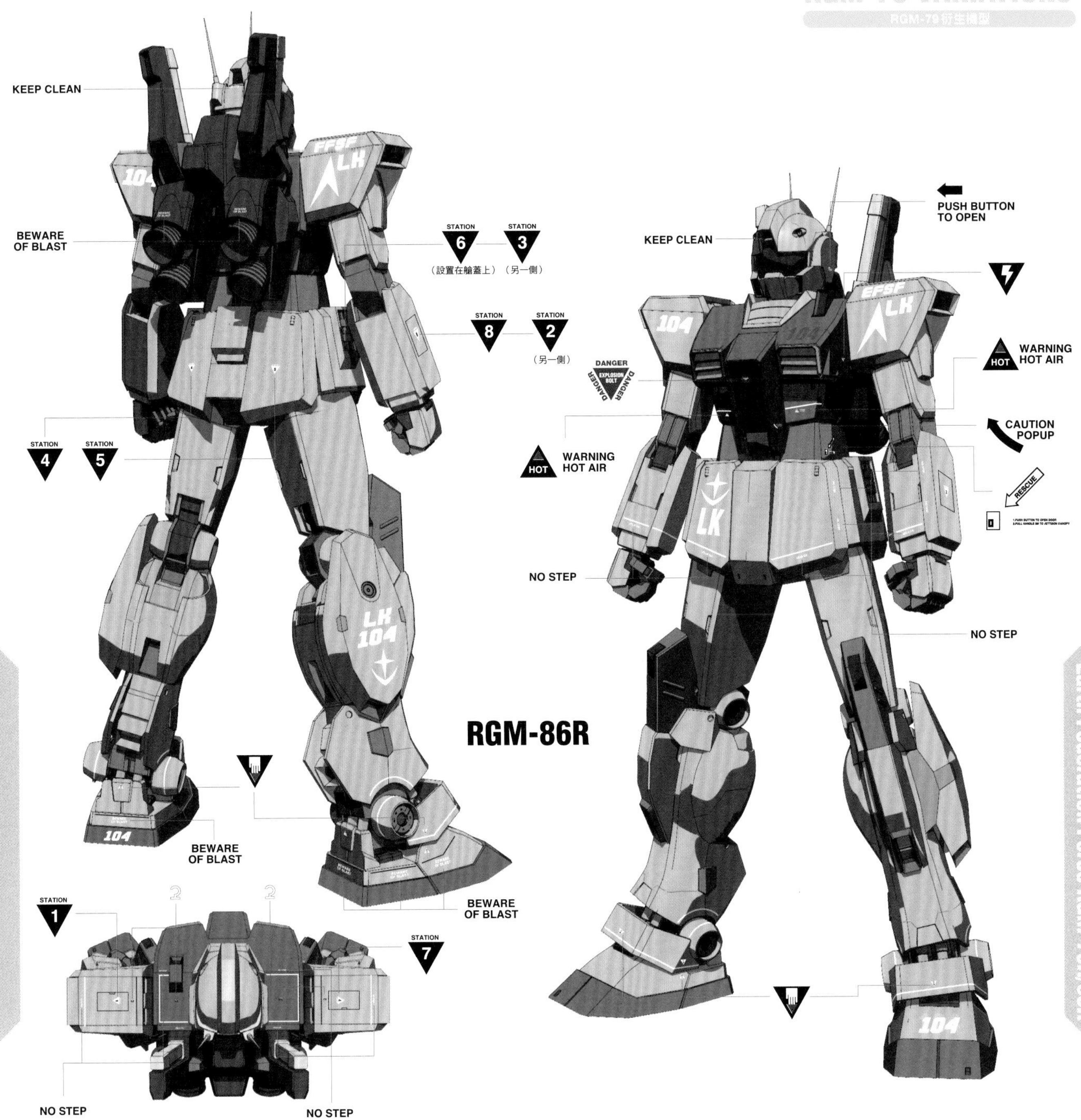

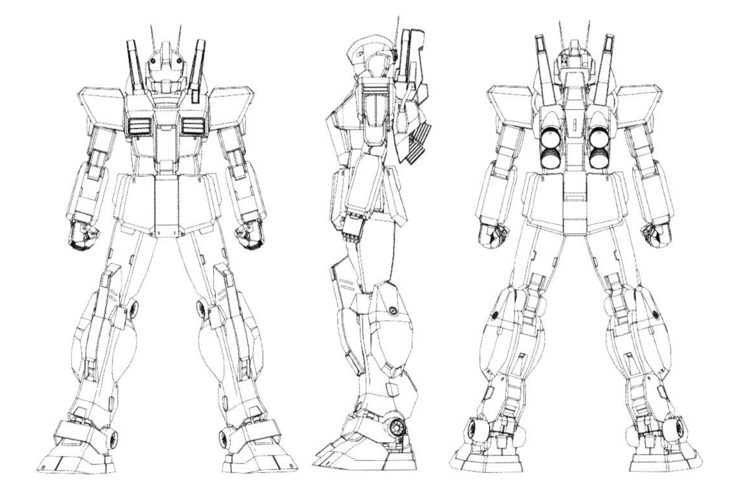

隨著月球方面艦隊於U.C.0087年4月21日宣告加入幽谷，機體主色也更新為綠色。日後改裝為吉姆Ⅲ時，原本設置在胸部和腳背裝甲的識別編號是先整個剝除掉，再重新黏貼以新字型製作的識別編號（由於裙甲處的聯邦軍徽章等標誌並沒有更動，因此維持原樣不變）。

■ MS攜行兵器的變遷和其防禦

以MS的登場初期來說，一方面也是因為當時攜行式光束兵器尚未進入可實際投入運用的階段，所以純粹是使用實體彈兵器※。因此吉翁公國軍的MS-06薩克Ⅱ等機種其實最初並非是用來進行MS對戰，而是以攻擊船艦、戰車、戰鬥機等傳統兵器，以及摧毀建構物為主要目標，裝配武裝自然也是配合這些用途而設計。另一方面，聯邦軍則是以MS能攜行光束兵器作為最優先考量，後來也成功達到可實際運用的階段，得以一舉改變局勢。

光束兵器的強大威力確實引人注目，不過聯邦軍之所以執著於要使屬於量產型的RGM-79均能配備這種武器，背後真正的理由與其說是希望在MS對戰中取得優勢，毋寧說是提前鋪路，為了替戰爭後期的決戰做好準備。

MS可說是最適合進行要塞攻略戰的登陸兵器，況且想要突破同樣由MS構成的吉翁軍防衛線，那麼MS更是不可或缺的戰力。為了達成占領要塞的最後目標，突破防衛線之後的狀況相當重要。雖然在被擊墜之前要毫無保留地向敵方開火，並且設法存活下來乃是關鍵所在，不過要是彈藥在好不容易搶灘登陸後就耗盡，那麼一切就前功盡棄了。由於無從回頭進行補給，因此一旦從船艦上出擊之後，在完成目的之前都必須持續戰鬥下去才行。基於這層考量，聯邦軍才會不打算採用生死取決於剩餘彈藥數量的實體彈兵器，而是追求可以在MS主體上重新充填能量的能量兵器※。

暫且不論研發經緯，對於原本只設想到如何防禦實體彈攻擊的吉翁軍MS來說，聯邦軍MS所配備的光束兵器確實深具威脅性。在戰爭初期發生的MS對戰當中，就算機體只命中一槍，也足以令薩克整個癱瘓而無法繼續戰鬥。

總之，初期MS雖然針對實體彈兵器配備厚重裝甲作為防禦手段，然而隨著攜行式MS用光束兵器正式邁入實際配備的階段，與防禦相關的既有概念也全然被顛覆，就連戰術和MS的設計本身也都被迫隨之展開大幅度的改變。

有別於實體彈，光束兵器是靠著熱能貫穿目標的裝甲，進而破壞機體構造或誘爆內部燃料，藉此令目標受創。裝甲厚度其實頂多只能造成些許誤差，甚至出現裝甲較薄的機體在重量上較為輕盈，有助於提升機動性，反而得以提高生還率的顛倒發展。

聯邦軍在戰爭後期必須面對的狀況，就是吉翁軍方面參雜著配備光束兵器的新型MS，以及持續使用實體彈兵器的舊型MS。就機體設計概念來說，要在重裝甲化和輕量化之間做出取捨其實相當困難。此時為了突破困局所提出的方案，正是為MS裝甲表面施加抗光束覆膜處理，關於這方面的研究當然也火速地展開。

就使用抗光束覆膜的基本概念來說，雖然無法百分之百擋下光束兵器的攻擊，卻足以利用覆膜表面讓光束能量擴散約30%，讓機體能趁著裝甲遭到熔解前的零點幾秒進行迴避動作。

當吉翁軍配備光束兵器的MS已到達實戰部署階段時，聯邦軍也已成功地應用光束擾亂兵器的技術，促使抗光束覆膜達到實際運用階段，而且套用在自身的主力吉姆系列上。抗光束覆膜本身是由聯邦技術研發部和民間合作企業共同研究出的成果，初期是採用塗布覆膜劑的方式來處理，後來逐漸改為在製造裝甲材質時就運用梯度複合成形技術構成表面積層的一部分。

隨著光束兵器在一年戰爭後期成為MS的主兵裝，抗光束覆膜技術也有顯著的進步，MS設計理論也從重裝甲思想轉變成以輕量化、高機動化為優先。MS之所以在誕生初期如同戰車，後來卻逐漸變得像是飛機，理由正在於此。

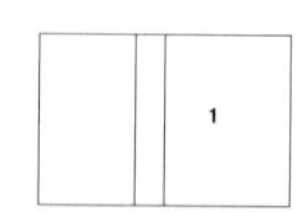

1：配備GMG．MG79-90㎜吉姆機關槍的RGM-79D。在運用MS的初期階段中，小隊單位的機體組成運作率其實比現今低，多半是以2架為單位訓練或執行地面巡邏任務。這張照片是從地面支援車上拍攝。

Earth Federation Force RGM-79

※MS與實體彈兵器
由於地球大氣中的水蒸氣會對光束的聚焦和直進特性造成影響，因此根據過往經驗，歸納出還是以使用實體彈兵器為佳的見解，這也是聯邦軍和吉翁軍雙方多半使用實體彈兵器的緣由。

※光束兵器的裝彈數
應用能量CAP技術的初期MS攜行用光束兵器為能量充電式，通常機體規格也會註明每充滿一次電可射擊幾次。不過這個標準可射擊次數其實會隨著使用狀況而異。射程方面也一樣，以散布米諾夫斯基粒子的環境來說，當處於可目視辨認是否命中的距離時，亦會受到目標物的視辨性等條件所影響，無法一概而論。從RGM-79吉姆與光束噴槍的搭配來看，據說大致在各機體感測器有效範圍50%的距離內，應該可達到2～3成的命中率。

Armaments of RGM-79

吉姆系武裝一覽

從誕生經緯來看，MS與機動裝甲（MA）之類的兵器不同，可說是一種能運用四肢發揮AMBAC之類的機動性，藉此在短時間內取得最佳射擊位置的機動兵器。

MS基本上得使用機械手持拿外部兵裝進行戰鬥，在這個概念下所衍生出的副產物，正是具備相對之下能較自由因應任務更換兵裝的通用性。

在一年戰爭時，其實聯邦軍和吉翁軍雙方對於在米諾夫斯基粒子散布環境下戰鬥的經驗都有所不足，無論是涉及MS戰的實際戰鬥距離、射程與命中率的關係、裝彈數等性能要求均處於摸索階段，因此有著各具不同概念的MS用兵裝登場。隨著一年戰爭結束，MS戰術也發展出一定程度的法則，武裝方面亦呈現淘汰與發展的趨勢。

本章節將會介紹一年戰爭前後主要供RGM-79系MS運用的各式武裝。雖然有些即使時至今日仍難以理解研發目的何在，不過還是會試著盡可能地解說各項武裝的機構與研發經緯。

BOWA BR-M-79C-1
BEAM SPRAY GUN

Spec 規格

研發：波瓦公司
全長：5,040mm
輸出功率：1.4MW
裝彈數：充滿電1次16發
建議發動機輸出功率：1,250kW
使用機體：吉姆、其他

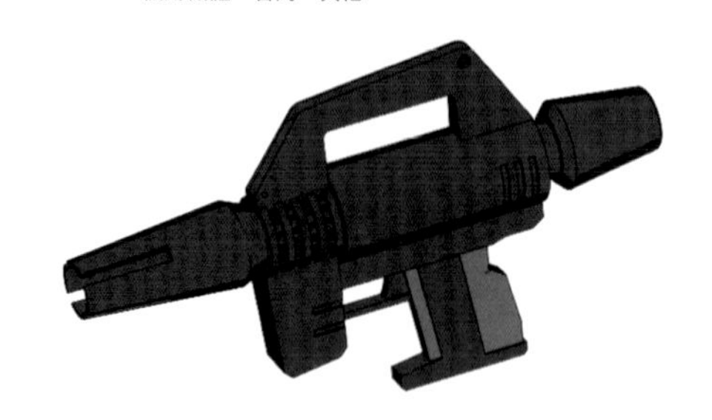

■光束噴槍

BR-M-79C-1光束噴槍乃是供身為聯邦軍主力MS的RGM-79使用，由波瓦公司進行設計、研發的對MS戰鬥用光束兵器。

以聯邦軍研發RX系列時領先吉翁公國完成的XBR-M-79光束步槍來説，若是用傳統槍械概念來分類，可説是相當於能對應長程射擊的突擊步槍。相對地，光束噴槍可以歸類為著重於中程射擊的MS專用全自動手槍。光束噴槍本身並未搭載射擊用感測器系統，使用時是以吉姆頭部感測器群讀取到的數據資料為基礎，交由FCS進行射擊控制。

儘管並未公布正式的有效射程距離，僅知可歸類為中程攻擊兵器，不過其威力可是輕鬆地凌駕於開戰時的吉翁公國軍主力MS用主兵裝，也就是MS-06薩克型的薩克機關槍之上，更足以擊倒該機種。

就連發射速度也比屬於試作品性質的XBR-M-79光束步槍提升約20%，具備在連射模式下足以施展十六連射的速射能力。另外，雖然是1.4兆瓦的高輸出功率兵器，卻也能透過RGM-79吉姆搭載的主發動機進行充電，因此具備就算是在能量CAP已經耗盡的狀態下，只要充電40秒即可再度開火的性能。

光束噴槍共有三種射擊模式，可自由選擇最基本的單發模式、能對面進行制壓的連發散射模式，以及經由擴大焦點距離給予廣範圍打擊的廣距散射模式。連發散射模式也通稱為散彈槍，教導新兵時也是優先講解要用這個模式讓敵人無法行動的戰術。廣距散射模式正如其名，能讓光束擴散開來，對於著重在防禦實體彈的吉翁軍MS照樣能發揮充分殺傷力，能射出擴散狀光束亦是「光束噴槍」這個名稱的由來所在。

光束噴槍能與射控感測器連動，藉此控制光束的輸出功率，針對較遠的目標會提高輸出功率，面對近距離目標則是會調整成適當的輸出功率進行攻擊，具備可節約火力的機能。

光束噴槍具有槍身短、速射性能出色的特徵，在以所羅門攻略戰為首的要塞戰中運用於攻堅，可説是設計時的基本運用思想所在。在空間戰中突破波狀防衛線，以及在要塞內部的狹窄空間進行戰鬥，這兩者正是最能充分發揮出其價值的運用方式。在為吉姆而設計的專用光束兵器中可説是傑作呢。

※雖然BR-M-79C-1被稱為「光束噴槍」，但這並非正式名稱。當初在賈布羅試作研發時，由於這挺武裝與賈布羅船艦製造區裡用以塗裝的噴槍外形相像，因此第一線研發成員或整備員都開始這麼稱呼。即使設立大量的生產線後，大家也還是繼續沿用這個暱稱。

BOWA BR-M-79C-3
BEAM SPRAY GUN

Spec 規格

研發：波瓦公司
全長：4,900mm
輸出功率：1.5MW
裝彈數：充滿電1次16發
建議發動機輸出功率：1,250kW
使用機體：吉姆改、其他

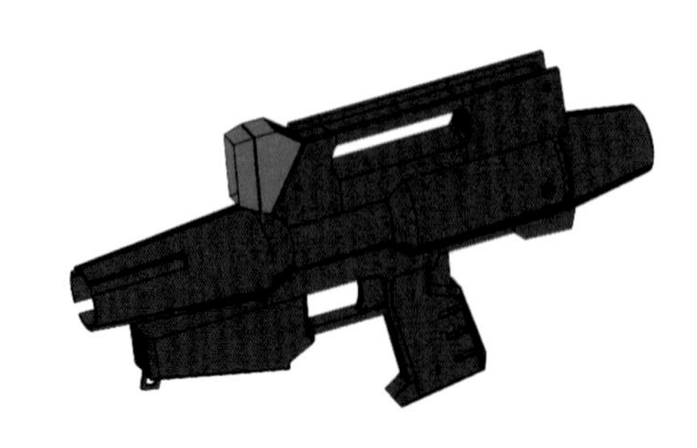

■光束噴槍

聯邦軍雖然成功研發出BR-M-79C-1光束噴槍，卻也進一步在大戰後期將具備更高性能的BR-M-79C-3投入戰場。相較於79C-1型，槍身長度進一步縮減約140公釐，不過79C-3型改良的重點，其實在於為槍身頂面全新設置的BP-SS-001（波瓦製感測器系統）。這種射擊感測器是由波瓦公司研發而成，79C-1型必須仰賴吉姆的頭部感測器去鎖定目標，不過79C-3型不用完全依靠頭部，本身亦可鎖定目標。

雖然就在光束兵器上設置直接射擊用感測器的方式來説，早已有著RX系列MS的攜行式光束兵器群這類前例，不過研發RGM-79吉姆時，已經能夠只靠頭部感測器進行所有射控，因此在把量產性視為第一優先的前提下，自光束噴槍起也就廢除為武裝搭載感測器的設計。這種做法就理論來説並沒有問題，實際測試時也展現良好的成績，然而當吉姆真正投入戰場之後，卻也接連收到不少頭部感測器受損，或是整個頭部組件遭到破壞的案例。

即使頭部受損，機體各部位的諸多小型攝影機和感測器也仍然能提供資訊進行整合，吉姆本身要持續運作並不成問題，只是射控系統會陷入失效的狀態。聯邦軍兵器研發局接獲第一線如此回報後，立刻提出改善方案，同時也隨即諮詢波瓦公司，洽談引進RX系列時研發的武裝搭載型感測器系統是否可行。

為供79C-3型使用，波瓦公司研發出與吉姆頭部組件具備同等性能，並採用直列設置方式，搭載影像、紅外線、雷射測距系統的感測器組件BP-SS-001。這套屬於高價位系統的BP-SS-001，配合在大戰後期投入戰場的RGM-79C吉姆改而正式採用。在運用頭部感測器和BP-SS-001進行如同三角測量所得的測距結果之下，得以發揮出更精準的射控能力，據説命中率其實還提高了20%呢。不僅如此，針對以往攻擊範圍外的長程攻擊能力亦有所提升。

由於79C-3型在輸出功率方面和79C-1型幾乎完全一樣，因此後來也經由更新FCS代碼讓吉姆改以外的現役RGM-79系機型可配備這挺武裝，使戰鬥力能調整成一致的水準。

BOWA BG-M-79F-3A BEAM GUN

Spec 規格
研發：波瓦公司
全長：6,768mm（8,064mm）
輸出功率：1.6MW
裝彈數：充滿電1次12發
建議發動機輸出功率：1,400kW
使用機體：吉姆突擊型、其他

BLASH XBR-M-79-07G BEAM RIFLE

Spec 規格
研發：普拉修公司
全長：9,216mm
輸出功率：1.9MW
裝彈數：充滿電1次16發
建議發動機輸出功率：1,380kW
使用機體：鋼彈、其他

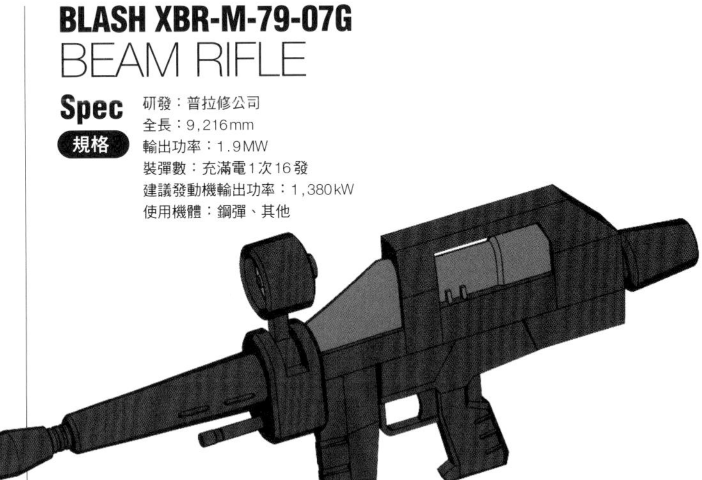

■光束槍

BG-M-79F-3A在性質上相當於研發次世代MS攜行式光束兵器的測試平台，定位可説是介於光束步槍與光束噴槍之間，因此可歸類在光束槍這個新的類別裡。

這挺武裝具備在聯邦軍製兵器中較為罕見的設計，也就是有著局部管線外露這類的外形特徵。不過提及79F-3A型的首要特徵，應該還是在槍身後側上方增設的光束加速器兼大型電池包吧。隨著設置該裝置，79F-3A型能夠僅以1.2秒為間隔連續射擊光束，還能根據一次射擊的彈著點進行修正，得以大幅提高命中率。而且除了和以往的光束一樣能夠定點貫穿目標之外，甚至有著足以劃裂目標表面的附帶效用，大幅提高令敵機無法繼續戰鬥的可能性。

79F-3A型的攻擊能夠從點延伸成線，在戰場上也毫無保留地發揮這份性能。就算是被聯邦軍駕駛員取了大爪子這個綽號，施加抗光束覆膜處理的MA-05畢格羅，挨了79F-3A型一槍照樣也會就此癱瘓。

79F-3A型當然也和既有武裝一樣能選擇連射模式等攻擊方式，雖然輸出功率只比BR-M-79C-3提高0.1兆瓦達到1.6兆瓦，改變幅度並不算大，不過隨著經由加速器將光束予以增幅、聚焦，命中數和有效打擊的比率均提升20%以上。

79F-3A型是自十五批次的RGM-79GS吉姆突擊型開始採用，並且陸續分發給A／C／G型等以執行太空戰鬥為主要任務的部隊配備使用。

■光束步槍

XBR-M-79-07G光束步槍為史上率先達到實際運用階段的MS攜行式光束兵器之一。雖然是試作型，卻是最早投入實戰，亦締造諸多戰果的型號，其設計思想與技術層面的完成度之高，即使時至今日也仍受到肯定。

79-07G型是供RX-78鋼彈用而準備的光束步槍，在設計上是設想為中程戰鬥用，不過在性能上其實達到稍嫌過剩的程度，近乎與日後研發的長程射擊用狙擊步槍相匹敵。

據某些分析的説法指出，可能是當時光束輸出功率控制系統尚不成熟，因此才會姑且設定成以能夠運用的最大輸出功率進行射擊。

在槍身上側設有能轉動角度的大型可動式感測器系統，從該處取得資訊後，能夠和RX-78主體感測器取得的資訊進行整合，因此具備相當高的命中精準度。

為了確保在各種姿勢下都能正確地進行射擊，79-07G型的感測器分別能夠往左右兩側轉動45度，作為穩定射擊用而設置的前握把也能分別往左右兩側轉動90度，藉此為射擊姿勢提供輔助。以試作型來説，這是相當精巧便利的設計，不過隨著日後縮小尺寸、改良槍身主體重心位置，以及MS主體的運動程式有所進步，這類設計在一年戰爭後期登場的制式採用型光束兵器上已不復見。

雖然79-07G型並不是以量產為前提設計的，不過為了供RX-78持續進行實戰測試運用，因此最後還是生產數批，不過內部機構設計等項目是否仍為相同型號，這方面未曾公布過相關資料，詳情不明。

BOWA BR-M-79L-3 R-4 TYPE BEAM RIFLE

Spec 規格
研發：波瓦公司
全長：1,324.8mm
輸出功率：1.5MW
裝彈數：充滿電1次8發
建議發動機輸出功率：1,280kW
使用機體：吉姆狙擊特裝型

■R-4光束步槍

BR-M-79L-3光束步槍是以供RX-77配備而運用的XBR-M-79a（日後改稱XBR-L-79）為基礎，由波瓦公司配合狙擊用MS需求，重新設計的中／長程精密射擊用步槍。

RGM-79系衍生機型中，吉姆狙擊特裝型是格外強化頭部測距系統和FCS的機型，令該機型的能力可發揮至最大極限，製造商波瓦公司還提供專屬管制軟體運用。因此基本上，M-79L型並未將供其他機型使用納入考量。RGM-79狙擊特裝型是以從敵方射程外射擊，以及支援友軍MS為主要任務，亦會對艦隊防衛和進攻任務提供戰術支援。

BOWA BR-S-85-C2 BEAM RIFLE

Spec 規格
研發：波瓦公司
全長：7,200mm
輸出功率：1.9MW
裝彈數：充滿電1次24發
建議發動機輸出功率：1,500kW
使用機體：吉姆II、其他

BLASH XBR-M-79E BEAM RIFLE

■光束噴槍

BR-S-85-C2為波瓦公司研發的武裝，是在U.C.0080年代中期列為聯邦軍MS主力兵裝的中型通用光束步槍。在U.C.0087年爆發的格里普斯戰役中投入實戰。

隨著引進將構造徹底組件化的概念，得以用零件為單位進行整備和更換等作業，因此成功地大幅減少整備人員的工作量。

感測器系統採用光學高感度攝影機組件，藉此兼顧縮減尺寸與降低成本的需求。不過在機能上的表現不如舊有型號，甚至有駕駛員把長程射擊性能批評為「用火神砲打還比較厲害」。話雖如此，實際上在戰鬥中足以發揮用連射模式進行二十四連射的速射性能，還有著最低能量充電時間（並非完全充滿電，而是指從能量耗盡狀態到足以再度開火的時間）僅約15秒的實用性，因此仍受到許多駕駛員的支持。

除了作為RGM-79R吉姆II的主裝備大顯身手之外，反地球聯邦組織幽谷所運用的MS也有不少配備這挺武裝。

BOWA BR-S-85-L3 SNIPER BEAM RIFLE

Spec 規格
研發：波瓦公司
全長：13,250mm
輸出功率：1.9MW
裝彈數：充滿電1次12發
建議發動機輸出功率：1,500kW
使用機體：吉姆狙擊特裝型

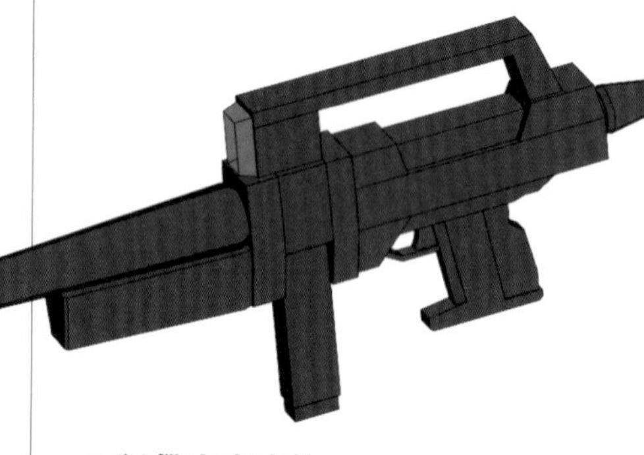

■狙擊光束步槍

BR-S-85L-3狙擊光束步槍在設計上是由BR-S-85-C2光束步槍的組件構造概念延伸設計而來，為一挺長程用狙擊步槍。

槍管經過大幅延長後，內部設置I力場扼流圈（光束加速器），使得光束的聚焦率比既有型號高近40%。雖然內藏的盒形小型感測器系統與S-85-C2型共通，不過在原有研發計畫中其實是打算搭載專用的大型瞄準系統。不過在軍方不希望造價高漲的要求下，只好中止研發該裝置，保留將MS主體感測器系統發揮至最大極限的運用思想。因此這挺武裝建議供具備高精確度頭部感測器系統和FCS的RGM-79SC吉姆狙擊特裝型系機型使用，不分太空或地面基地均獲得分發配備。

這挺光速步槍不僅狙擊性能優越出眾，還有局部組件與S-85-C2型共通，有著具備高度通用性的設計，其命中精確度更是足以從最遠射程精準貫穿薩克的單眼，因此駕駛員們都給予相當高的評價。而且更打破只要是講究高精確度的狙擊規格武裝，必然難以整備的魔咒，不僅承襲S-85-C2型的出色整備性，就連整備人員也同樣給予肯定。

不過受到可運用的機型有限的限制，再加上吉姆狙擊特裝型本身部署的數量並不多的雙重影響，導致這挺光速步槍的生產數量相當少，儘管有著出色的性能和造價不算高等優點，但僅有少數運用於實戰的例子。

BOWA BR-S-85-C2 BEAM RIFLE

Spec 規格
研發：波瓦公司
改造：金平島工廠迪坦斯研發部
全長：7,200mm
輸出功率：1.9MW
裝彈數：充滿電1次12發
建議發動機輸出功率：1,500kW
使用機體：吉姆改高機動型

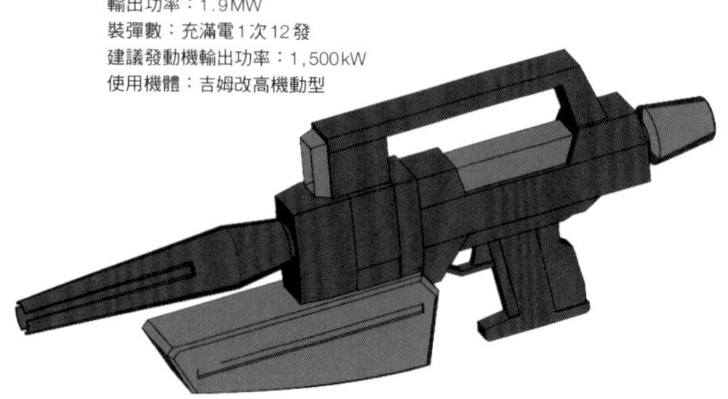

■改造光束步槍

BR-S-85-C2改造光束步槍是由金平島工廠迪坦斯研發部獨自改造的光束步槍，為BR-S-85-C2搭配E彈匣使用的試作型，並提供給T3部隊的RGM-79CR吉姆改高機動型進行運用試驗。由於是試作型，生產量也僅有10批。不過研發、運用E彈匣所得的數據資產，後來也經由研發次世代光束兵器群的形式傳承下去。

■光束步槍

XBR-M-79E光束步槍是在聯邦軍地面軍的主導下，以光束步槍試作評估型號的形式，經由沿襲XBR-M-79-07G的構造重新設計而成。

雖然廢除79-07G型的可動式大型感測器，不過後來經由授權生產的形式，搭載波瓦公司製BR-M-79-C3光束噴槍也有採用的複合盒形感測器組件BP-SS-001，得以大幅提高瞄準精確度。

由於設計是沿襲自已經由實戰證明使用效益的79-07G型，因此M-79E型在戰場上也展現十足的實用性，來自第一線的反應也相當不錯。不過據說在屬於RGM-79[G]陸戰型吉姆主戰場的東南亞地區中，受到日常溼度較高和暴風之類突發的激烈氣候變化影響，造成光束衰減的狀況，無從發揮原本追求的中／長程射擊能力。不過第一線期盼能調度到光束兵器使用的呼聲仍相當高，大戰後期確實也曾在澳洲戰線出現過少數幾起RGM-79吉姆使用這挺武裝的例子。

研發：普拉修公司
全長：10,080mm
輸出功率：1.9MW
裝彈數：充滿電1次12～16發
建議發動機輸出功率：1,380kW
使用機體：陸戰型吉姆、吉姆、陸戰型鋼彈

BLASH XBR-X-79YK
SNIPER BEAM RIFLE

Spec 規格
研發：普拉修公司
全長：15,980mm
輸出功率：3.8MW
裝彈數：充滿電1次2發
建議發動機輸出功率：2,000kW
使用機體：陸戰型吉姆、吉姆狙擊型

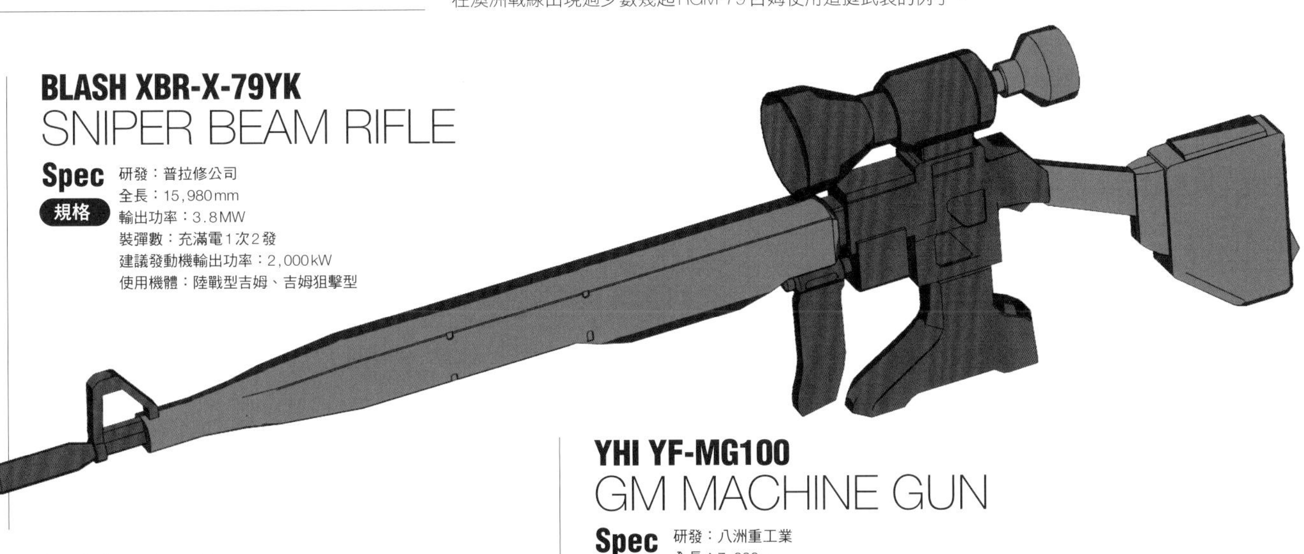

■大口徑光束步槍

XBR-X-79YK大口徑光束步槍是由普拉修公司研發出的超大型光束兵器。備有配合狙擊用而研發的光束產生系統，以及大型兵器專用的瞄準鏡頭感測器。

雖然視使用條件而定，可進行持續長達6秒的光束放射，不過純粹若是由槍身主體內藏電池和MS主體發動機來充填能量的話，那麼速度其實不及射擊時的能量消耗，必須要有選配式的外部發動機供給能量才行。

即使不使用外部發動機，僅憑內部供給能量還是能進行約兩次的一般射擊，不過充電時間至少需要120秒以上就是了。儘管具備強大威力和高命中精準度，但運用起來其實頗不方便，因此投入實戰的機會並不多。

在東南亞戰線曾留下以升空飛向軌道上的桑吉巴級機動巡洋艦為目標，於上升氣流等嚴重大氣干擾的白天使用這挺武裝進行狙擊，而且成功擊墜該艦的紀錄。

X-79YK型並非為特定機型所設計的武裝，大多數狀況下都是由RGM-79系機體在運用。舉例來說，在拉薩攻略戰中就有RGM-79[G]陸戰型吉姆使用過，在休恩登攻略戰中亦可確認到有RGM-79SP吉姆狙擊型Ⅱ使用。題外話，在運用X-79YK型的陸戰型吉姆中，有著採用單一綠色迷彩塗裝機體存在，雖然部隊內稱呼這類機體為陸戰型狙擊吉姆，不過主體本身其實和一般的陸戰型吉姆相同。

在運用X-79YK型時，雖然必須經由專用射控軟體對MS本身的FCS進行最佳化，不過因為武裝主體搭載高性能感測器系統，所以無須倚靠使用機體本身的測距系統即可進行超長程狙擊。

YHI YF-MG100
GM MACHINE GUN

Spec 規格
研發：八洲重工業
全長：7,200mm
口徑：100mm
裝彈數：28發
地面有效射程：5,500m
彈頭：穿甲榴彈YCC-4、
反艦穿甲彈YAS-L2、成形裝藥彈YHT-A1
使用機體：吉姆、陸戰型吉姆、
陸戰型鋼彈、其他

■量產試作型100公釐 吉姆機關槍

YF-MG100吉姆機關槍乃是由YHI（八洲重工業）所研發的量產試作型武裝，為採用100毫米實體彈的MS攜行式機關槍。槍身備有盒形彈匣和摺疊式槍托。這種具備出色速射性且便於使用的兵器於一年戰爭後期投入戰場。

首要特徵在於根據YHI當時提倡的可搬運式兵器構想，設計成可將機關槍分解開來裝載於增裝貨櫃裡搬運這點。

先行部署的陸軍機種RGM-79[G]陸戰型吉姆，便是採用這挺武裝作為標準裝備，成為東南亞和大洋洲的主戰場要角。另外，諾福克產業亦取得授權生產，得以廣泛地供各戰線運用。

槍管採用無膛線的滑膛槍構造，每射擊3,000發子彈就必須更換槍管。另外，子彈備有HEAT彈（High explosive AntiTank）、APFSDS彈（尾翼穩定脫殼穿甲彈），以及HESH彈（高爆塑性彈頭）這三種，可因應當地部隊和作戰內容適當選用彈藥種類。

這種吉姆機關槍本身是為了先行量產機而研發，隨著RGM-79[G]生產結束也曾一度中止生產，不過足以在瀰漫沙塵的沙漠地帶、高溫潮溼的叢林地帶等各種環境下運用，此等卓越可靠性和100毫米口徑的制止力在第一線獲得莫大支持，因此後來也作為地面專用武裝繼續供諸多RGM系列配備。

NFHI GMG-TYPE2
GM MACHINE GUN

Spec 規格
研發：諾福克產業
全長：7,632mm
口徑：90mm
裝彈數：35發
地面有效射程：4,500m
彈頭：穿甲榴彈NL-3、
成形裝藥彈NHT-2
GA3槍榴彈
使用機體：吉姆寒帶規格、其他

■吉姆機關槍

GMG-TYPE2吉姆機關槍為諾福克產業獨自研發的MS攜行型電力運作式90毫米機關槍。備有在聯邦軍兵器中很罕見的前握把兼橫置型直式大型彈匣設計，在槍身下側亦可配備增裝式槍榴彈發射器。另外，亦有施加寒帶規格處理的型號存在。

由於將彈匣設置在前側令槍管長度有限，因此彈速較低，據說最大有效射程的命中精準度也在20%以下（TF-MG-100為60%：RGM-79[G]陸戰型吉姆使用時）。另外，感測器模組設於偏向上側前端的位置，在射擊時會受到槍口焰影響，導致運用上受到限制。

就連運用案例也相當有限，紀錄中只有在引進RGM-79D的初期有少量配備。

HWF GMG・MG79-90mm
GM MACHINE GUN

Spec 規格
研發：霍利菲爾德兵工廠公司
全長：7,344mm
口徑：90mm
裝彈數：20發
地面上有效射程：5,300m
彈頭：穿甲榴彈SU-β、反艦穿甲彈AS-γ、成形裝藥彈FW-ν
使用機體：初期型吉姆、吉姆改、吉姆突擊型、其他

■吉姆機關槍

GMG・MG79-90毫米吉姆機關槍乃是霍利菲爾德兵工廠公司基於系統武裝構想研發而成，屬於在太空、地面雙方都能運用的MS攜行式實體彈兵器。

雖然整體尺寸相當小巧，卻也具備作為對MS用兵器所需的威力和命中精準度。這是因為採用將彈匣與槍機設置在槍身後側的犢牛式構造，所以才能確保具備足夠的槍管長度。

在外框上側設有提把，該部位前端備有由攝影機和雷射感測器構成的盒形感測器系統，這裡能夠和吉姆的瞄準系統連動，得以發揮高度的鎖定目標能力。

專用彈匣除了香蕉型，亦有直式的盒形彈匣可選用。這是因為最初期的香蕉型彈匣曾發生過供彈不良狀況，所以才會決定生產雖然會多少犧牲一些裝彈容量，但可靠性較高的直彈匣，至於裝彈數則是少了2發，共計18發。在完成除錯之後，香蕉型彈匣也重新恢復供給。

以月神二號製的RGM-79[E]初期型吉姆為首，吉姆改、D型、吉姆突擊型均將這種在地球聯邦製MS黎明期研發的MS用機關槍列為標準裝備，在一年戰爭後也仍是具備高度可靠性的主力兵裝之一，包含衍生型號在內可說是廣為普及運用。

HWF GR・MR82-90mm
GM RIFLE

Spec 規格
研發：霍利菲爾德兵工廠公司
全長：9,400mm
口徑：90mm
裝彈數：30發
地面有效射程：6,200m
彈頭：穿甲榴彈GU-κ（55.6mm砲彈）
使用機體：吉姆改、吉姆特裝型、吉姆鎮暴型

■吉姆步槍

這是為了提高GMG・MG79-90毫米吉姆機關槍的命中精準度和有效射程，因此利用系統武裝構造生產的MS攜行式90毫米步槍。

隨著將槍管延長，初速也增加15%，得以提高裝甲貫穿力。另外，由於全新採用不須彈殼的無殼彈作為主砲彈，因此彈藥變得輕盈許多。雖然這樣一來也沒必要設置拋殼機構，但為了能夠排除卡彈狀況，最後仍保留拉機和進彈口機構。

這挺武裝主要是供一年戰爭後登場的RGM-79N吉姆特裝型和RGM-79Q吉姆鎮暴型等機體配備使用。

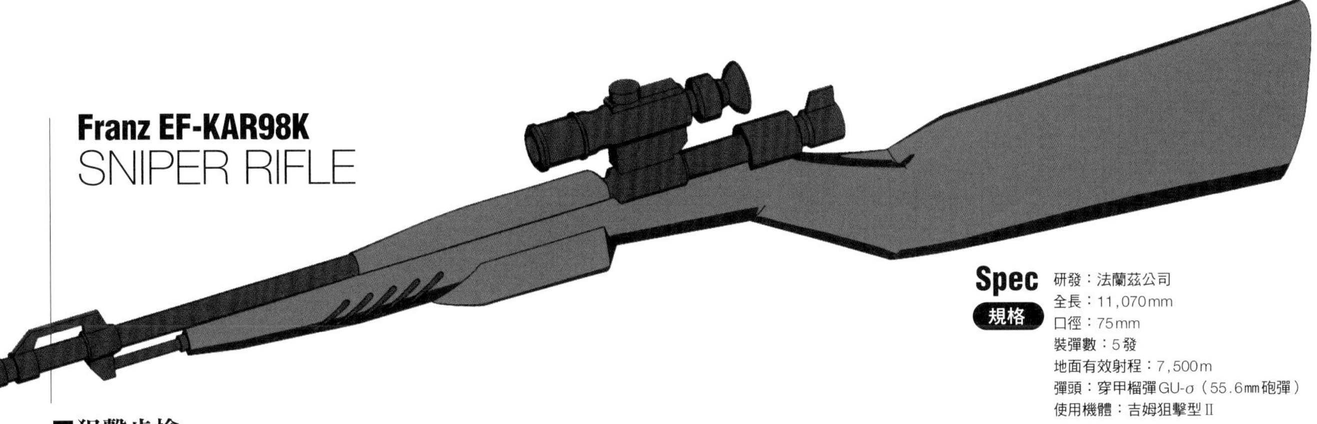

Franz EF-KAR98K
SNIPER RIFLE

Spec 規格

研發：法蘭茲公司
全長：11,070mm
口徑：75mm
裝彈數：5發
地面有效射程：7,500m
彈頭：穿甲榴彈GU-σ（55.6mm砲彈）
使用機體：吉姆狙擊型Ⅱ

■狙擊步槍

EF-KAR98狙擊步槍是在一年戰爭後期所研發出的MS攜行式75毫米口徑步槍。

不僅備有手動槍機式這種在MS用武裝上相當罕見的動作機構，更採用製造時設置膛線的高精確度槍管，得以具備出色的彈道性能。不過這種射擊方式在對MS戰時顯然會造成難以連射的問題，因此只有在敵方射程外運用超長程射擊進行先制攻擊能發揮優勢，幾乎沒有其他優點可言。

主體並未設置自有的瞄準鎖定系統，而是將聯邦系廠商提供的選配型電動式瞄準器列為標準裝備。

由於生產數量和運用事例都很少，因此正確的部署場所等資訊均不明，不過在地面上曾有少數RGM-79SP吉姆狙擊型Ⅱ使用這挺武裝的報告。

即使是在一年戰爭後期製造的諸多試作品中，這挺武裝也可視為用途相當有限，而且帶有實驗性質的狙擊特化型步槍。

HWF GR·MLR79-90mm
LONG RIFLE

Spec 規格

研發：霍利菲爾德兵工廠公司
全長：11,800mm
口徑：90mm
裝彈數：120發
地面有效射程：6,900m
彈頭：穿甲榴彈GU-σ（55.6mm砲彈）
使用機體：吉姆狙擊型Ⅱ

■長管步槍

這是霍利菲爾德兵工廠公司利用GMG．MG79-90毫米吉姆機關槍的系統武裝構造研發而成，屬於選配組裝式的長管步槍。

這種步槍是在一年戰爭後期研發的，雖然投入星一號作戰的教導部隊吉姆改有留下相關實戰運用試驗紀錄，但之後的採用和生產狀況均不明。

整根槍管都是浮動型構造，下側還設置在MS攜行式兵器中相當罕見的雙腳架（穩定用雙腳架）。雖然是備有長槍管，被歸類為狙擊專用的步槍，卻也能搭配裝彈量達120發的盒形彈匣，得以發揮如同分隊支援火器的用途。可說是一挺兼具精密狙擊與支援火器這兩種相異性質，在設計上充滿企圖心的武裝。

從現今為數不多的運用紀錄可知，在戰後曾有RGM-79SP吉姆狙擊型Ⅱ使用這挺武裝的報告，據說在那場距離超過7,000公尺的對MS戰中，第一槍的命中率就達到95%。雖然並非出自步槍專用的設計思想，頂多只能算是巧妙地運用既有系統的二次設計，不過這肯定是一挺具備優秀射擊性能的長管步槍沒錯。

BLASH HB-L-03／N-STD
HYPER BAZOOKA

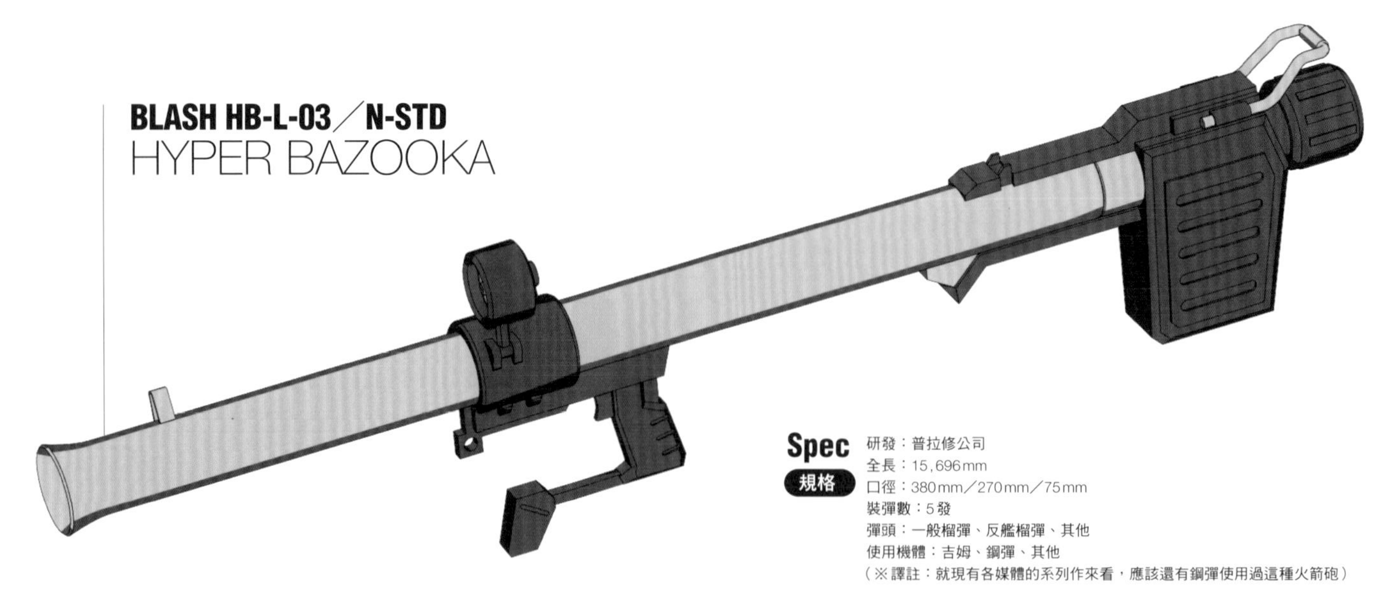

Spec 規格
研發：普拉修公司
全長：15,696mm
口徑：380mm／270mm／75mm
裝彈數：5發
彈頭：一般榴彈、反艦榴彈、其他
使用機體：吉姆、鋼彈、其他
（※譯註：就現有各媒體的系列作來看，應該還有鋼彈使用過這種火箭砲）

■超絕火箭砲

HB-L-03／N-STD超絕火箭砲是普拉修公司作為MS專用多功能火力支援兵器所研發的火箭兵器平台。由於能發射火力和爆風都具有強大威力的彈頭，因此主要是用來摧毀戰鬥速度較慢的宇宙戰艦、人造衛星、陸上戰艦，以及碉堡和建築物等目標。

研發之初邀請供應長程火力支援兵器給聯邦軍的數間企業給予協助，並且就可多功能運用的無後座力火箭彈發射式武裝這個方向展開研發。

HB-L-03／N-STD有著相對地簡潔的構造，不過考量到在構造上屬於必須由中央部位支撐住長砲管和後側實體彈的重量，為了避免MS進行機動時造成砲管歪斜扭曲之類的影響，除了備有在運用時必須嚴格遵守的教範之外，射控程式亦會對機體的動作做出限制。

可使用三種相異彈匣這點，也是HB-L-03／N-STD的特徵所在，由於這部分能將各種砲彈裝設在盒形固體外殼裡，因此不拘砲彈直徑，得以運用最大達380毫米的多樣化砲彈。

對於當時必須充分運用既有資源，還得摸索MS戰所需彈頭為何的狀況來說，採用這種設計算是最佳選擇，直至實際開始運用之際，亦試作各式各樣的砲彈，並且應用在戰線上。

雖然發射初速確實比不上光束步槍，不過對於各種局面來說，實質上超過90%的運作率、大口徑砲彈所擁有的強大制止力均能發揮高度效益。只是就MS對戰的狀況來看，能從容地閃避這種低初速大口徑砲火攻擊的例子並不少見。想要命中目標的話，那麼相較於瞄準精確度的問題，戰術層面的影響其實還更大，確保適當的發射距離，以及小隊發揮高度默契合作行動堪稱是缺一不可。

HB-L-03／N-STD是作為RX計畫的一環展開研發，在RX-78鋼彈所運用的初期生產型號中，可以確認到有著搭載專用大型瞄準鏡頭的個體，不過到了與RGM-79吉姆一同投入戰場的階段時，採用的則是未搭載該裝置的型號。尚可確認到有些部隊未能來得及分發到RX-77鋼加農或RGC-80吉姆加農，因此改為讓RGM-79吉姆配備兩挺HB-L-03／N-STD擔綱支援任務的例子。

另外，雖然初期型號無法更換彈匣，不過在一年戰爭後期有少量生產可更換彈匣的N-STD-10型投入實戰。

後來主要是使用四種砲彈，這方面包含在太空中發射後能進行二次加速的推進式HEAT彈、APFSDS彈、HESH彈，以及散彈型。

YHI ERRL-TYPE.Doc-04／380mm
ROCKET LAUNCHER

Spec 規格
研發：八洲重工業
全長：16,560mm
口徑：380mm
裝彈數：7發
使用機體：陸戰型吉姆、其他

■火箭砲

ERHB-TYPE.Doc-04／380毫米火箭砲是八洲重工業獨自研發的MS尺寸肩扛攜行式巨大火箭砲之一。基本上是針對1G環境特化製造的，具有配備射擊感測器等裝置的高通用性設計。

另外，還率先採用屬於香蕉型彈匣的供彈方式。雖然亦備有多種砲彈可選用，不過包含為了提高彈頭飛行穩定性而設置展開式穩定翼的彈種在內，有不少在設計上都參考自舊世紀起就開始運用的單兵肩托式反裝甲支援武器。這挺武裝後來廣泛地運用在東南亞和澳洲等戰線上。

■超絕火箭砲

HB-L-07／N-STD超絕火箭砲乃是以HB-L-03／N-STD超絕火箭砲為基礎，搭載專用射擊感測器而成的型號。

彈匣修改成完全密封式設計，藉此避免發生碎片侵入或中彈時遭到誘爆之類的狀況。另外，由於提把修改成一路延伸到後側的肋梁構造，得以提高剛性，在運用時不必像以往那樣格外謹慎亦是特徵所在。

雖然基本上屬於增裝感測器而提高命中精準度的型號，但現今MS在機動性能方面已達到高速化，要用來進行戰鬥確實會有些吃力，不過仍能投入特定的作戰使用，因此仍配備一定的數量。

Spec 規格

研發：普拉修公司
全長：14,688mm
口徑：380mm／360mm
裝彈數：7（5）發
彈頭：穿甲榴彈GU-σ（55.6㎜砲彈）
一般榴彈、反艦榴彈、其他
使用機體：吉姆改、高出力型吉姆、
鋼彈Mk-Ⅱ、其他

YHI FH-X180
180mm CANNON

■可搬運型試製180毫米砲

FH-X180可搬運型試製180毫米砲乃是YHI針對1G環境下使用而研發的長程砲。設計上據說參考茲馬德公司的ZIM／M・T-K175C馬傑拉戰車砲。採用從擊發機構上方插入六連裝盒形彈匣的方式供彈。

首要特徵在於能將整體拆解成多個小型組件，以便裝載於MS配備的專用貨櫃裡。這種構造是根據YHI提倡的MS用可搬運型兵器構想設計而成，就連組裝程序也是可全部由MS的手來進行。

由於這不僅是地面專用，亦為對要塞戰用的武器，因此用途其實有限，不過戰爭後期的要塞戰本身並不多，部署使用的區域也就僅限於亞洲一帶。

Spec 規格

研發：八洲重工業
全長：16,560mm
口徑：180mm
裝彈數：6發
彈頭：成形裝藥彈、穿甲彈、燒夷彈
使用機體：陸戰型吉姆、陸戰型鋼彈、其他

YHI 6ML-79MM
MISSILE LAUNCHER

■飛彈發射器

6ML-79MM飛彈發射器這種發射系統，乃是將多個裝填飛彈的武器櫃連接起來運用。視運用目的與彈頭而定，各武器櫃裡可裝填2至4枚飛彈。

雖然是以和HB-L-03／N-STD超絕火箭砲相同的概念進行研發，不過採用器櫃這種獨特的設計作為飛彈的發射座，因此得以大幅縮減全長，這點可說是一大差異所在。

受到專用武器櫃的整備性、使用壽命，以及彈頭調度數量等問題的影響，因此運用區域僅限於東南亞和北美戰線。

Spec 規格

研發：八洲重工業
全長：7,488mm
裝彈數：視彈頭而異
彈頭：YA-11B型飛彈
使用機體：吉姆、其他

THI BSjG01
BEAM SABER

Spec 規格
輸出功率：0.38MW
全長：3,312mm
光束刃長：11,520mm
使用機體：吉姆、其他

■光束軍刀

BSjG01光束軍刀乃是裝設於MS推進背包處專用武器掛架上的近接戰鬥用高能量兵器。

BSjG01是由作為輔助發動機的太金NC-5型供給能量，內部在充電後獲得的能量可用來產生光束，這種光束刃具有可運用電能斬斷目標的能力。其原理本身也是一種米諾夫斯基物理學的應用，也就是將等離子狀態帶電粒子用I力場限制在一定範圍裡，藉此形成一定程度的刀身。由於刀身的溫度達到數千度以上，因此就算是作為MS裝甲材質的超硬鋼合金或鈦合金也能輕易地砍斷。

BSjG01可說是聯邦軍為了對抗MS-06薩克II用電熱斧才獨自研發出的特有近接戰武裝。

YHI RGM-S-Sh-WF
MULTIPLE SHIELD

Spec 規格
寬度：2,880mm
長度：7,056mm
使用機體：陸戰型吉姆、陸戰型鋼彈、其他

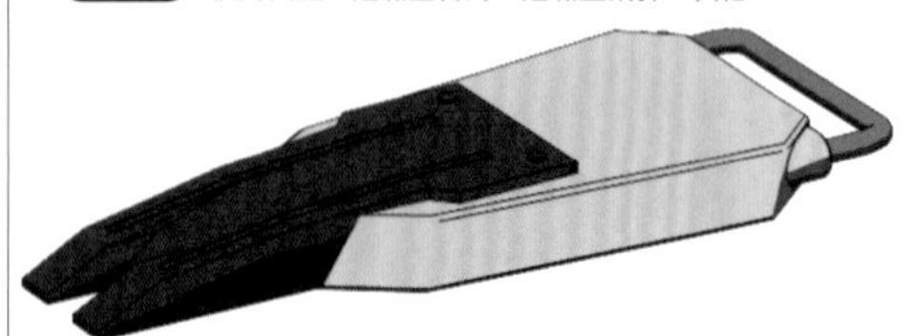

■多功能護盾

RGM-S-Sh-WF護盾是設想在重力環境下運用而設計的小型輕量護盾為月神鈦合金製，由於是以防禦駕駛艙等重要部位為最優先，因此在形狀上與RGM-79等機體配備的標準型RGM-M-Sh-003對MS戰用護盾不同。

另外，在陸軍主導研發下，不僅在對MS戰鬥時能用來防禦，甚至還備有可作為近接戰鬥用突刺兵器的設計，這點亦是特徵所在。這種護盾還能利用末端的盾牙刺進地面，藉此架設在機體前方作為防盾，以便空出雙手持拿大口徑的實體彈兵器，確保能維持穩定的發射姿勢。

由於這是在聯邦MS統一臂部選配式武裝掛架前就已設計完成，況且原本也是供RGM-79[G]陸戰型吉姆等機種使用的，因此若是要供自A型起的RGM-79配備，那麼就得搭配轉接器才能掛載。

YHI RGM-S-Sh-WF
MULTIPLE SHIELD

Spec 規格
寬度：2,880mm
長度：7,056mm
使用機體：陸戰型吉姆、陸戰型鋼彈、鋼彈Ez-8、其他

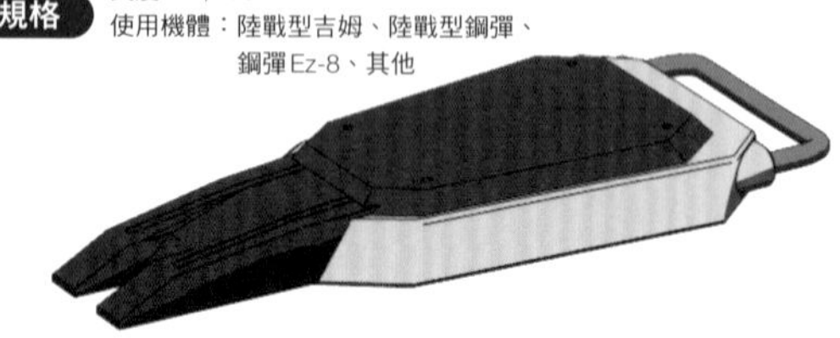

■多功能護盾

這是RGM-S-Sh-WF護盾的衍生版本，為強化耐彈性能的小型護盾。經由為表面增設裝甲而提高耐用性。

這並非由工廠生產的正規型號，而是基於前線部隊提出的需求，研發單位才生產這種可提高耐用性的增裝裝備。基本上是交由前線趁著進行整備作業一併裝設的。

在澳洲戰線曾確認到設置更大裝甲板的版本，這種就改稱為中型護盾。由於這類版本基本上都是前線修改裝備，因此隨著部隊不同，在細部外觀和規格上也會有所差異。

AE-Br RGM-M-Sh-VT
SHIELD

■對MS戰用護盾

這是格里普斯戰役時期研發的次世代型對MS戰用護盾。原型據說早在一年戰爭時期就試作，但詳情不明。

由於備有上下分割構造，因此可藉由滑軌機構讓全長變成原有的三分之一，呈現更為小巧的尺寸。這種設計據說是為了便於在狹窄的艦內取用，或是因應狀況藉犧牲面積換取將盾面重疊，藉以提高耐彈性能。另外，和RGM-M-Sh-AGD系護盾一樣在末端設有盾牙，該處顯然亦有著在近接戰鬥中可拿來攻擊敵機之類的用途。

這種護盾原本是聯邦軍研發的格里普斯製裝備，後來隨著發生幽谷搶奪鋼彈Mk-II的事件，也就是青翠綠洲事變而被亞納海姆電子公司取得。在迪坦斯瓦解後，AE社也就以該設計為基礎開始大量生產，在生產新吉姆III時更作為標準裝備使用。亦有消息指出當時為了降低生產成本起見，因此廢除滑軌機構。

Spec 規格
寬度：3,456mm
長度：11,088mm
使用機體：新吉姆III、鋼彈Mk-II

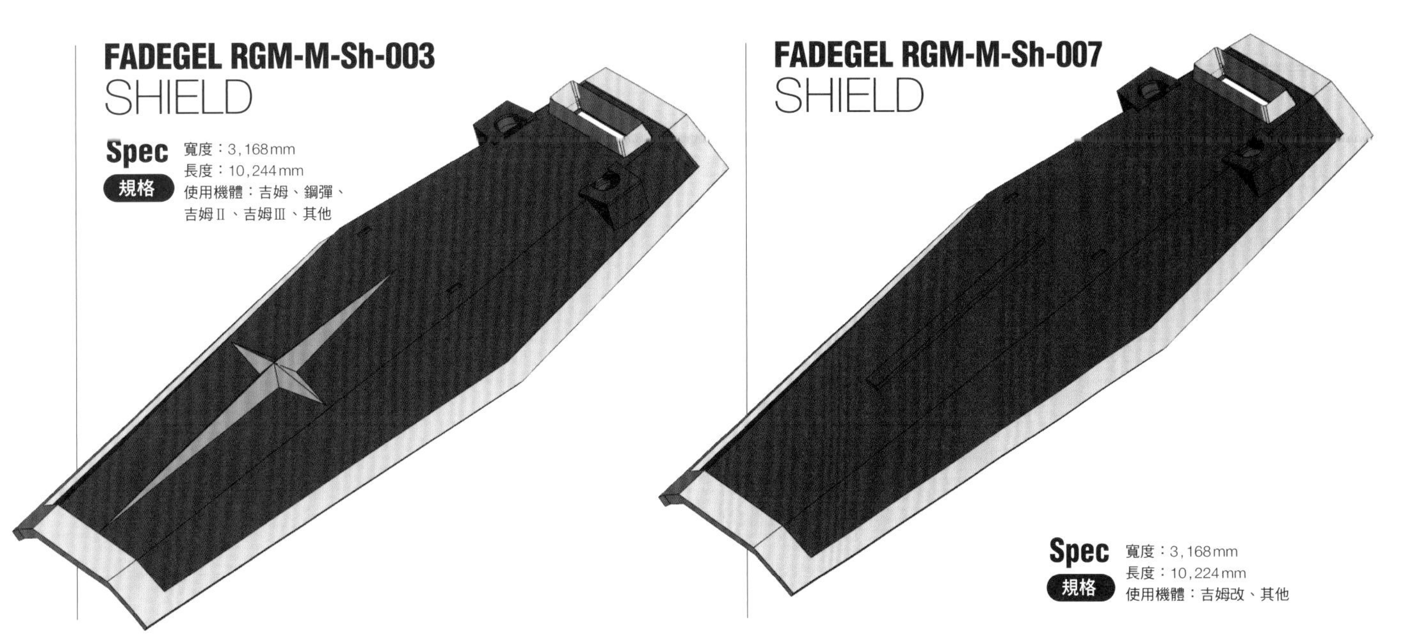

FADEGEL RGM-M-Sh-003 SHIELD

Spec 規格
寬度：3,168mm
長度：10,244mm
使用機體：吉姆、鋼彈、吉姆II、吉姆III、其他

FADEGEL RGM-M-Sh-007 SHIELD

Spec 規格
寬度：3,168mm
長度：10,224mm
使用機體：吉姆改、其他

■對MS戰用護盾

RGM-M-Sh系列是在RX計畫時就率先提出的對MS戰鬥用防禦兵器。後來獲得制式採用的是Sh-003型，這和RX系列機種配備的護盾基本上為相同設計。

材質為月神鈦合金，對於實體彈兵器能發揮堅韌的防禦力，具有就算是在極近距離遭到MS-06薩克II用薩克機關槍的120毫米彈命中，不僅不會被貫穿，甚至絕大部分都會跳彈的性能。

考量到吉翁軍MS到了一年戰爭後期必然會配備光束兵器的狀況，後來亦有型號是為護盾全面性施加甫研發出的抗光束覆膜技術而成（據說同時期也為MS主體施加這種覆膜，重要部位更會施加多達五層）。在使用RGM-79吉姆配備的光束噴槍進行耐彈試驗時，就連使用最大功率射擊也無從一槍貫穿。不過據說另有報告指出，在中近程距離下仍會出現有局部遭到熔解的情況。

護盾內側設有可供掛載各種武裝的專用武裝掛架，因此亦能發揮攜帶備用光束軍刀和光束噴槍等裝備的武器櫃機能。

這種設有地球聯邦軍標誌的護盾雖然造價較高，卻也十分牢靠耐用，因此近十年來始終是賈布羅型號RGM-79系的好搭檔。

■對MS戰用護盾改

RGM-Sh-007對MS戰用護盾為Sh-003型的改良型號。雖然在機能和尺寸上幾乎完全相同，卻也有著將裝甲材質更換成鈦合金陶瓷複合材質這個重大差異。

不僅如此，掛架部位採用可動機構，就算是在用機械手和MS臂部武裝掛架固定住護盾的情況下，亦可藉由滑軌握把組件讓護盾上下移動，得以提高運用性。

雖然有諸多機種使用，不過主要還是作為月神二號系機型的標準裝備。

■對MS戰用護盾II

RGM-M-Sh-AGD護盾是將塔盾（弧面狀的盾）放大成MS尺寸所設計出的大型盾。這是在一年戰爭後期研發，裝甲材質和Sh-007型一樣是採用鈦合金陶瓷複合材質。

這種護盾本身為曲面狀，可以期待無論是面對實體彈或光束兵器均能發揮高度耐彈性，不過這種有著微幅弧面的物品較難生產，在開戰初期受到造價較高的影響，導致並未積極採用。不過隨著生產技術提升，造價相對地降低後，多半也就供以吉姆突擊型系為主的機體使用，因此這種型號俗稱為突擊型護盾。

表面施加熱容量比原有技術更高的抗光束覆膜處理，得以實現高度的光束能量擴散率。此外，不僅末端部位同樣設有格鬥戰用的盾牙，為避免干涉到機動用噴射口的運作，因此於上側設置開口。

護盾內側亦備有武裝掛架，除了可供掛載各種裝備之外，亦能用來裝設兩個備用彈匣。

NFHI RGM-M-Sh-AGD SHIELD

Spec 規格
寬度：4,023mm
長度：12,240mm
使用機體：吉姆突擊型、其他

Earth Federation Force
RGM-79SC
RGM-79SP

GM SNIPER CUSTOM
GM SNIPER II

吉姆狙擊型

RGM-79系MS是在U.C.0079年10月才投入實戰，也就是在大戰中活躍於戰場上的時間實質上只有約3個月。不過就在這段期間製造的衍生機型種類來說，若是連同許多近乎單一特製的實驗機算在內，那麼竟也達到數十種之多。

其中又以手持長槍管型狙擊步槍的狙擊機型在外形上最為醒目出眾，再加上軍方也經常運用這種機型作為公關活動的要角，因此雖然實際製造數量並不多，知名度卻相當高。另外，這類機型還有著立下輝煌戰果的法蘭西斯．拜克邁爾中尉、黃隆少尉、利德．沃爾夫少校等王牌駕駛員存在，使得狙擊機型在戰後也更具知名度。在本段落中將會對這類狙擊規格的RGM-79系MS進行解說。

為本書撰稿時是以已解除機密而公布的聯邦議會、軍方相關官方資料作為參考基礎。另外，資訊有所不足之處則是經由採訪曾參與機體研發的軍方工廠、民間企業等相關人士，以及曾實際運用的退役軍人取得佐證和資料作為補充。另外，亦具體反映走訪各地戰爭博物館調查現存實際機體所得的結果。不過在戰爭期間和戰爭甫結束等時間點出版的文獻中，已知有些內容並不正確，因此這類資料未列為參考。

附帶一提，機體名稱是以戰後「聯邦軍重建計畫」所制訂的記述形式為準。配備狙擊槍的MS在大戰期間多半僅稱為「狙擊型」，我們現今所熟知的「吉姆狙擊型」和「吉姆狙擊特裝型」等名稱，其實未必是當時所使用的。這類名稱中不乏戰後重新整理、歸類這些千奇百怪的機型時，才一併正式命名的。在本段落中為避免提及這些機型時造成混淆，因此刻意採用戰後制訂的名稱。

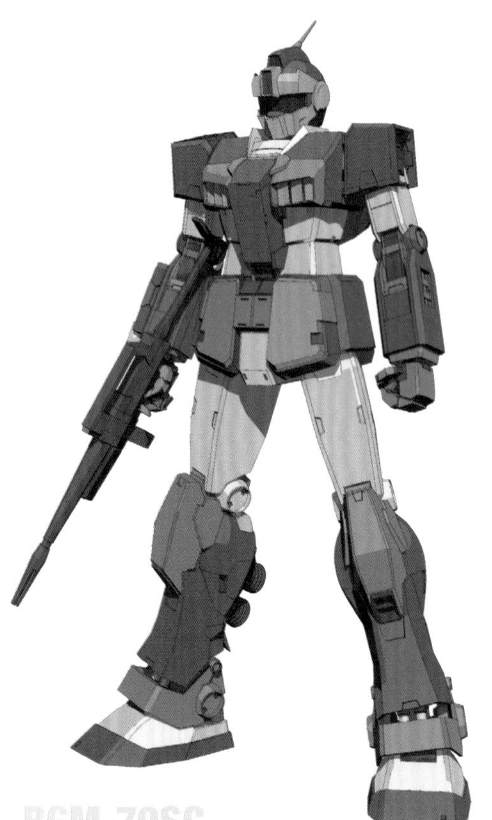

RGM-79SC
GM SNIPER CUSTOM

■狙擊機的誕生

其實早在相當初期的階段，聯邦軍就已開始評估「運用MS從中／長程狙擊目標」這類狙擊機的構想。

在極初期的MS研發計畫，也就是RX計畫中，居於中程支援機定位的RX-77鋼加農可說是這類首例。RX-77是以經由提供支援砲擊掩護格鬥戰機種，加上從中／長程進行狙擊為主要目的研發而成，也為此配備XBR-M-79a型（日後改稱為XBR-L-79）光束步槍。雖然相對於普拉修公司於同時期試作的XBR-M-79-07G，波瓦公司研發的XBR-L-79系尺寸較大，運用起來其實不太方便，不過在射程和命中精準度方面倒是都更為出色。

主體內藏感測器也相當優秀，若是純粹就狙擊精準度來說的話，RX-77在水準上甚至不遜於在大戰後

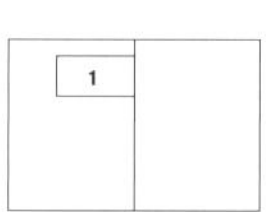

1：在太空中作為主力艦隊護衛機運用的RGM-79SC，雖然部署數量不多，卻具備高度機動力和高性能感測器，可充分發揮中長程的射擊性能，從敵方射程外就能發現企圖接近艦隊的敵機並予以擊墜。RGM-79SC也因此被士兵們稱為攔截型或護衛型，可說是擔任艦隊防衛任務的要角。

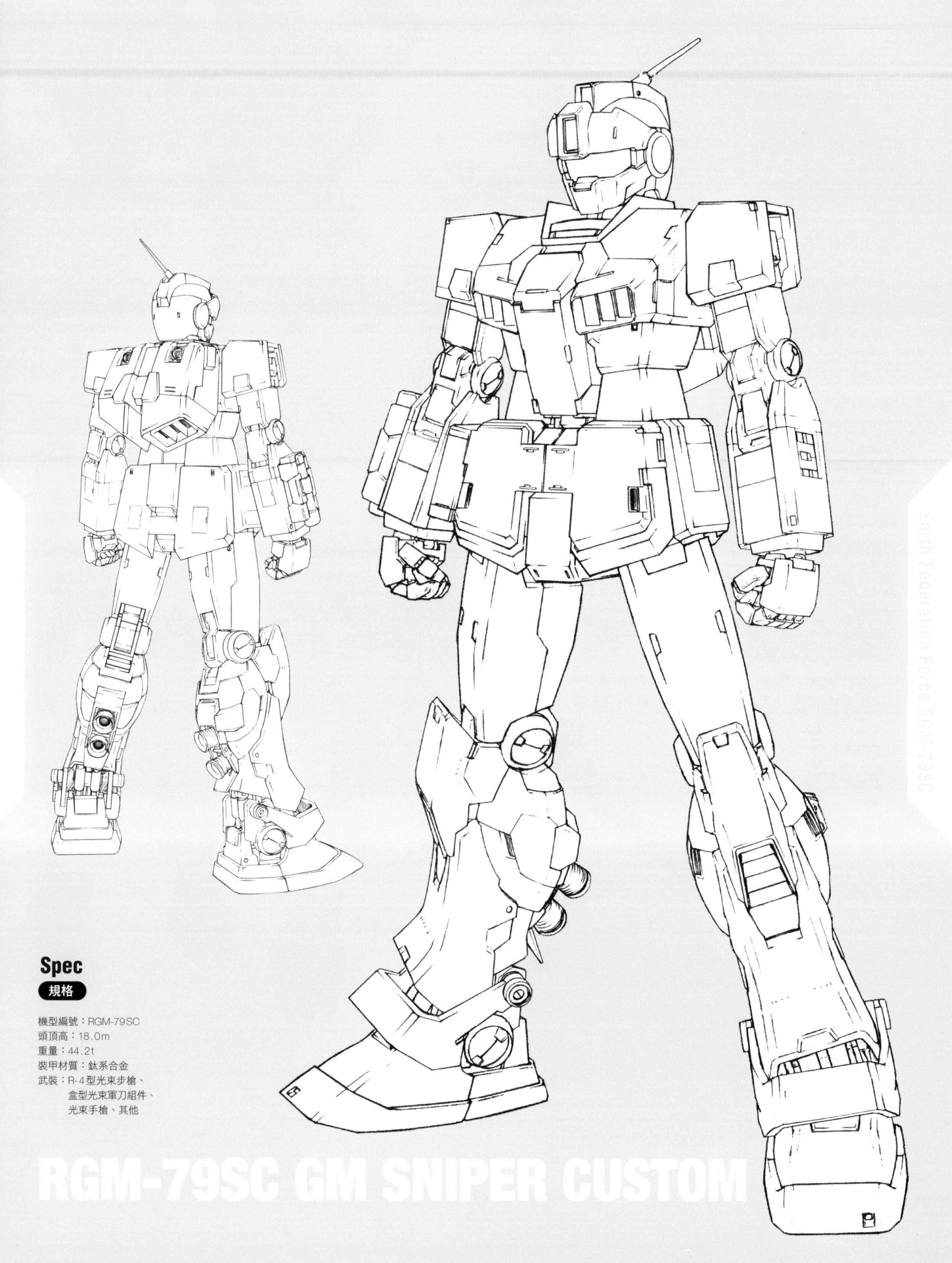

Earth Federation Force RGM-79SC

Spec

規格

機型編號：RGM-79SC
頭頂高：18.0m
重量：44.2t
裝甲材質：鈦系合金
武裝：R-4型光束步槍、
盒型光束軍刀組件、
光束手槍、其他

RGM-79SC GM SNIPER CUSTOM

期研發的狙擊規格RGM-79系機體。假如當真完全按照當初擬定的MS生產計畫執行，那麼RX-77系量產型號應該會直接擔綱狙擊機的角色吧。

不過在往正式量產發展的過程中，V作戰設想的三機種合作行動構想逐漸被淡化。在因應期盼能早日開始生產MS的呼聲，於是搶先推動的RX-79計畫中，亦以RX-78系為始祖的通用MS為準，採用從格鬥戰到支援砲擊都能充分發揮性能的概念。就連RGM-79系也多少受到這方面的影響。

話雖如此，亦有人認為不同於帶有強烈通用性質的RGM-79，運用具備明確中／長程攻擊能力的RX-77系機體進行支援，對於在大戰後期進行的重要戰略，也就是攻擊吉翁軍要塞任務來說是才不可或缺的一環。V作戰的三機種合作行動構想確實有幾分重新評估空間，而且就戰鬥實績的分析來看，亦歸納出並非毫無意義的結論。

對要塞進行攻堅時，突破敵方的迎擊，並且盡可能多讓幾架MS抵達要塞表面，這可說是獲得勝利的必要條件。這時RGM-79得設法突破敵方MS的防禦網才行，當陷入纏鬥，或是從稍偏後方的位置進行火力支援時，採取合作攻擊的方式顯然最具效益。小隊本身是MS部隊中的最小單位，基本編制為三架，在行動方針中指出至少要有一架擔綱支援MS的任務。也就是說，合作行動時不必動用到三個機種，只要有兩個即可。

因此在推動研發高機能化的RX-77-3／4之餘，亦決定量產藉由限制用途以提高生產性的RGC-80。不僅如此，亦有著著手製造屬於RX-77-3系列量產型號的RX-77D等安排，在這個時間點所規劃的各式支援用機也逐漸邁入實戰部署階段。之所以未能將支援用機整合為單一機種，原因出在戰術的基本方針一直在不斷調整上，這也是戰時特有的混亂狀況。

有些部隊較為幸運，獲得分發在暫訂措施下追加生產的RX-77-2，不過該機種本身屬於生產性不高的試作機，因此未能普及至各個戰線。雖然宇宙軍藉由大量調度RX-76／RB-79來解決支援機不足的狀況，不過地面部隊就未能辦到這點，幾乎沒有部隊能實踐二機種合作行動的方針。導致RGM-79被迫對應更廣泛任務需求的結果。

RGM-79[G] GM SNIPER

■活躍於亞洲地區的RGM-79[G]狙擊型多半施加暗綠色（軍綠色）系迷彩塗裝，藉此與一般的[G]型區別，但並不具備針對狙擊專用機特化的機能。其狙擊能力和後續研發的狙擊特裝型系高性能化MS，以及搭配專屬步槍的運用思想有著極大差異，純粹仰賴配備的光束步槍本身的性能執行任務。雖然以如此形式投入戰場的[G]型只能算是簡易狙擊型，不過其狙擊能力倒是獲得頗高的評價。
軍綠色塗裝主要是在前線施加，雖然只是將藍色和黃色塗料以1：1的比例混合，任何人都能輕鬆調出，卻也能發揮挺有一回事的迷彩效果，因此這種符合匿蹤需求的狙擊系塗裝形式也就逐漸廣為人知。

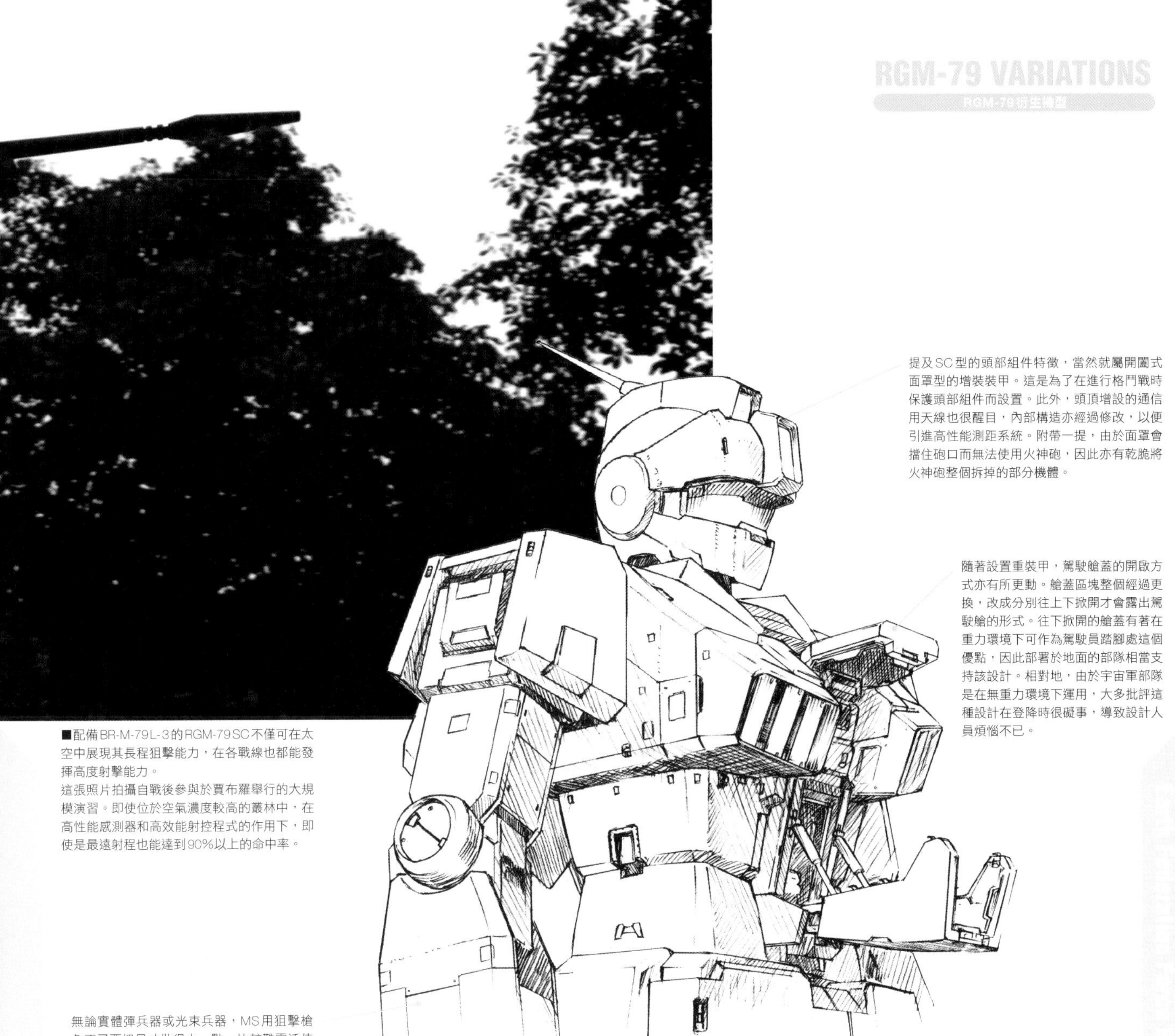

提及SC型的頭部組件特徵，當然就屬開闔式面罩型的增裝裝甲。這是為了在進行格鬥戰時保護頭部組件而設置。此外，頭頂增設的通信用天線也很醒目，內部構造亦經過修改，以便引進高性能測距系統。附帶一提，由於面罩會擋住砲口而無法使用火神砲，因此亦有乾脆將火神砲整個拆掉的部分機體。

隨著設置重裝甲，駕駛艙蓋的開啟方式亦有所更動。艙蓋區塊整個經過更換，改成分別往上下掀開才會露出駕駛艙的形式。往下掀開的艙蓋有著在重力環境下可作為駕駛員踏腳處這個優點，因此部署於地面的部隊相當支持該設計。相對地，由於宇宙軍部隊是在無重力環境下運用，大多批評這種設計在登降時很礙事，導致設計人員煩惱不已。

■配備BR-M-79L-3的RGM-79SC不僅可在太空中展現其長程狙擊能力，在各戰線也都能發揮高度射擊能力。
這張照片拍攝自戰後參與於賈布羅舉行的大規模演習。即使位於空氣濃度較高的叢林中，在高性能感測器和高效能射控程式的作用下，即使是最遠射程也能達到90%以上的命中率。

無論實體彈兵器或光束兵器，MS用狙擊槍免不了要把尺寸做得大一點，比較難靈活使用。因此需要從狙擊槍換成持拿光束軍刀之際，花的時間會比一般機種多一點，在有敵機逼近的緊急狀況下，確實存在是否來不及應對的隱憂。有鑑於此，SC型改為在臂部掛架設置盒型光束軍刀作為解決方案。雖然這是強行裝設在原本用以固定護盾等裝備的掛架上，無從期待發揮能量充填之類的機能，不過這種機型本來就是以避免敵機近身為前提，充其量只是為防不測時能護身，就機能來說已是綽綽有餘。

■外部電源式的光束狙擊槍系統

在RX-77數量明顯不足的情況下，就算是狙擊任務也得交由RGM-79系機型來執行。然而初期型RGM-79的輸出功率不足，無從驅動XBR-L-79※。為了解決這個狀況所構思出來的解決方案，正是外部電力供給型的光束狙擊槍。

就技術層面來說，若是不侷限在僅供MS單獨運用的話，想要設計出威力和射程在XBR-L-79之上，還兼顧命中精準度的狙擊槍其實並不難。問題在於系統整體是否能製作得夠小巧，不過軍方對這方面的要求並不多。畢竟外部電力供給型光束狙擊槍只是為了替正式引進狙擊機爭取時間的妥協之計，因此著重的並非系統整體完成度，而是盡快進行實戰部署。

賈布羅地底工廠在極短時間內就完成這種光束狙擊槍的研發。為因應光束在大氣中的衰減幅度，於是努力提高聚焦率後，槍管也就設計得相當長。不僅光是狙擊槍本身就超過15公尺，加上能量供給用外部發電機和強制冷卻組件後，整個系統可說是極為龐大。雖然從搬運、設置、組裝一路到就發射姿勢待命的工程需要耗費大量勞力，卻也是不分機種均能使用的寶貴裝備，因此拉薩、賈布羅、貝科奴、休恩登等大戰後期知名的激戰區都有運用到。

這種俗稱「長程光束步槍」的狙擊槍系統原本就並非專供特定MS使用，因此運用的機體會隨著部署單位而有所不同。以這方面留下的紀錄為例，在拉薩攻略戰中使用的是RGM-79[G]，在休恩登攻略戰中則是由RGM-79SP擔任射手。

由於這種狙擊槍系統在射擊後需要花上一段時間強制冷卻和重新充填能量，因此遭到反狙擊中彈的例子也不少見，不過就算是這樣也仍然締造一定的戰果。

※光束兵器的驅動
為了使V作戰的MS（RX-77、RX-78）在戰鬥中也能為光束步槍進行充電，於是在機械手內側中央部位，也就是相當於人類的掌心處設置插槽，以便從MS主體供給能量。基本上，自RGM-79起的聯邦軍MS都是以攜行光束兵器為前提，各機種也都在機械手上設置相同規格的插槽。不過受到各機種發動機的多餘輸出功率、武裝本身要求電力不盡相同的影響下，導致充電時間有異，因此視狀況而定，有時根本無從在作戰行動中充電。一般所謂的「專用武裝」，實質上比較接近避免發生前述狀況才選定的「建議使用武裝」。不僅如此，就算攜帶建議使用武裝，充電也還是得花上一定時間，只能改用光束軍刀等其他兵器應戰。由此可見在戰術層面上亦需要一番審慎規劃。

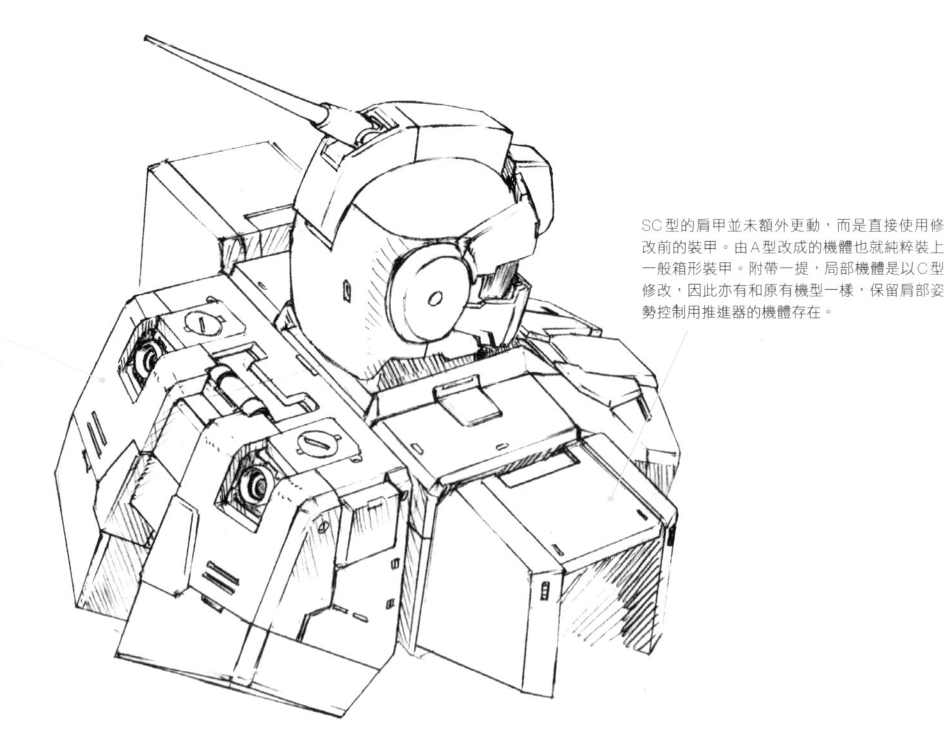

為對應增厚裝甲所多出的重量，RGM-79SC吉姆特裝型設置被稱為「高輸出功率強化火箭背包」的大型推進背包，提高推進系統的輸出功率。包含在上側增設2具姿勢控制用推進器在內，其構造令人聯想到奧古斯塔工廠製RX-78NT-1亞雷克斯的外形，可以感受到兩者在技術層面上的關聯性。不過亦有主推進器採用向量噴嘴設計，以及省略光束軍刀掛架等諸多差異存在。

SC型的肩甲並未額外更動，而是直接使用修改前的裝甲。由A型改成的機體也就純粹裝上一般箱形裝甲。附帶一提，局部機體是以C型修改，因此亦有和原有機型一樣，保留肩部姿勢控制用推進器的機體存在。

■RGM-79修改計畫

不僅引進外部電源型系統，可供MS單獨運用的光束狙擊槍也正加快研發的腳步。在以XBR-L-79為基礎之餘，亦經由簡化構造從而完成的武裝，正是XBR-M-79L-3（波瓦公司內部的編號為R-4）※。

雖然在有效射程和威力等層面不及外部電源型系統，不過小巧又輕盈，再加上出色的速射性能，因此獲得的評價相當高。即使XBR-M-79L-3已決定列為RX-77系的攜行武裝，不過讓RGM-79系配備該武裝作為狙擊機使用的計畫也開始具體成形。

雖然這方面被指出尚有輸出功率不足的問題存在，不過軍方內部幾乎在同一個時期提出的RGM-79系修改計畫也成了解決方向。

自U.C.0079年10月上旬起，開始陸續分發RGM-79之後，各戰線也接連編組MS部隊。雖然總算取得期盼已久的MS，使得前線部隊充滿歡欣氣氛，不過並非所有士兵的不滿都已就此煙消雲散。不久之後有局部駕駛員開始提出希望初期型RGM-79可以提高性能的批判。

格外嚴厲批評RGM-79的，正是由飛機或航宙機換乘機種為MS的駕駛員。他們擔任駕駛員的資歷相當長，經驗也十分豐富，因此很快就感受到RGM-79的性能極限何在。

聽到這類呼聲後，宇宙軍司令部便下令要求兵器研發局提出整體改善方案。此時間點也才剛進入U.C.0079年11月，距離RGM-79正式開始運用其實沒多久，因此這次在對應速度方面可說是異於以往地快。

RGM-79SP
GM SNIPER II

針對軍方的要求，兵器研發局旗下技術官僚們提出兩種系統的改善方案。其中之一是經由將裝甲排除到極限進行輕量化，藉此提高機動性的輕裝甲方案。另一種則是基於近接戰鬥考量而增厚裝甲之餘，亦為了解決重量增加的問題，因此將推進系統和發動機給全面翻新的重裝甲方案。前者的成果正是RGM-79L吉姆輕裝甲型，至於後者則是發展成為RGM-79SC吉姆狙擊特裝型。

※XBR-M-79L-3
為了供RX-77鋼加農使用而試作的狙擊規格光束步槍。後來獲得制式採用，作為RGM-79SC吉姆狙擊特裝型的武裝，也就是BR-M-79L-3「R-4光束步槍」。相關詳情請見本書P.091。

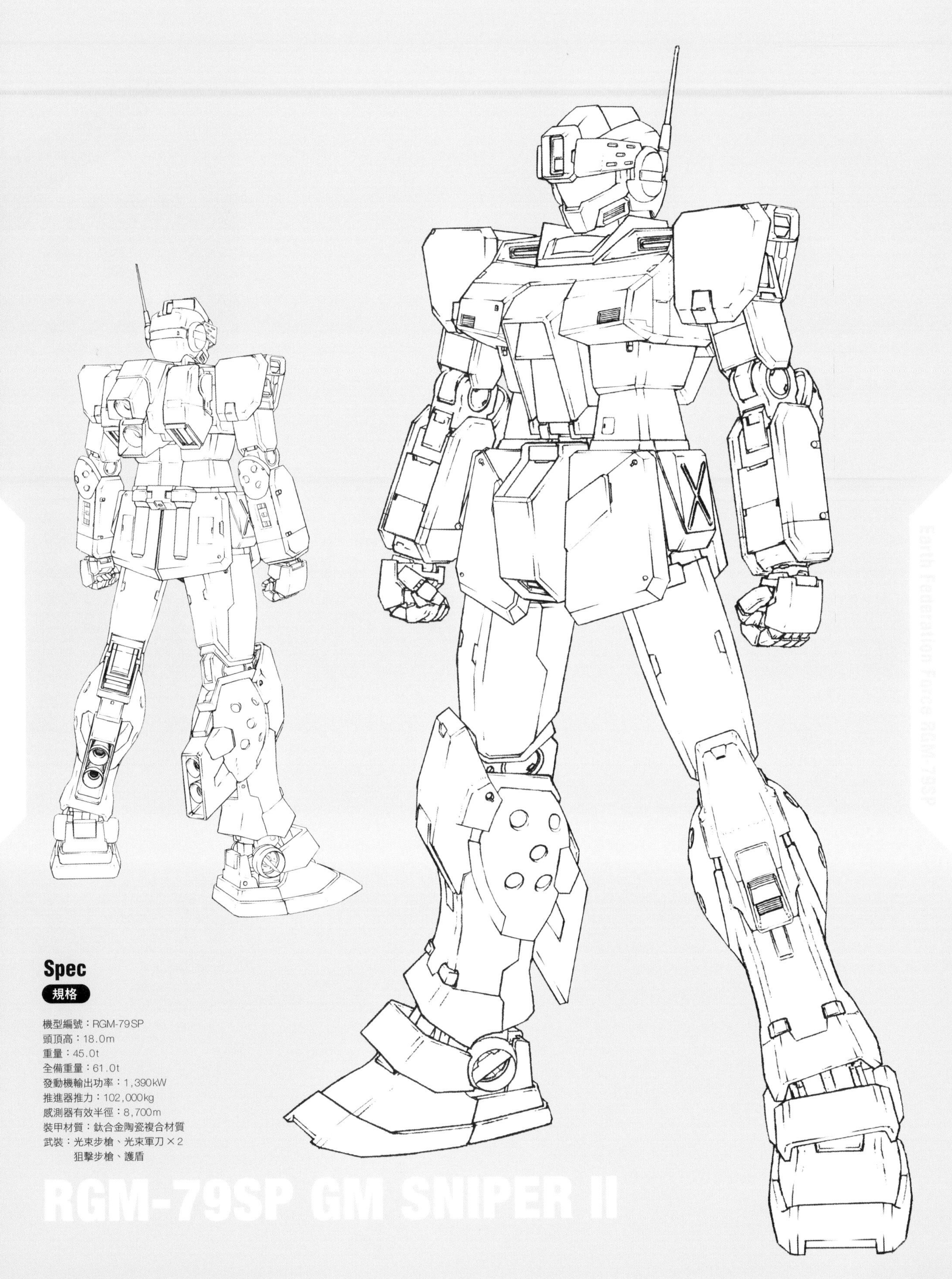

Spec

規格

機型編號：RGM-79SP
頭頂高：18.0m
重量：45.0t
全備重量：61.0t
發動機輸出功率：1,390kW
推進器推力：102,000kg
感測器有效半徑：8,700m
裝甲材質：鈦合金陶瓷複合材質
武裝：光束步槍、光束軍刀×2
　　狙擊步槍、護盾

RGM-79SP GM SNIPER II

Earth Federation Force RGM-79SP

如同前述，SC型是作為重裝甲方案一環進行研發的，從頭部增設格鬥戰用面罩型裝甲可知，這並非僅針對狙擊任務特化的機體。畢竟就定位來説，這是基於提高初期型戰鬥能力需求才設計的「全方面性能提升機型」，在申請預算時向議會提出的各種資料中也證明了這個説法。

另外，真正的問題在於重裝甲方案並非只有SC型這個狙擊規格，其實尚有屬於護衛機規格的HC型，以及作為攔截機規格的KC型等多種機型。

這幾種重裝修改機的共通之處，在於強化機體正面的裝甲、搭載備用反應爐、搭配設置讓前者能穩定運作所需的冷卻機構、為腿部增設輔助推進裝置，以及換裝大推力型推進背包這幾點。由於重裝修改機在基本規格上與狙擊機的要求規格一致，因此得以實現SC型。附帶一提，以輕裝甲方案為準的L型省略發動機相關修改，輸出功率維持在1,250千瓦。

規格於11月中旬定案後，隨即火速進行設計作業。到了11月下旬就已有局部機體展開換裝作業。在軍方公關單位於12月3日舉辦出征儀式時提供給媒體的宣傳影片中，其實有明顯展示應是SC型的機體。

■RGM-79SC的生產數量

關於SC型的總生產數量有著諸多説法，據説連同HC型等機型在內，所有的重裝修改機數量應該不滿50架。這方面又以其中有半數改裝成SC型規格的説法最為有力。之所以無法提供足夠的需求數量，其個中原因儘管有一部分在於造價，不過G型和C型等被歸類為後期型的RGM-79，其實比預期中來得更快進入實戰部署的階段，這一點或許才是影響層面最鉅的部分。

雖然亦有由賈布羅生產線組裝的SC型存在，不過該設施已經逐漸將生產的重心轉移到C型上，因此就數量而言絕對稱不上多。SC型絕大部分都是利用已經供前線部隊運用的既有機體修改而成。事實上，亦有相關紀錄指出，在聯邦軍甫占領金平島（舊所羅門宇宙要塞）之際，月神二號工廠製的改裝用零件隨即也就運送到該地，供駐留在這裡的第一聯合艦隊所屬機使用於改裝上。

附帶一提，即使同樣歸類為SC型，亦偶有規格不太一樣的機體，理由出在這種機型絕大部分是經由改裝而成。畢竟基礎機體的狀態可能各有不同，再加上前線部隊不乏另行提出需要個別改裝的項目，因此才會有這類細部不盡相同的機體。

最後要談到關於運用紀錄的部分。如同先前所述，在金平島修改完成的SC型多半是隸屬於第一聯合艦隊。因此在12月30日遭到太陽雷射砲攻擊時，絕大部分都在尚未經歷實戰的情況下，連同旗艦福柏號一同遭到那道巨大的光芒吞噬殆盡。隨著31日強行展開阿．巴瓦．庫攻略戰，殘存艦艇所搭載的局部機體亦投入戰鬥中。當時有多名王牌駕駛員參戰，締造諸多戰果。雖然如同前述，投入SC型原本是以中／長程支援為目的，不過實際的戰場比想像中來得更為混亂，這也是為何SC型僅僅憑藉出色的基本性能，便於戰鬥中取得優勢的理由所在。

另外，亦有少數機體分發給部署北美和非洲的地面部隊，在大戰後期的反攻行動中也有著活躍表現。

就型錄規格來看，SC型有著和RX-78同等，甚至還在該機體之上的性能，況且也和RGM-79G／GS突擊型系一樣是根據經驗豐富的駕駛員提出相關需求修改而成，後來也優先分發給這類駕駛員，因此發揮比預期中來得更好的運用效益。

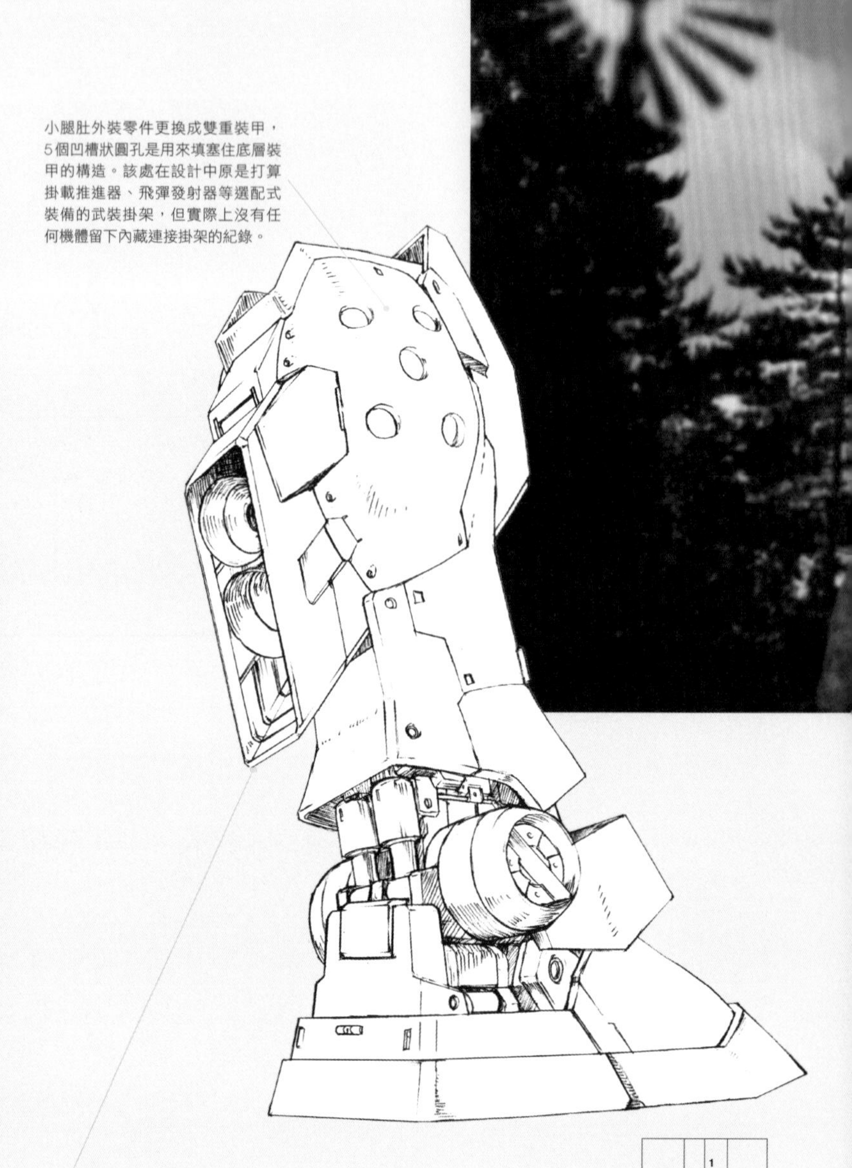

小腿肚外裝零件更換成雙重裝甲，5個凹槽狀圓孔是用來填塞住底層裝甲的構造。該處在設計中原是打算掛載推進器、飛彈發射器等選配式裝備的武裝掛架，但實際上沒有任何機體留下內藏連接掛架的紀錄。

小腿背面和SC型一樣增設2具推進器，SP型進一步設置罩住噴嘴外圍的裝甲作為保護。包含這個輔助推進裝置和推進背包在內，SP型在推進系統方面對日後的MSA-003尼摩造成頗大影響。

1：圖為聯邦陸軍第6山岳獵兵大隊所屬RGM-79SP，在森林地帶進行戰鬥訓練的情景。U.C.0080年獲得分發SP型的該部隊為山岳地帶和城鎮戰專家，負責歐洲地區的治安維持任務。這類狙擊規格機多半得用雙手持拿大型槍械，配備護盾的狀況相當罕見。

由於SP型的頭部組件省略火神砲，就算內藏頭罩用升降機構，內部空間也依然相當充裕，得以充分設置感測器類裝置。隨著搭載新設計的新型射控系統，即使是以同一種MS用狙擊槍進行攻擊，射擊精準度也遠勝於同時代的其他機型。

頭部側面設有轉接機構，可供配備火神砲莢艙。這種將火神砲改為增裝配備的設計，多少也影響到日後的RX-178和RMS-154。

SP型是針對狙擊任務特化的機體，為避免對頭部組件的感測器類裝置造成影響，散熱機構其實經過一番調整。想要讓主發動機可維持穩定運作，散熱與冷卻機絕對構不可或缺。在保留這方面的機能之餘，該如何阻擋熱氣往頭部組件方向上升可說是一大難題，設計人員也為此煩惱不已。最後決定設置能覆蓋整個散熱口的外罩零件，並採用該處可因應需求開啟的構造。雖然目的在於促使熱氣往下方散逸，但效果相當有限，甚至反而增加主發動機過熱失控的風險。這或許就是輸出功率方面在初期頻繁發生故障的主要原因之一。

■引進G型系骨架

從RGM-79SP吉姆狙擊型II這個名稱來看，多半會認為這是SC型的後繼機型。雖然「有鑑於SC型出色的運用成效，因此在宇宙軍主導下研發SP型」這個普遍說法看似順理成章，但事實上並沒有那麼單純。

問題出在SC型和SP型幾乎是於相同時期投入實戰的，也就是幾乎沒有機會能將SC型的運用結果反映在SP型上。事實上應該是在SC型規格已幾乎定案的時間點，就已著手進行將其改良方案套用到當時仍在研發中的最新通用機型，也就是G型系列機體的計畫中才對。

更令人好奇的是，幾乎在同一時期亦有為G型系骨架套用L型規格製造而成的RGM-79LG。這或許是因為雖然L／SC型研發計畫是以初期型修改計畫的形式展開，不過受到G型研發進度比預期中來得更快的影響，於是調整進行方向，改為應用G型系骨架研發新機型的計畫所致。

SP型的試作機是在U.C.0079年11月下旬出廠，其中一架為一併進行實戰測試，而特別分發給柯文准將（當時）麾下的特種部隊。在公國軍部隊於11月30日進攻賈布羅之際，駕駛員也在機種轉換訓練成果尚可的前提下經歷首戰。雖然在一連串戰鬥中部隊至少擊毀一架MS，甚至還有達成從地面成功狙擊卡烏攻擊航艦的戰果，然而卻也遭到來自公國軍機體的近距離攻擊。連同駕駛艙在內，該機體被120毫米彈擊中數發，最後以駕駛員陣亡的結果收場。

附帶一提，儘管SP型搭載的是輸出功率為1,390千瓦的最新型發動機，可是就實際的戰鬥紀錄來看，幾乎沒有任何案例使用過以XBR-M-79L-3為代表的光束狙擊槍。不過，在前述的賈布羅攻防戰案例，以及澳洲方面軍實施的休恩登攻略戰等幾場戰役當中，倒是留下了使用過外部電源式長程光束步槍的紀錄。除此之外，配備實體彈式狙擊步槍出擊的例子也相當引人注目。當時為配合生產SP型，亦一併研發了新型的光束步槍試作XBR-M-79S，不過這挺武裝並沒有留下任何官方的運用實績紀錄。

這件事究竟代表什麼呢？根據幾位不具名的相關人士所提供的證言，原因其實出在初期製造的SP型頻繁發生發動機方面的故障，導致遲遲未能達到額定的輸出功率。如果前述證言屬實，再加上這類故障確實頻繁發生的話，那麼也就足以說明仰賴主體輸出功率的光束步槍為何會極端欠缺配備實績了。畢竟不是未曾配備，而是根本無法配備。

不過即使受到主發動機運作不順暢的負面要素影響，隨著引進頭罩型感測器，射擊精準度確實也提高了，使得本機型獲得相高的評價，這也是事實。何況利德．沃爾夫少校等王牌駕駛員也是運用本機型締造輝煌戰果，因此若是機體本身能達到更完美的狀態，那麼肯定會是更為出色的機型。

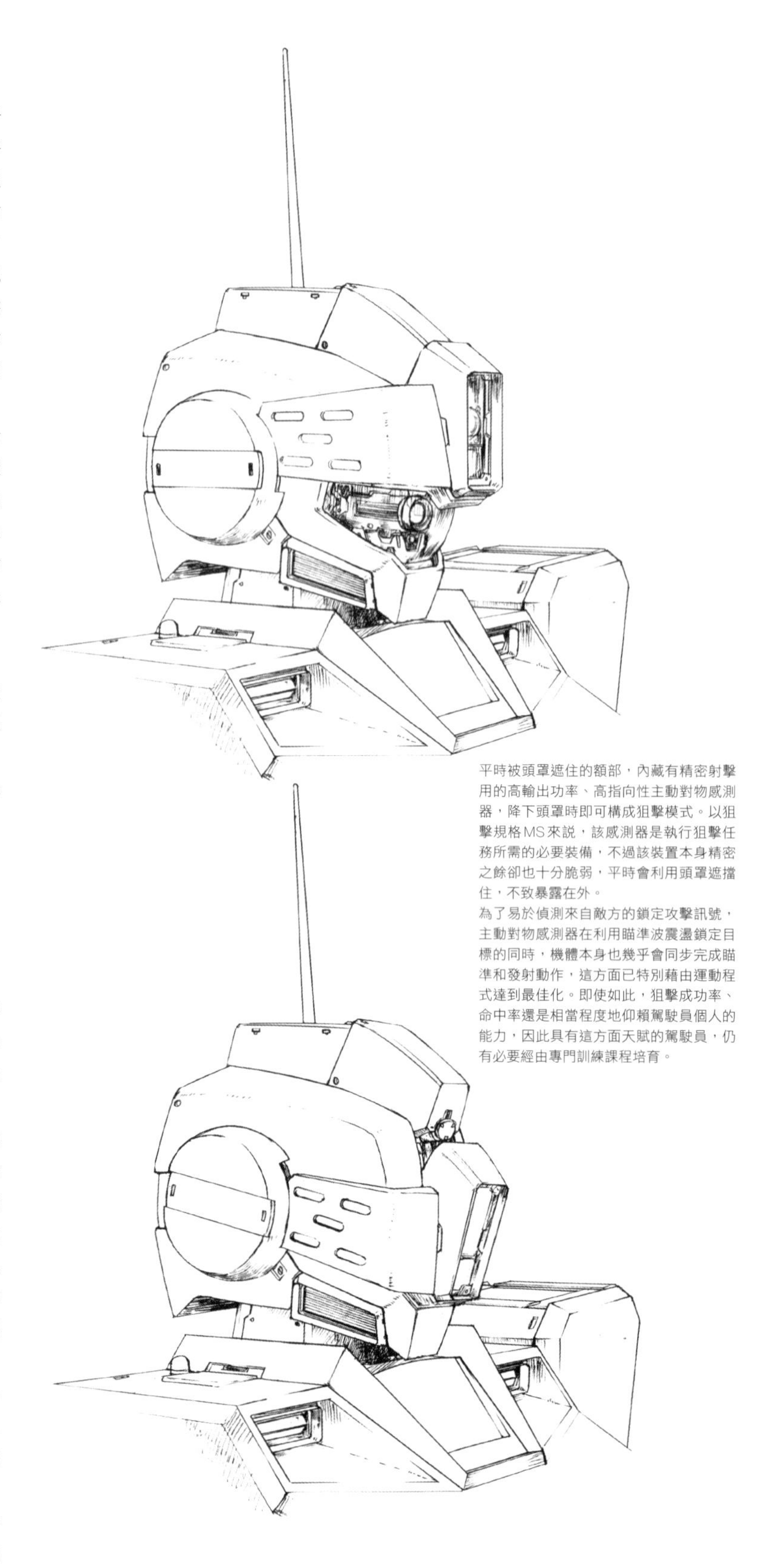

平時被頭罩遮住的額部，內藏有精密射擊用的高輸出功率、高指向性主動對物感測器，降下頭罩時即可構成狙擊模式。以狙擊規格MS來說，該感測器是執行狙擊任務所需的必要裝備，不過該裝置本身精密之餘卻也十分脆弱，平時會利用頭罩遮擋住，不致暴露在外。
為了易於偵測來自敵方的鎖定攻擊訊號，主動對物感測器在利用瞄準波震盪鎖定目標的同時，機體本身也幾乎會同步完成瞄準和發射動作，這方面已特別藉由運動程式達到最佳化。即使如此，狙擊成功率、命中率還是相當程度地仰賴駕駛員個人的能力，因此具有這方面天賦的駕駛員，仍有必要經由專門訓練課程培育。

■戰後的RGM-79系狙擊機

SC型和SP型在一年戰爭中殘存下來後，接下來也持續運用一段時間。在U.C.0080年代中期施加換裝懸吊式座椅等改良後，有局部機體也在U.C.0087年時發生的聯邦內亂※中投入實戰。

另一方面，後繼機型——連同後繼狙擊槍在內——也仍在持續進行研發。U.C.0084年，以作為RGM-79系改良型號的R型作為基礎，終於製造出屬於次世代狙擊機的試驗機。這架型號登錄為RGM-79SR吉姆狙擊型Ⅲ的機體，其實是以C型為基礎，並比照R型——引進懸吊式座椅和全周天螢幕、更新發動機、增設輔助感測器等裝置——修改規格而成，頭部更增設精密射擊用頭罩型感測器。

武裝則採用由XBR-M-84a加長槍管而成的XBR-L-84b。這是採用能量彈匣式機構的新型光束狙擊槍，而且更備有可直接更換槍管的系統，可藉此有效節省冷卻的時間。

SR型完成後，其中一架於U.C.0084年12月分發給作為迪坦斯實驗部隊的T3部隊，以便在有機會參與實戰的狀況下展開試驗運用。即使不久之後，SR型就被列為高機動推進背包的搭載候補機型，不過負責研發的AE社當時已忙於為YRMS-106／RMS-106高性能薩克建構生產線，因此該計畫也就遭到擱置。雖然也曾暫時搭載中程支援用的推進背包，不過基本上仍是維持一般規格，原樣進行運用。

※U.C.0087年的聯邦內亂
地球聯邦軍閥迪坦斯與反地球聯邦組織幽谷之間爆發的內亂，俗稱格里普斯戰役。

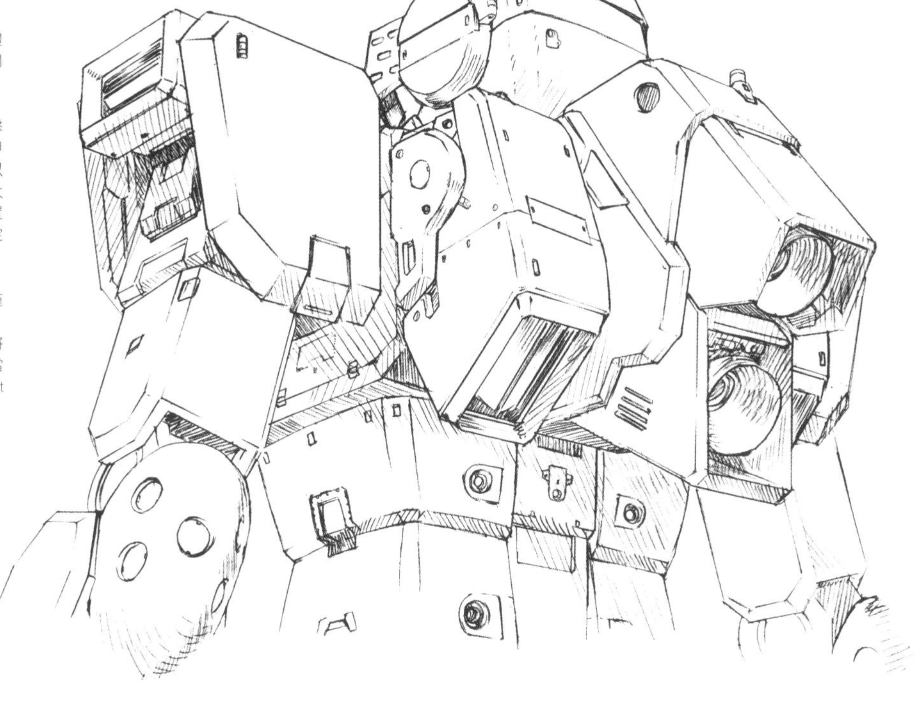

SC型和SP型同樣都追求狙擊機的性能，在機體設計上也具備諸多共通處，可說是兄弟機的關係。然而兩者之間其實存在兩個相當大的差異。

第一點是相較於SC型，SP型具備更著重於狙擊任務特化的設計。相對於面罩只是純粹增裝裝甲的SC型，SP型的頭罩則搭載感測器，顯然足以對射擊精準度造成頗大的影響，更大幅增加在太空中能提高姿勢控制能力的推進器總數。在設置這些裝備後，即使在無重力環境下也能維持穩定的射擊姿勢，得以更流暢地進行操作。

第二個差異在於SP型為全新設計的機型。不僅沿用G型系骨架，且在設計階段就已進行調整，儘管搭載許多原機型所沒有的裝備，卻也成功將增加的重量控制在0.4t以內，這點可說是相當值得注目。從SC型的主體重量比原機型增加3t一事可知，僅增加0.4t其實是很不得了的成果。

雖然運用試驗進行得相當順利，不過在U.C.0085年7月於SIDE 1宙域與公國軍殘黨勢力爆發的戰鬥中，卡爾．松原中尉搭乘的SR型慘遭重創。該機體於隔月即修復完成，當時也一併搭載原本進度落後的高機動推進背包。自此之後，主武裝也換成XBL-85a型光束砲。然後SR型改裝之後的運用期間極短，後來長程射擊用裝置的運用試驗就改由YRMS-106和RX-107接手進行。

就收集各種裝備的運用資料這點來說，SR型確實締造某種程度的成果，但終究未能獲得制式採用。與其探討主要原因是否出在SR型本身的性能上，不如說是受到軍方決定大量引進RMS-106系機體的方針影響較大。由SR型進行過測試的高機動推進背包和試作型光束砲等裝備，後來也由RMS-106系的狙擊規格機體RMS-106SC所繼承。

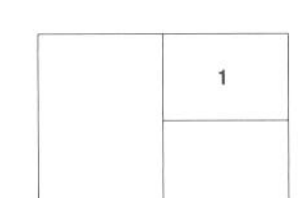

1：使用GR．MLR79-90㎜進入射擊狀況的RGM-79SP吉姆狙擊型II。從武裝擁有120發的裝彈數，以及發揮狙擊系MS特有的偵察能力來推測，這應是離開所屬部隊單獨行動，以便搶占射擊位置支援攻擊的狀況。

Earth Federation Force MOBILE SUIT RGM-79 GM

Mobile suit Oparation Planning

聯邦軍的MS運用構想

宇宙世紀0079年爆發的一年戰爭中，名為機動戰士（MS）的戰術兵器首度登上歷史舞台。就像舊世紀時運用飛機進行戰鬥為戰爭方式帶來革命一樣，隨著散布米諾夫斯基粒子令物理環境產生變化，MS也應運而生，更在轉瞬之間成為足以從戰略等級左右戰爭勝敗的重大關鍵。

相較於率先注意到MS的實用性，並且在戰爭開始前就逐步進行相關運用準備的吉翁公國軍，地球聯邦軍在這個領域的研究很明顯地落後。但儘管如此，這場戰爭最後還是由聯邦軍獲勝，更以運用MS為中心奠定日後進行宇宙戰鬥的形式。

那麼從一年戰爭期間到戰後的這段過程中，對於這種主體兵器造成的典範轉移，聯邦軍這個組織是如何掌握住相關概念，並且予以實踐的呢？雖然在開戰初期的魯姆戰役中就蒙受重大損失，卻也在短期間內就完成MS的實戰部署，更構思出將MS作為高效益決戰兵器運用的方式，甚至立刻付諸實行，就某方面來說，這亦是值得令人驚嘆的壯舉呢。

本章節將會介紹這兩個陣營在一年戰爭前後的情勢發展，並且綜觀性地解說聯邦軍的MS運用構想。

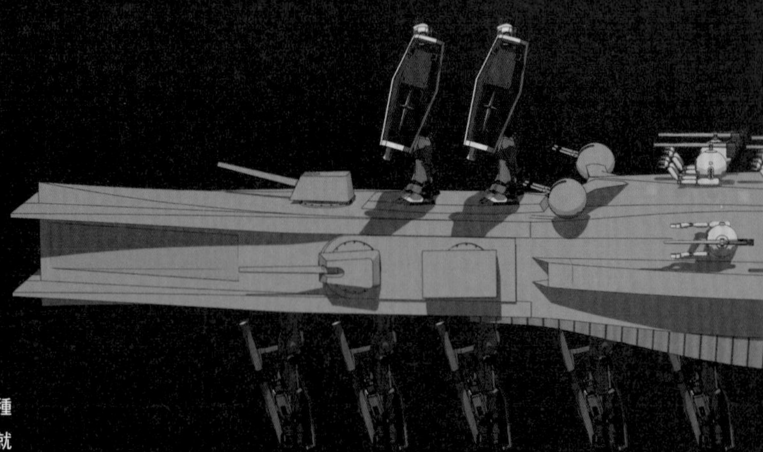

■聯邦的戰略思想骨幹

MS存在的意義正如各位所知，其實是奠基於散布米諾夫斯基粒子這種前所未見的特殊環境下，使得MS能夠成為最具效益的戰鬥個體。不過就該如何運用MS來說，至少直到一年戰爭結束之際，聯邦軍與吉翁軍所抱持的看法有著極大差異。

雖然吉翁軍率先著手進行MS的研究，不過其卓越遠見並非僅止於在技術層面上獲得的優勢，將足以讓MS把能力發揮至最大極限的嶄新戰術也納入視野中，這點更是值得肯定。在開戰之初便將MS投入以不列顛作戰（殖民地墜落攻擊）和魯姆戰役為代表的艦隊戰中，此舉造就一舉顛覆既有太空戰爭形式的莫大震撼力。

MS這種兵器，只要侷限在某個宙域中行動，即可展現出比船艦更為靈巧的動作，就連機動力也遠遠在其之上。在經歷前述戰役之前，聯邦軍艦隊司令部沒有任何一名決策人士，能夠正確理解到MS究竟具備何等驚人的空間機動力。

就一年戰爭之前的常識來看，將製造成人型的機械運用來進行空間戰鬥，這可說是非常不切實際的想法，話還沒說完就會被一笑置之。吉翁方面早就設想到聯邦軍必然會在開戰前就獲知MS的相關情報，但他們確信聯邦軍不是無從準備對策，而是根本不打算準備。這正是聯邦軍的「弱點」。

那麼聯邦軍在獲得這等慘痛的戰訓後，又是如何轉化為自身的戰術理論呢？就結論來說，其實根本就沒有所謂的轉化，這才是真相。

這個說法或許很令人意外，但其實真的只是仿效吉翁罷了。這是因為隨著MS這種具備嶄新概念的兵器登場，戰術也必然會往相同的方向發展，這個假設前提其實並不完全正確。畢竟吉翁軍在戰爭初期之所以能

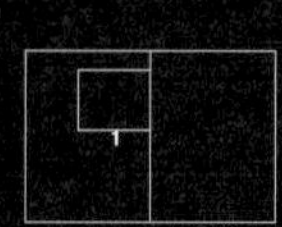

1：在月球軌道上行進的小規模艦隊，攝影時間點是在星一號作戰之前。這可能是刻意誤導目標為直取吉翁軍月面據點格拉納達的誘餌部隊之一。照片中顯示甫部署不久的RGM-79A吉姆正在訓練中，而且拍攝到位於薩拉米斯級船艦上的3架吉姆中，帶頭機體已進入出擊狀態的瞬間。

獲勝，理由在於他們已將MS這種兵器的能力純熟地運用自如，這其實是事先做好充足準備才得以達成的結果。

在進入全面戰爭狀態後，地球已有數十億人傷亡，陷入極為混亂的狀態中。再加上聯邦軍的雷比爾將軍在魯姆戰役中遭到俘虜，使得聯邦高官極為焦慮不安，就這個時間點的整體局勢來看，可說是一舉往吉翁軍基連總帥盤算的「早期談和」方向進展。畢竟對聯邦軍來說，無論是急遽改變戰術或維持現有政治體制，這都已經是不可能做到的事情了。

聯邦軍在開戰後亦立刻設想到足以對抗MS的手段，那就是正式研發以RX計畫為首的聯邦製MS。不過在此必須先說明清楚，所謂的聯邦軍迅速展開對應，其實並不是企圖像吉翁陣營一樣轉型成以MS為主體的軍隊。畢竟他們只是體認到MS這種兵器確實別具效用，頂多是將重點放在規劃出足以與吉翁軍戰術相抗衡的策略上。

總之，聯邦軍所想的基本上就是在這場戰爭中維持既有組織體系，並且靠著MS搭配現有兵器並用的方式打破困境。新兵器這種事物若是只要投入單一個體就能解決，那就再輕鬆也不過了。然而培育駕駛員、儘早底定有效的戰術、確保能供給補充零件、組織改編，以及研發母艦等運用體制上的整頓，其實必須花費莫大的運算與勞力才行。

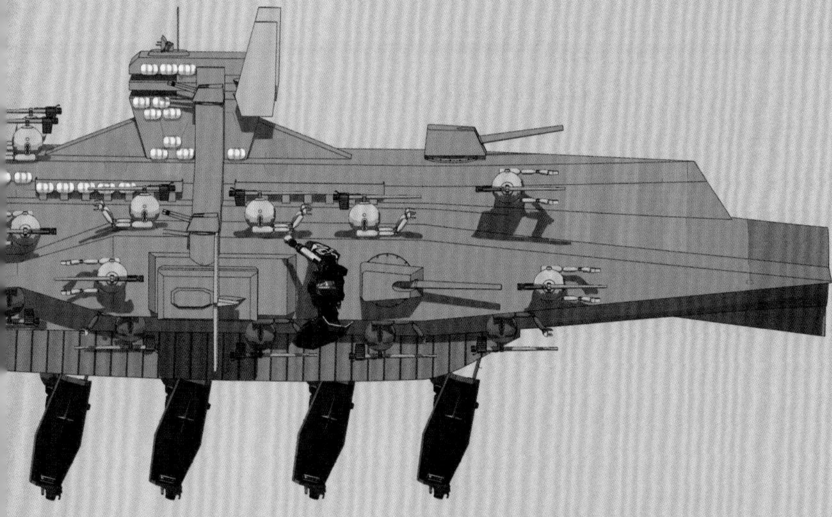

在戰時體制下必須做出如此大規模轉變，並且立即付諸實行，這其實不是毫無前例可言。不過以一年戰爭這種大規模的現代戰爭來說，發展速度之快實在無從想像，即使只有一瞬間的遲疑，地球圈的主權也會產生重大變動，甚至引發人員傷亡規模進一步擴大的悲劇。另外，對聯邦軍來說，雷比爾將軍在魯姆戰役中遭俘虜是最不樂見的狀況。聯邦政府高官在這個時間點甚至已經開始考慮向吉翁「投降」。

聯邦軍損失重大戰力後，勢必得構思出足以打倒吉翁的最佳策略才行。就這方面來說，MS確實具有顯著效益。因此便讓研發MS進入正式實施階段。不過就現實從層面來看，想要在這次大戰中讓聯邦軍製MS達到實際運用階段，這或許是不可能辦到的事情。要製造出具備MS運用能力的船艦也一樣。就這個觀點來看，聯邦軍勢必得制訂足以執行的戰略才行。

為聯邦軍底定日後方向的，正是成功救出雷比爾將軍一事。雷比爾將軍奇蹟似地逃出吉翁歸來後，隨即發表「吉翁無兵！」的演說，此事不僅深具歷史意義，更重要的影響在於促成聯邦內部改革。到了這個時間點，聯邦開始轉變成以軍方為主的體制。就算說這是某種政變也行。在這之後，為了實施之前擬定的戰略，於是接連發布各種措施，反攻吉翁作戰大計也就此展開。

不僅如此，聯邦軍還批准南極條約，確保凍結使用NBC兵器。此舉的真正用意，可說是在於避免重演戰爭初期的失控狀況。經由封鎖大量屠殺手段，雷比爾將軍不僅讓現有兵力不會變成累贅，更能作為反攻行動的戰力運用。

■地球上的對公國軍戰略

公國軍在談和受挫後，隨即於2月展開地球進攻作戰。當時以多普戰鬥飛行隊、卡烏攻擊飛行隊，加上薩克II和馬傑拉攻擊戰車為中心的地面機動部隊陸續降落到地球上，一度成功地完全封鎖住聯邦軍的行動。

基連．薩比總帥、統籌地面進攻作戰的基西莉亞．薩比抱持著兩大盤算。一個是確保地球上的資源採掘場，另一個就是攻下聯邦軍總部所在的賈布羅基地。從國力來看，吉翁軍無論如何都必須設法在短期間內結束戰爭，攻下賈布羅也就成了最重要的作戰目標。儘管是這樣，將戰爭長期化的可能性納入考量，為此占領礦山等資源的行動其實和前者有所矛盾。事實上為了達成這兩個目標，吉翁軍也確實不得不分散有限的戰力，這也導致後來在戰局上難以有所進展。至於聯邦軍則是趁著這段期間逐步進行展開反攻作戰的準備。

對吉翁軍來說，地球進攻作戰其實是一種既損敵也傷己的策略，在殖民地成長的士兵們來到地球上後，一切行動都伴隨著超乎想像的困難。不習慣的高重力、毫不留情的嚴苛氣候、難以滿足遼闊戰線的後勤補給等狀況，根本就是窒礙難行的魯莽舉動。或許該說吉翁軍能維持戰線長達半年以上已是很不得了的事情。

相對於此，聯邦軍直接把目標訂為在太空進行決戰。魯姆戰役後，聯邦軍針對「濱松計畫」和「V作戰」等反攻作戰擬定一連串的計畫，並且付諸執行。這一切也被指出完全是著眼於在太空進行決戰的作為。

在魯姆戰役之後擬定濱松計畫，目標在於重建遭到毀滅性打擊的聯邦軍艦隊。但如同前述，作為主力的麥哲倫級和薩拉米斯級不可能一舉全面汰換成新型戰艦。再加上軍方內部仍有堅持「大艦巨砲主義」的守舊派存在，從這些人依舊具有十足發言分量的狀況來看，或許雷比爾麾下的參謀們早已設想到能夠與MS合作行動，便足以有效地運用傳統艦隊的方法。

能夠作為佐證的，正是與RGM-79吉姆同步進行研發的RB-79球艇。在吉姆數量不足的狀況下才會採用球艇作為彌補，如同這個見解所言，考量到將整體研發力、資源力、培育駕駛員所需的時間等各方面要素後，會做出這個判斷也是理所當然的。在繼續生產麥哲倫級和薩拉米斯級的前提下，只要往設法將手上資源發揮至最大極限的方向去思考，自然而然會歸納出這個結論。

第一階段當然就是掃蕩地面上的吉翁勢力，要是連這點都做不到，那麼肯定沒有任何人能接受以吉翁本土為目標的太空作戰行動。即使前線要求MS作為戰力的呼聲日益高漲，不過MS以外的既有戰力只要能巧妙運用游擊戰術，那麼要對抗吉翁軍MS絕對不是做不到的，接著也根據這點陸續擬定相關戰術。這對聯邦軍來說是一種很合理的戰略理論，這樣應該也就可以理解為何研發針對地面用特化的MS之類方案只能算是次要選項了。儘管如此，MS也還是投入地面戰線。

其理由除了滿足在決戰前必須掃蕩地球上的吉翁勢力這個先決條件之外，用意亦在於聯邦軍希望能研究如何該運用MS的戰術。

這是考量到隨著MS達到實際運用階段，日後必然得進一步發展該如何運用這種兵器的作戰。戰爭初期慘敗的回憶已烙印在聯邦軍高層心中，往後吉翁軍也未必不會施展出其他令人吃驚的嶄新戰術。因此聯邦軍將擄獲的MS-06、在V作戰下研發的RX系MS都投入作戰中以對抗吉翁軍，在戰爭後期更積極地將先行量產的RGM-79[G]陸戰型吉姆分發至各地戰線，力求收集實戰資料。

這並非純粹的擊墜數字問題，在廣泛地獲得各種實戰資料的同時，聯邦軍與吉翁軍對於MS的看法差異也逐漸浮上檯面。以雷比爾為首的聯邦軍首腦陣營對該如何結束戰爭抱持著自信，關鍵正是源自於此。

不僅如此，即使是到了戰後，這些在戰爭期間廣泛地收集到的MS運用資料也仍發揮不少效益。雖然薩比家被打倒了，反聯邦的意識形態卻永植太空移民心中。包含戰後緝捕吉翁殘黨的行動在內，為了掃蕩叛亂分子，必須要有配備可單艦行動的登陸艦這種小規模軍隊才行。這亦是足以阻止殖民地墜落的最小戰力單位。到了這個時期也已經累積不少關於治安維持和反恐行動的戰術和運用方法。

在薩比家的獨裁體制瓦解後，確實幾乎未曾爆發過多對多的MS戰，不過採取少數編制的MS隊就運用形態來說，在大戰後期攻略戰之前的資料確實充分發揮用途。在七年後爆發的格里普斯戰役，以及後續兩度掀起的新吉翁戰爭中，的確也進行過大規模戰鬥，不過那實質上是聯邦內亂，以及舊公國系勢力打算趁亂介入所致，可說是意料之外狀況造成的結果。但這也證明MS一旦登上歷史舞台，那麼就不可能恢復到從未出現過的狀態。

就進展到敖得薩作戰之前的地面反攻行動來說，包含WB隊在內幾乎都是進行局地戰，在此暫且不表，但至少可以確認的是，聯邦軍很清楚就算不以MS作為主力，要進行地面反攻作戰還是可行的。這點從成為重新改寫地球勢力分布圖分水嶺的敖得薩作戰即可獲得佐證，畢竟該作戰是在以飛機和戰鬥車輛等傳統兵器為主體的編制下展開行動。

從聯邦軍的立場來看，MS在地面上的威脅性說穿了其實不如進行太空戰鬥時那麼高※。雖然在地面上進行運用之際，薩克Ⅱ確實未能百分百發揮原有的性能，不過這方面的問題其實出在補給停滯造成運作率偏低，以及原本就不適合地面環境的設計導致損耗率激增上。就結論來說，MS即使在地面上也能發揮十足的戰鬥力沒錯，卻無從像魯姆戰役一樣造成決定性的敵我戰力差距，總之就是如此。聯邦軍整合藉由擄獲薩克Ⅱ取得的運用資料，以及在反攻作戰中累積的對MS地面戰相關經驗後，對於MS在地面上的戰力做出評價。這份評價非常正確，就結果來說也引領敖得薩作戰邁向勝利，更成了促使整體方針轉向著眼於作為宇宙決戰兵器運用進行研發的決定性要素。

在敖得薩作戰中，聯邦軍陣營確實也經歷一番不能用損失輕微來形容的苦戰，不過既然後續作戰需要以地球民意作為後盾，勢必得盡快分出勝負才行。儘管發生作戰實施時期延遲、艾爾蘭中將背叛通敵之類的阻礙，最後仍成功地獲得勝利，這很明顯地是奠基於聯邦軍所做的正確敵我戰力分析。聯邦軍的反攻作戰之所以能夠成功，可說是投注所有能夠邁向成功的努力所致。

※吉翁軍地面部隊
就吉翁軍在此時期的地面狀況來說，不僅補給線無從延伸，戰線上眾士兵也未能取得充分的食料和彈藥，可說是疲弊至極。除了掌握制空權的北美等局部地區，其餘地方的現有戰力運作率持續降低；隨著戰況陷入膠著，士氣也日益低落。聯邦軍也趁此機會重點性地運用傳統兵器，企求各個擊破。只要有61式戰車部隊可運用，即使不免伴隨損失，卻也足以摧毀一支3機編組的MS-06薩克Ⅱ小隊。這種踏實地逐一削弱敵方的戰術成功奏效，接連擊退吉翁地面軍，這也是聯邦軍為了展開大規模攻勢，而將主戰場侷限在特定地區的目的。

在大鍵琴作戰中，最重要的就是動用各種手段讓艦隊能逼近要塞。不過比起直接讓麥哲倫級和薩拉米斯級直接突擊登陸，不如交由搭載能力勝於前兩者，但攻擊與防禦力近乎零的哥倫布級執行這個任務，藉此盡可能安全地將MS部隊整體運抵要塞的絕對防衛圈。

運用帕布里克突擊艇散布光束擾亂膜也是其中的手段之一。另外，為了壓制住來自要塞的攻擊，因此亦配合艦隊逼近的時機動用太陽鏡系統進行攻擊。

就運用艦隊的層面來說，聯邦軍以艦隊組織為中心的編制本身和過去沒什麼兩樣，這也可說是為了成功執行作戰所需的秩序。雖然為了更有效地運用MS，的確實施諸多新戰略，不過大鍵琴作戰之所以能成功，維持舊有體制與秩序確實也發揮一定的效果。這場作戰的關鍵，正是如何在適當時機運用有限的資源，無論是有些許延遲，或是發生意料之外的狀況，這些都有可能成為導致失敗的風險。

儘管如此，攻陷所羅門並不到非常困難的程度。當時為以防萬一，身為所羅門守衛隊負責人的德茲爾・薩比曾申請支援，但吉翁本土卻袖手旁觀。沒有餘力分散戰力的確是事實，但基連總帥和據守格拉納達的基西莉亞少將向來以聰穎狡猾見長，這次誤判戰局發展也是原因所在。他們都相對地樂觀認為聯邦軍會採取跳過所羅門的進攻路線。

另外，誘餌船艦導致難以判斷主力行進路線亦是原因所在。這也使得吉翁軍不得不將戰力分散到SIDE 3本土、阿・巴瓦・庫、格拉納達這幾處要地。

攻陷所羅門證明聯邦軍的戰略選擇相當正確。此時吉翁軍早已在地球上失去諸多熟練的駕駛員，聯邦軍則是儘管MS部隊的熟練程度不算高，卻相當驍勇善戰。雖然雙方的疲弊程度可說是已到達極限，不過就這個階段來說，吉翁方面已是名副其實的「吉翁無兵」。相對地，聯邦軍的損耗幅度仍在設想範圍內，因此馬不停蹄地接著展開星一號作戰。

■最後局面與其後

阿．巴瓦．庫攻略戰 ——通稱星一號作戰乃是於12月29日展開的。就運用MS的觀點來看，這場作戰運用的戰術和所羅門攻略戰時相同，並沒有需要特別說明之處。

有些聯邦軍MS駕駛員是在所羅門攻略戰中才首度經歷對MS戰，雖然到星一號作戰時多少已經比較習慣了，但這兩場作戰之間幾乎沒有準備時間可言，因此離熟練的程度還有一段距離。況且連同MS駕駛員在內，艦隊乘組員對戰鬥也還不夠熟悉。

即使如此，搭乘福柏號※的雷比爾將軍等艦隊司令總部也毫不猶豫地下令展開作戰。畢竟就數量、理論等各方面來說，攻陷阿．巴瓦．庫所需的必要條件都已經到齊了。另外，亦有非得盡快進行不可的理由。那就是雖然攻陷所羅門對地球民眾來說是個天大的好消息，但這種好戰氣氛難以持續長久。一旦整體情況開始好轉，希望早日平息戰爭的呼聲就會與日俱增。

然而星一號作戰發生聯邦軍完全料想不到的狀況。那就是局勢並未往德金．薩比投降並進行談和的方向發展，而是太陽雷射砲朝向銜接起所羅門和阿．巴瓦．庫的傑爾多瓦線發射。

此事件的重點在於聯邦軍即使失去雷比爾將軍，在組織上的聯繫與依循原令執行作戰方面均毫無動搖一事。巧合的是，將軍原本就希望能穩健地以舊有秩序為基礎去發展嶄新概念，這樣一來就算自己不在其位也可有效地發揮機能。

星一號作戰是緊接著在所羅門攻略戰後展開，理所當然地也有不少船艦跟不上進度。不過並未像敖得薩作戰時那麼混亂，就整體來說仍能相當有系統地運用艦隊。與其說是靠著壓倒性的資源獲勝，不如稱為是適當用兵的策略成功奏效。

在星一號作戰結束後，聯邦軍初期MS的任務也近乎告一段落。聯邦軍MS在一年戰爭期間便研發諸多衍生機型並投入實戰，可說是為MS這種兵器體系的日發展大致奠定方向。

當投入局地戰時，MS的優劣便足以左右勝負，這點已獲得證明，因此即使到了戰後，具體提升MS的性能依舊是研發課題所在。既然要作為主力MS，那麼具備高度通用性可說是先決條件所在，這種發展方向可說是與初期的RGM-79吉姆截然不同。畢竟投入大批資源以求攻陷據點的攻略戰本身幾乎已不復存在，會有這種發展也是理所當然之事。

聯邦軍對MS抱持的想法相當合理，不管再怎麼說，這終究只是軍事力整體中的一個要素，事實上也是如此看待的。為了顛覆軍事力上的劣勢，吉翁軍則是完全仰賴MS的先進性，這可說是雙方的重大差異所在，而且從戰爭期間到戰後都完全沒有改變。更進一步來說，現今研發新MS亦受到聯邦的政治和經濟等要素影響。話雖如此，經歷一年戰爭之後，在以太空殖民地為中心的宇宙生活圈裡，無論是作為警力或戰爭抑制力，MS都是不可或缺的存在，這點無庸置疑。一年戰爭可說是證實這件事的原點所在。聯邦軍的軍體制也不得不逐漸轉變成以MS為主體。

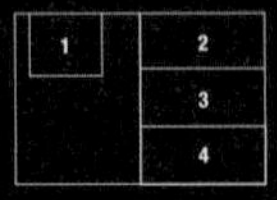

1：持拿後期型光束噴槍的RGM-79B，這挺武裝為提高光束彈聚焦率的型號。這張照片是在U.C.0080年1月1日時，由參與休恩登攻略戰的戰地記者拍攝。簽訂終戰協定後，該地的情報仍相當混亂，直到第二天都仍在進行激烈的戰鬥。

2：在月神2號周圍進行訓練巡邏的一支RGM-79A吉姆小隊。小隊單位基本上為3機編制，其中一架為前衛，另一架多半會為了擔綱支援任務而配備中距離射程火器。剩下的一架則介於兩者之間，會由技術較好的駕駛員負責，總和性地提升小隊的戰鬥力。各駕駛員的任務是由小隊長裁量分派，其中亦有交給部下負責支援，自己親任前衛，進而擊墜諸多敵機的強悍人物。

3：為攔截從休恩登發射上太空的HLV而緊急布陣的RGM-79C。偵測發現疑似有試圖接應HLV的船艦存在，因此以雙手各持一挺360mm火箭砲的重裝備狀態出擊。結果該HLV並未飛向吉翁本土，而是採取彈道飛行逃往非洲大陸，導致攔截行動以失敗告終。

4：RGC-80為協調雙方簽訂終戰協定，於安曼上空進行警戒。為開戰點起狼煙的任務是由公國軍製MS擔綱，替戰爭收尾的作業則是由聯邦軍製MS見證。

※福柏號
雷比爾將軍搭乘的麥哲倫級戰艦，為聯邦軍艦隊的旗艦。

RGC-80吉姆加農

1：在衛星軌道上訓練的薩拉米斯改級呂北克號所屬RGC-80吉姆加農。第一艦隊麾下的呂北克號，在星一號作戰前夕於傑爾多瓦線上遭擊沉，無法不確定這架504號機是否有參與阿．巴瓦．庫攻略戰。在參與要塞攻略戰時，吉姆加農也會和一般吉姆一樣，配備光束噴槍和護盾搶灘登陸。

■中／長程支援MS的研發

在聯邦軍初期的MS研發計畫「V作戰」中，軍方經過一番摸索才擬定由三機種合作行動的MS運用構想。後來隨著講究研發、生產、前線運用等各方面的效率，該構想也逐漸顯得不切實際，因此最後歸納出運用二機種合作行動最為理想的結論。

在一年戰爭後期最重要戰略的吉翁要塞攻擊任務中，當身為突擊隊主戰力的RGM-79進攻時，勢必要有中／長程支援MS提供支援才行。達成這項共識後，各工廠也開始研發這類支援用的MS。RGC-80是由賈布羅生產的機種，整體零件設計上有六成與RGM-79共通，以便提升生產效率。同為賈布羅製的支援機，尚有RGM-79SC吉姆狙擊特裝型。雖然兩者投入目的相通，但機體概念上卻存在若干差異。相較於RGC-80一開始就是基於支援目的，RGM-79SC可說是以RGM-79本身的通用性為基礎，往支援機的方向修改而成。事實上，正是為了彌補RGC-80無法提供足夠數量的問題，以及企求降低造價，才會實行改造為SC型的計畫。另外，RB-79球艇同樣屬於二機種合作行動的要角，本身造價也較低，後來亦大量投入前線作為戰力。從這類匆忙擬定策略以對應新戰術的狀況可知，聯邦軍當時確實是煞費苦心。

RGC-80 GM CANNON

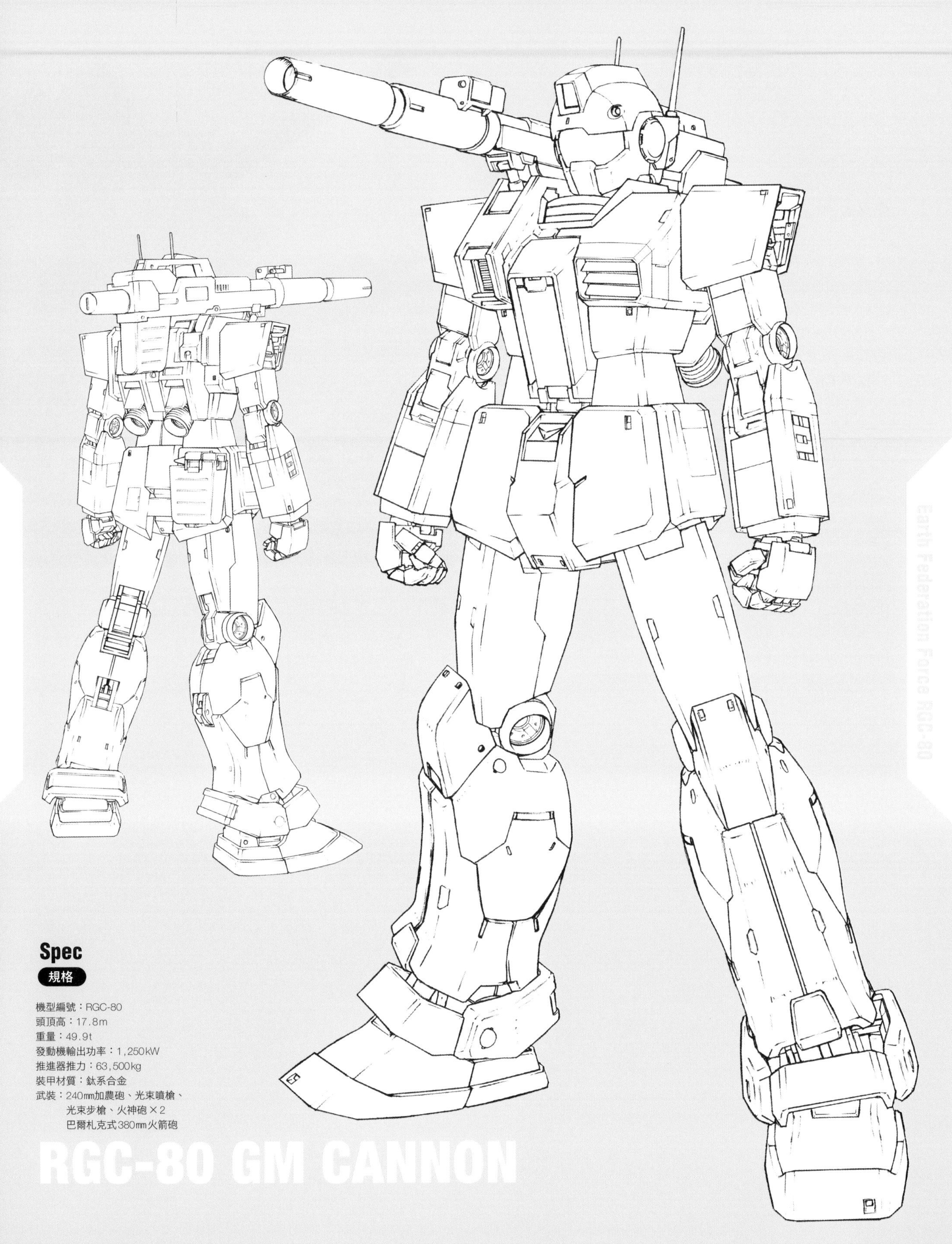

Earth Federation Force RGC-80

Spec

規格

機型編號：RGC-80
頭頂高：17.8m
重量：49.9t
發動機輸出功率：1,250kW
推進器推力：63,500kg
裝甲材質：鈦系合金
武裝：240㎜加農砲、光束噴槍、
光束步槍、火神砲×2
巴爾札克式380㎜火箭砲

RGC-80 GM CANNON

■混血的中程支援機

RGC-80吉姆加農是作為RX-77鋼加農制式採用型號，展開設計、研發而成的機種。雖然RX-77本身已是具備高完成度的中程支援機，在量產型號的規格制訂作業方面卻陷入困局。即使已經到了RGM-79生產線開始運作的U.C.0079年9月這個階段，該如何量產的方向卻仍舊不明朗。

隨著希望盡快開始生產中程支援機的聲浪日益高漲，賈布羅工廠的技術團隊也下了一個決定。那就是暫時中斷RX-77直系量產型號的設計，轉換路線改為製造盡可能沿用RGM-79零件的簡易量產型號。

這個計畫以RGC-80的形式獲得批准後，賈布羅工廠的技術團隊也立刻著手製造試作機。這架機體不僅以RGM-79為基礎換裝RX-77型的頭部組件，更重要的是為上半身配備2門360毫米火箭砲。至於B組件，亦即下半身則是幾乎完全未經修改，可說是相當粗糙的設計，不過姑且還是在U.C.0079年10月完成試作一號機。

在賦予RGC-80-1這組機型編號後，試作一號機隨即展開試驗運用。不過結果相當悽慘。儘管採用低後座力型火箭砲，機體卻還是承受不住射擊時產生的後座力，對於在重力環境下維持機體平衡的需求來說，這是有待解決的重大課題。

記取前述經驗，接著製造的試作二號機將火箭砲換成M-79E1這種長砲管型號，搭載數量也改為僅剩右肩處1門。另外，B組件也重新調整設計，經由為小腿設置左右分割式增裝裝甲改善重量平衡的問題。經由這一連串修改設計，RGC-80成功地確保穩定性，再進一步變更頭部組件的設計後，量產型號的規格也就此定案。接著也運用設置在賈布羅的RGM-79生產線開始量產，在戰爭結束前至少製造58架。

就戰後公布的資料來看，可以獲知在總數58架機體當中，有34架分派給陸軍，24架分配至宇宙軍。而在分發給宇宙軍的機體中，提安姆艦隊共有14架，雷比爾艦隊共有10架。附帶一提，亦留有雷比爾艦隊所屬機中有約半數修改為了RGC-80S規格的紀錄。S型是腿部比照SC型設置輔助推進裝置的型號，也被稱為空間突擊規格。這種型號的背部主推進器同樣加大尺寸，在無重力環境下能發揮高度機動力。

■賈布羅一共運送6架RGC-80至北美地區。當北美局勢大致底定的同時，其中有一半轉戰非洲大陸。

增裝裝甲是以左右夾組方式，將作為基礎的RGM-79型腿部組件包覆住。其目的與其說是保護腿部，不如稱是藉此將重心調往機體下方，以求提高砲擊時的穩定性。

吉姆加農的下半身基礎設計幾乎完全保留RGM-79原樣。為了使射擊姿勢更穩定，下部骨架沿襲RX-77系設計重新設計，因此外裝零件也採用形狀與RX-77系相似的版本。小腿背面中央部位有著外露的凸緣，屬於內骨架的一部分，可將抑制射擊後座力的支架或配重物裝設於此，為具備擴充性的構造。

保護踝關節的裝甲通常只會遮擋正面和側面，不過RGC-80為背面追加1片增裝裝甲，作為穩定重心的配重物。這部分會對裝甲連接基座的驅動馬達造成較大負荷，使該處成為整備時的檢修重點項目之一。

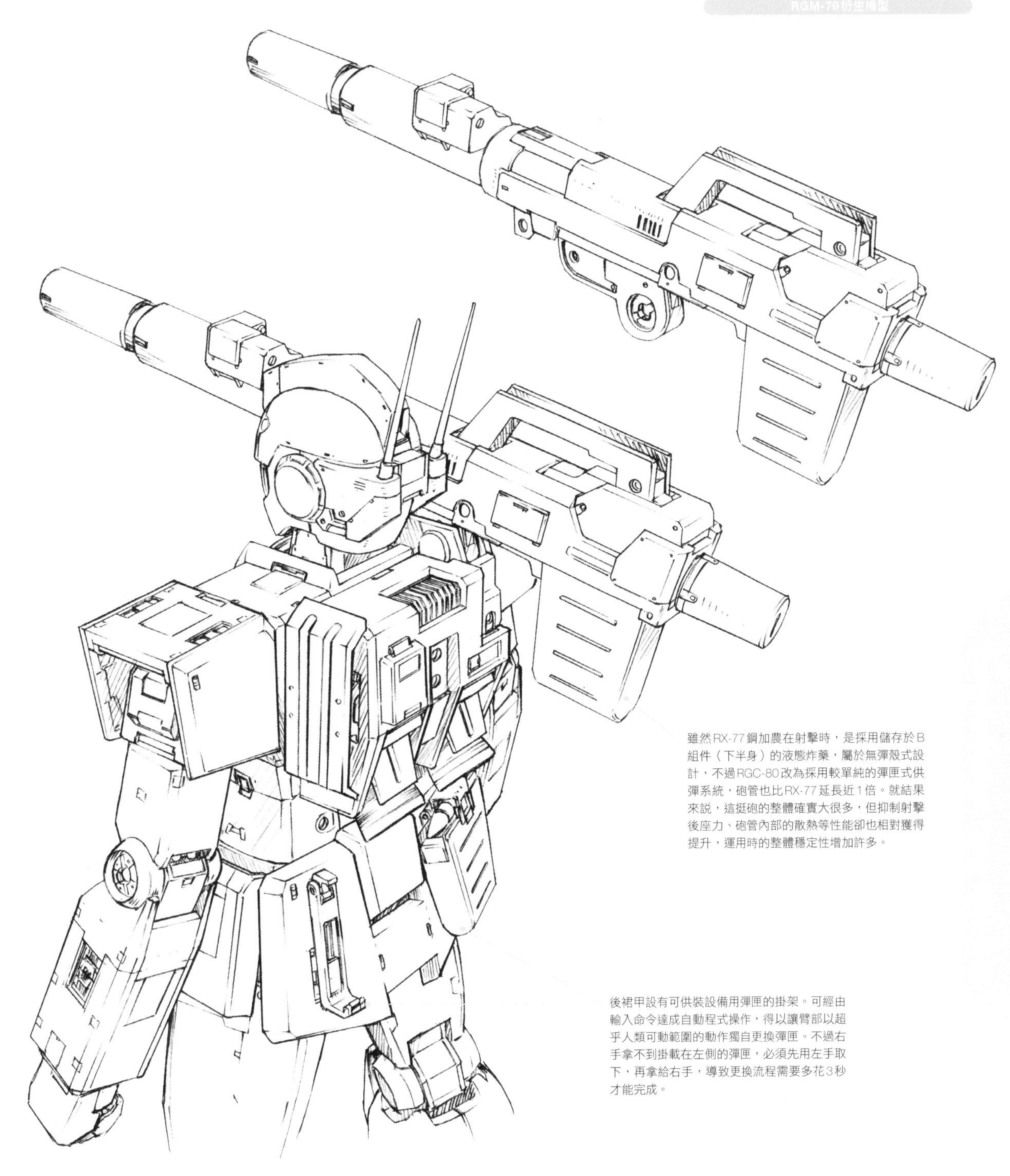

雖然RX-77鋼加農在射擊時，是採用儲存於B組件（下半身）的液態炸藥，屬於無彈殼式設計，不過RGC-80改為採用較單純的彈匣式供彈系統，砲管也比RX-77延長近1倍。就結果來說，這挺砲的整體確實大很多，但抑制射擊後座力、砲管內部的散熱等性能卻也相對獲得提升，運用時的整體穩定性增加許多。

後裙甲設有可供裝設備用彈匣的掛架。可經由輸入命令達成自動程式操作，得以讓臂部以超乎人類可動範圍的動作獨自更換彈匣。不過右手拿不到掛載在左側的彈匣，必須先用左手取下，再拿給右手，導致更換流程需要多花3秒才能完成。

■RGC-80的武裝

根據提高與RGM-79的零件共通率，從而確保生產性的基本方針，RGC-80和初期型RGM-79 樣搭載輸出功率為1,250千瓦的發動機。基於這點，主兵裝並未採用需要高輸出功率的光束步槍，而是選擇配備BR-M-79C-1光束噴槍。另外，基於中程支援機的性質，並未配備射程不足的光束噴槍，改為攜行巴爾札克式380毫米火箭砲的例子也很常見。

附帶一提，為了賦予與RX-77同等的中／長程狙擊能力，亦研發以能夠配備XBR-L-79型狙擊用光束步槍為目標的機體。這架被稱為RGC-80-3的機體搭載1,380千瓦級高輸出功率發動機。雖然這種規格的機體至少製造5架，卻因花了不少時間調整，完成前夕戰爭就已宣告結束。附帶一提，這些機體在戰後施加懸吊式座椅等改良，並分發給隸屬賈布羅基地的俘虜部隊※使用。

※俘虜部隊
一年戰爭時，有些吉翁公國軍部隊在交戰過程中投降，成為聯邦軍的戰俘。這類部隊部分在戰後直接整編為聯邦軍旗下的部隊，在格里普斯戰役時留守（被留在）賈布羅直到最後的殺人蜂隊正是一例。該部隊原是吉翁軍在一年戰爭中展開地球空降作戰之際投入非洲戰線的部隊，成為聯邦軍部隊後，也因機種換乘獲得分發吉姆II。俗稱俘虜部隊的他們在聯邦軍中通常待遇很差，在賈布羅刻意唱空城計之際，為了不使幽谷察覺，因此留下最低限度的戰力，其中絕大多數都是這類俘虜部隊。

LUNA II Defence #303 Squadron

月神2號防衛第303輕防空中隊所屬機

RGM-79A #302

宇宙艦隊在開戰初期遭到毀滅性打擊後，殘存戰力在月神二號重新整編，9月時已大致分為兩大部隊，也就是月神二號「對外」的駐留艦隊，以及留守母港的防衛部隊。這架機體隸屬後者，負責任務包括攔截強行偵察的零星公國軍機體。

009 Space Fleet LUNA II Stationing Force

RGM-79[E] #913

月神2號駐留，第9宇宙艦隊所屬機

以月神二號為母港的艦隊中，此為最快部署MS的部隊之一。隸屬於第九宇宙艦隊的薩拉米斯級巡洋艦「獅子山號」，在U.C.0079年10月3日領收3架RGM-79[E]後，為了制訂在艦底面進行艦外整備作業的安全規範，因此反覆進行近乎實戰的訓練。這架機體雖然未能參與實戰，不過對於初期的MS駕駛員培育，以及整備成員培育都有極大的貢獻。

MS 02 Experimental Unit

第2試驗MS中隊所屬機

RGM-79B #X23

這支部隊駐守賈布羅基地，主要任務為替總部基地併設賈布羅工廠研發的機體進行各種試驗。這架機體在U.C.0082年就已試驗性地裝設全周天螢幕，日後也就用以收集螢幕顯示用CG運算軟體的相關資料。本機並未裝設懸吊式座椅，操縱席座椅仍是沿用一般的戰爭期間型號。

Earth Federation Force MOBILE SUIT RGM SERIES COLOR VARIATIONS

吉姆配色版本

Murasame Lab. Unit

RGM-79A #04

村雨研究所部署機

隨著U.C.0084年展開的年度汰換，這架機體也從第一線退了下來，分發給於0082年設立並展開新人類研究的村雨研究所，作為假想敵機體度過餘生。該研究所在研發腦波傳導裝置搭載型MS，不時進行實際機體、實彈的戰鬥實驗，因此本機也就反覆投入這類嚴苛任務中。後來在0085年進行的實驗中，每當新型機要試射MEGA粒子砲時就會充當靶機，就此走上遭到摧毀的末路。

European Area Army MS 01 Airborne Brigade

歐洲方面軍．第1空降MS師所屬機

RGM-79[G] #102

這支部隊是為了開拓用MS進行空降作戰的新戰術而創設，在追擊攻陷敖得薩後接連竄逃的公國軍殘黨時立下不少戰果。當時搭乘米迪亞運輸機趕往戰鬥區域，利用降落傘空降迅速布陣，阻止公國軍打算集結於基輔的行動，對於解放該地有著極大貢獻。深入敵陣直接空降、如同鬥犬般剽悍戰鬥的身影，使該部隊獲得「古鬥牛犬群」的稱號。

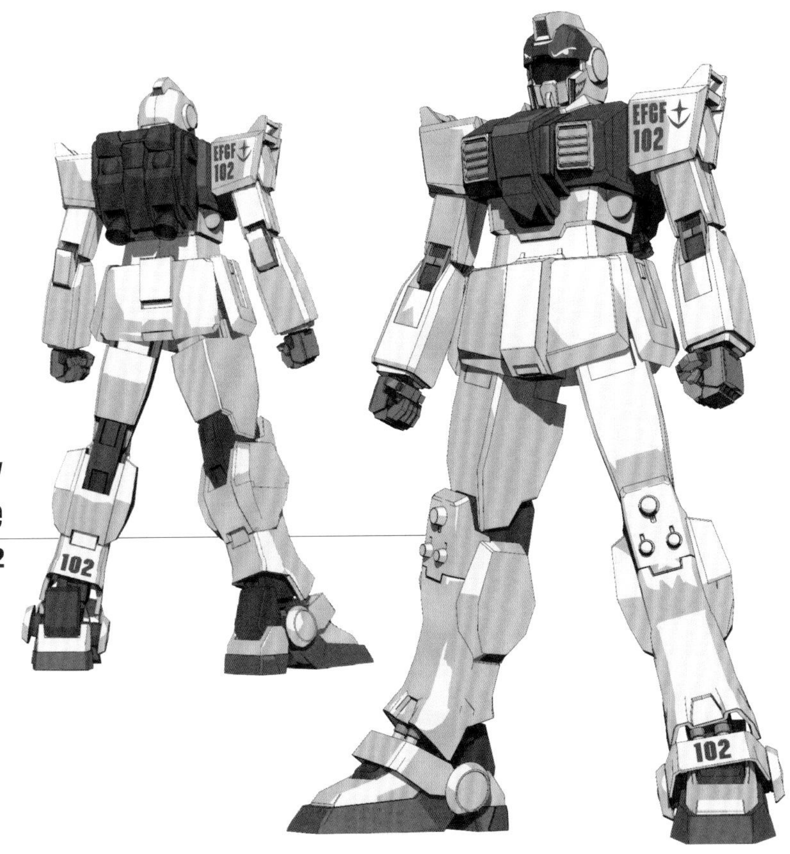

006 Space Fleet MS 01 Company #103 Squadron

第6機動艦隊・第1MS中隊103小隊鹿島優中尉座機

RGM-79GS #302

U.C.0079年12月31日展開的阿・巴瓦・庫攻防戰中，可確認到這架機體參與行動。在前一天遭到太陽雷射砲攻擊，導致第一聯合艦隊損失大半後，聯邦軍連忙重整殘存艦隊。第六機動艦隊的編制也因此有了大幅更動。圖中為連同母艦一同被編入第六機動艦隊的鹿島優中尉（當時）座機。該中尉在阿・巴瓦・庫這場激戰中至少留下擊毀5架MS和2架航宙機的紀錄。另外，亦合作擊沉1艘巡洋艦。

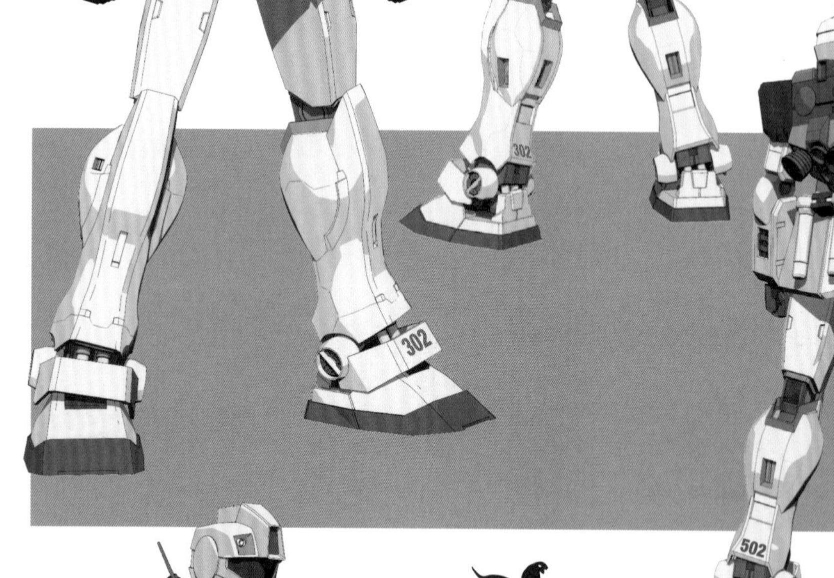

Arizona Base Defense Side4 Stationing Force

RGM-79G #502

SIDE 4駐留・亞利桑那基地防衛隊所屬機

在戰後復興的SIDE 4第二十五號殖民地「亞利桑那」，為了保管接收的舊公國軍機體，並提防企圖奪取這些機體的舊公國系殘黨勢力，因此部署中隊規模的MS部隊。圖中是用於執行防衛任務的其中一架，武裝為配合殖民地內戰鬥而調整火藥量的低威力90毫米機關槍。

003 Space Fleet #12 Squadron

RGM-79GS #126

第3宇宙艦隊・第12戰隊所屬機

第三艦隊在魯姆戰役中遭受毀滅性打擊後，殘存船艦改為編入第二、第九、第十等各艦隊，使得該艦隊有一段時間呈現除名狀態。直至U.C.0079年12月，才以濱松計畫下建造的船艦為中心重新編制這支艦隊。該艦隊麾下的第十二戰隊是以月神二號為母港，因此領收甫出廠的全新GS型。圖中這架機體的胸部和靴子為黃紅色，這種塗裝在月神二號駐留艦隊裡是很常見的配色模式之一。

Far Eastern ARMY

RGM-79[G] #413

遠東方面軍所屬機

這是於拉薩攻略戰時臨時編組，在皮耶．賈爾伯特少尉指揮下由狙擊MS小隊使用的機體。雖然該小隊是由3架[G]型所組成，卻也都是在作戰前夕才連忙塗上暗綠色塗料。當時採用外部電源式長程光束步槍進行長程狙擊，支援嘗試攻進基地設施的友軍部隊，不過在公國軍MA的反狙擊下，包含賈爾伯特少尉座機在內的3架機體全數遭到擊毀。

Von Braun Defense MS 01 Company

馮．布朗防空MS中隊所屬機

RGM-79GS #101

U.C.0081年新編組的馮．布朗防空MS中隊，正如其名，主要任務是防衛月面都市馮．布朗，也是在月面經濟界重鎮群強烈要求下才設立，中隊長由在所羅門攻防戰中曾擊墜2架MS的詹姆斯．布萊德利．Jr.少校擔任。該中隊為RGM-79GS和RGM-79C的混編部隊，所屬機均仿效月面表岩塗裝成灰色。

European Area Army #06 Company MS Squadron

歐洲方面軍．第6軍所屬機

RGM-79[G] #612

第六軍在敖得薩作戰時負責攻略伊斯坦堡，於是試驗性地編制中隊規模的MS部隊。該部隊透過地中海艦隊以艦砲射擊作為掩護，成功地奪回伊斯坦堡，接著更直接南進，朝中東方面進軍；後來更編入非洲方面軍，執行雷電作戰。雖然歷經重重實戰後變得相當老練，亦立下不少戰果，卻也和公國軍MS一樣，在中東和非洲深受毫不留情襲擊關節部位的「沙塵」所苦。圖中是趕在進軍耶律哥方面之前重新塗裝成沙漠配色的狀態，當時仍隸屬歐洲方面軍。

North America Area ARMY #18 Independent Mechanized Complex force

北美方面軍．第18獨立機械化混編部隊所屬機

RGM-79D #221

這架機體隸屬於U.C.0079年12月，為執行奪回加州作戰才臨時編組的第十八獨立機械化混編部隊。這支部隊是由在阿拉斯加基地受訓的新人駕駛員組成，領受的機體為D型。在12月15日展開作戰後，為了支援主力部隊，負責攻擊位於加州近郊的飛彈基地。當時不僅擊毀馬傑拉攻擊戰車等7輛戰鬥車輛，更抵達攻擊目標並完成任務。後來該部隊也在北美持續奮戰。不過到了U.C.0080年2月，隨著北美方面軍重整編制，該部隊也陷入半解散狀態。

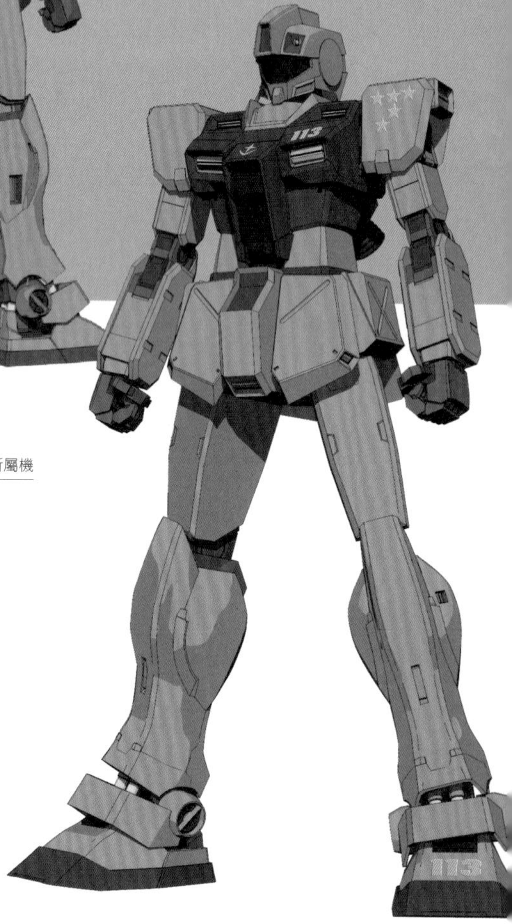

Belfast Base Stationing Force MS 02 Squadron

貝爾法斯特基地駐留．第2MS戰鬥團所屬機

RGM-79D #008

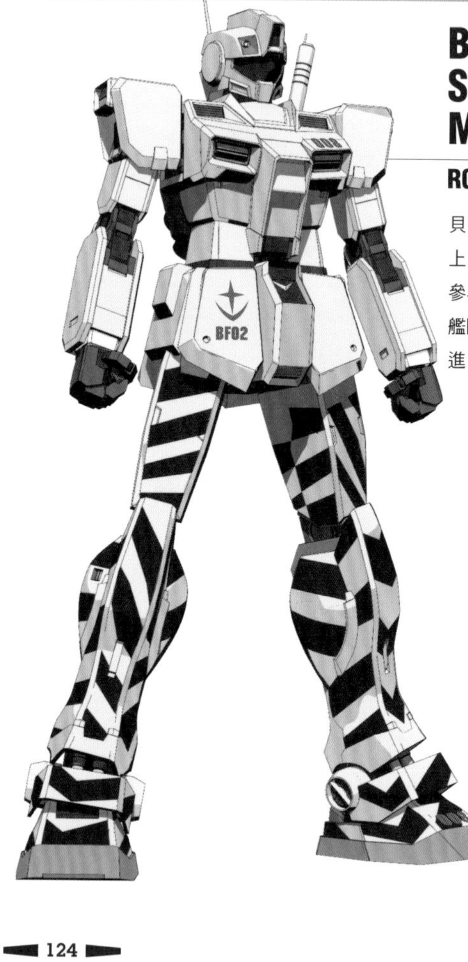

貝爾法斯特為聯邦軍在歐洲的重要據點之一，到了12月上旬時也正式編制MS部隊。這支部隊獲得分發D型，並參與自12月12日展開的「新英格蘭登陸作戰」。在大西洋艦隊的運輸下，他們從東岸登陸北美，一路穿越五大湖西進，支援北美方面軍進擊。

Kilimanjaro Base Stationing Force MS 01 Company

吉力馬札羅基地駐留．第1防空MS中隊所屬機

RGM-79G #113

坦尚尼亞地區吉力馬札羅一帶有大規模的太空港口，該地在大戰期間遭吉翁軍占領。聯邦軍在大戰後期奪回此處，戰後持續推動建設為大規模軍事基地的計畫，得以在非洲最高峰設置重要據點。這支部隊曾參與大戰後期的非洲掃蕩作戰，歸來後成為非洲方面軍系的母體，打從編制組成之初就獲得分發G型。後來也持續運用G型，直到換乘RMS-106高性能薩克。

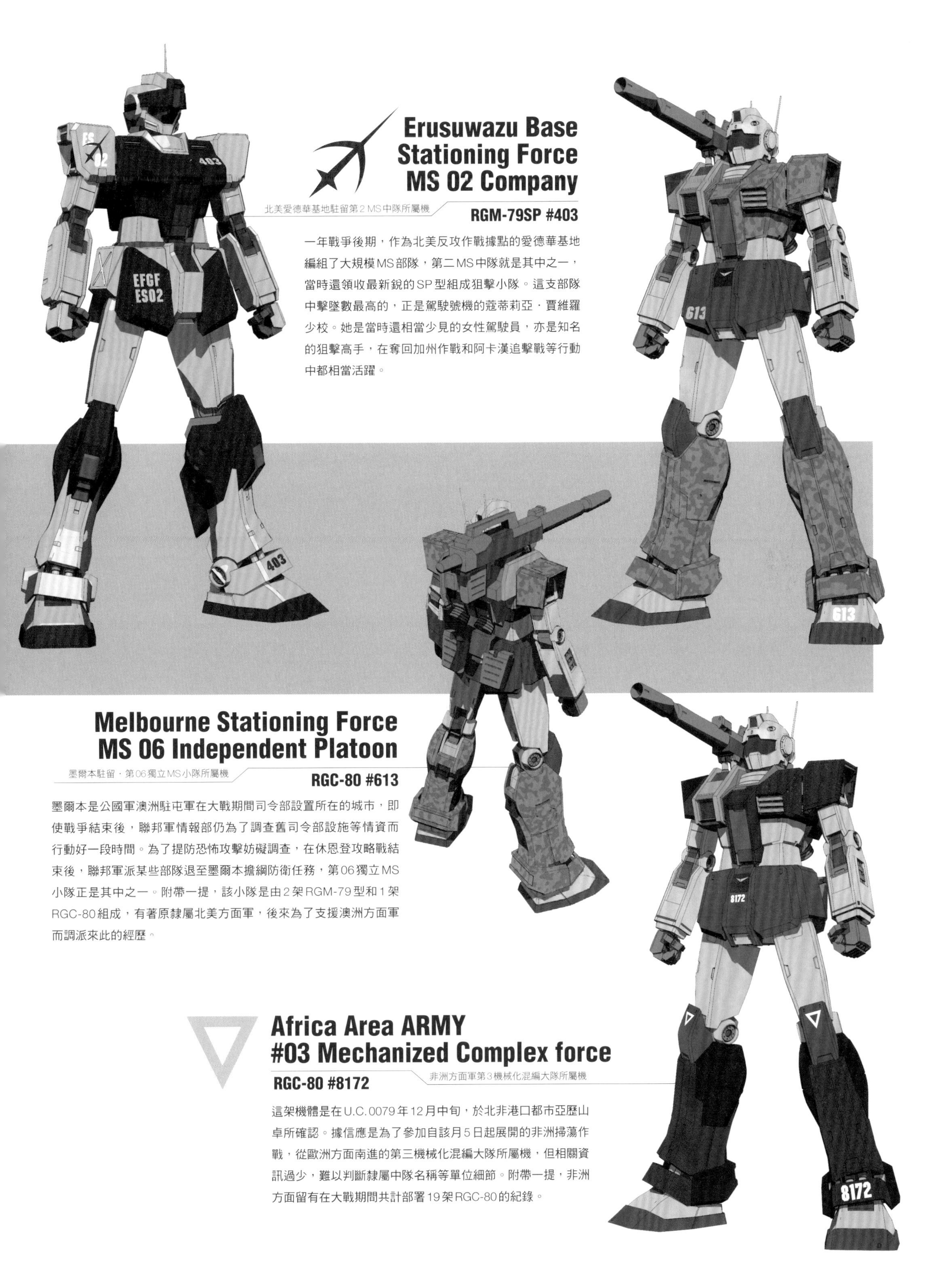

Erusuwazu Base Stationing Force MS 02 Company

北美愛德華基地駐留第2MS中隊所屬機

RGM-79SP #403

一年戰爭後期，作為北美反攻作戰據點的愛德華基地編組了大規模MS部隊，第二MS中隊就是其中之一，當時還領收最新銳的SP型組成狙擊小隊。這支部隊中擊墜數最高的，正是駕駛號機的蔻蒂莉亞．賈維羅少校。她是當時還相當少見的女性駕駛員，亦是知名的狙擊高手，在奪回加州作戰和阿卡漢追擊戰等行動中都相當活躍。

Melbourne Stationing Force MS 06 Independent Platoon

墨爾本駐留．第06獨立MS小隊所屬機

RGC-80 #613

墨爾本是公國軍澳洲駐屯軍在大戰期間司令部設置所在的城市，即使戰爭結束後，聯邦軍情報部仍為了調查舊司令部設施等情資而行動好一段時間。為了提防恐怖攻擊妨礙調查，在休恩登攻略戰結束後，聯邦軍派某些部隊退至墨爾本擔綱防衛任務，第06獨立MS小隊正是其中之一。附帶一提，該小隊是由2架RGM-79型和1架RGC-80組成，有著原隸屬北美方面軍，後來為了支援澳洲方面軍而調派來此的經歷。

Africa Area ARMY #03 Mechanized Complex force

RGC-80 #8172

非洲方面軍第3機械化混編大隊所屬機

這架機體是在U.C.0079年12月中旬，於北非港口都市亞歷山卓所確認。據信應是為了參加自該月5日起展開的非洲掃蕩作戰，從歐洲方面南進的第三機械化混編大隊所屬機，但相關資訊過少，難以判斷隸屬中隊名稱等單位細節。附帶一提，非洲方面留有在大戰期間共計部署19架RGC-80的紀錄。

Madras Base #21 Defense Force

RGM-79SP #211

吉力馬札羅基地駐留・第1防空MS中隊所屬機

有鑑於吉翁公國軍發動地球進攻作戰的慘痛教訓，空軍在戰後為了攔截自大氣層外空降的敵機，因此就防空範疇引進MS。除了利用既有的飛彈建構防衛網、運用增設推進器的戰鬥機高高度攔截外，亦規劃引進ORX-005蓋布蘭型的高高度攔截機種。不僅如此，為避免漏網之魚，亦隨之展開地對空狙擊的相關研究。駐屯於馬德拉斯基地的第二十一防空戰隊於U.C.0081年獲得分發SP型。此後便不斷磨練運用光束步槍狙擊大氣層外空降物體的技術。

Oakley Base MS 03 Experimental Unit

奧克利基地第3評價試驗MS中隊所屬機

RGM-79C #T06

北美奧克利基地有運用舊公國軍機體和研發中新型機進行評價試驗的部隊駐屯。屬於戰後規格中心的C型也經常會分發給這類評價部隊，以便作為各新型武裝和增裝裝備的測試平台。圖中重現的機體就是其中之一，自U.C.0084年起便投入新型光束軍刀的運用試驗，以及評價舊公國軍機體的模擬戰等任務。

VIC WELLINGTON

AE Anaheim Electronics

TAKIM

Bois

THUMSONICIUM

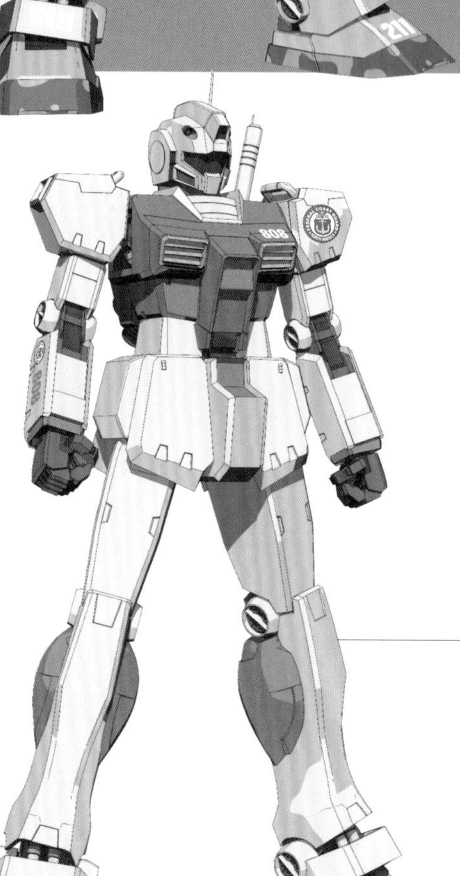

Federal Coast Guard North America Branch District 8 MS Squadron

FEDERAL COAST GUARD 1876 NORTH AMERICA

RGM-79C #808

聯邦海岸防衛隊北美支部第8管區MS隊所屬機

儘管罕為人知，不過除了陸、海、空、宇宙這四個軍種之外，聯邦裡尚有其他具備MS的準軍事組織，司掌海上、大規模河川、湖泊等處治安的海岸防衛隊就是其中之一。雖然規模相當小，不過在戰後也編制MS部隊。其創設背景是因應為數不少未解除武裝且四處逃竄的公國軍潛水艦隊。圖中是總部設置於紐奧良，北美支部第八管區MS部隊運用的機體，負責執行路易斯安那一帶大規模河川的警戒任務。

#08 Air Force MS 47 Squadron

RGM-79R #4712

第8空軍・第47航空團所屬機

總部設在夏威夷群島、聯邦空軍第八空軍旗下第四十七航空團所屬機。第四十七航空團於U.C.0086年領收RGM-79R，隨著雨搭配輔助飛行系統的德戴改合作行動，得以涵蓋更為廣大的區域。空軍系MS部隊向來對陸軍系MS部隊抱持強烈的競爭意識，在聯合演習的模擬戰中經常激烈交鋒。在每兩年舉辦一次，且環太平洋地區駐留部隊都會與會的綜合機動演習中，這支空軍方面的頂尖部隊總是磨拳擦掌躍躍欲試。附帶一提，這支部隊在U.C.0087年的內亂中，選擇協助迪坦斯陣營。

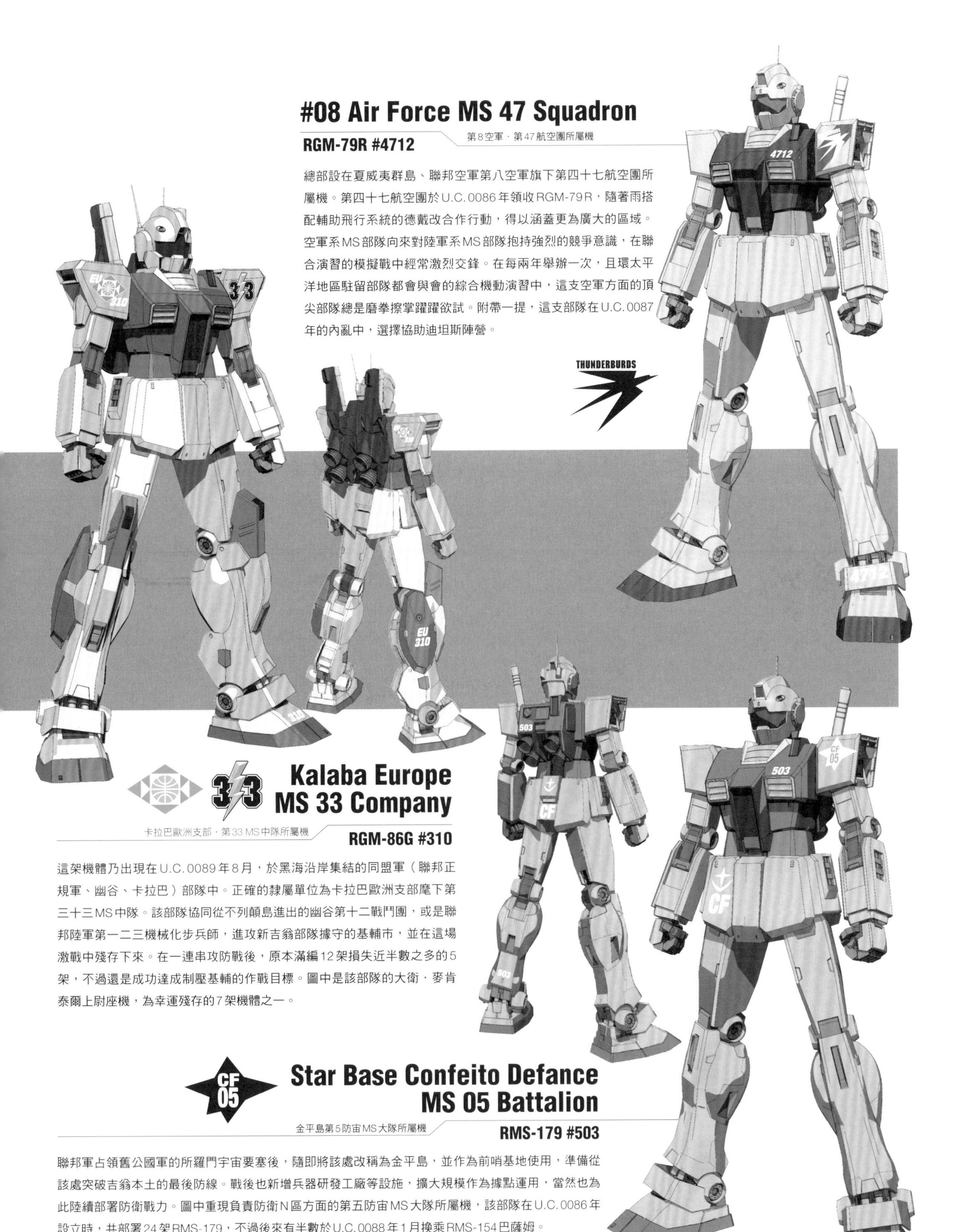

Kalaba Europe MS 33 Company

卡拉巴歐洲支部・第33 MS中隊所屬機

RGM-86G #310

這架機體乃出現在U.C.0089年8月，於黑海沿岸集結的同盟軍（聯邦正規軍、幽谷、卡拉巴）部隊中。正確的隸屬單位為卡拉巴歐洲支部麾下第三十三MS中隊。該部隊協同從不列顛島進出的幽谷第十二戰鬥團，或是聯邦陸軍第一二三機械化步兵師，進攻新吉翁部隊據守的基輔市，並在這場激戰中殘存下來。在一連串攻防戰後，原本滿編12架損失近半數之多的5架，不過還是成功達成制壓基輔的作戰目標。圖中是該部隊的大衛・麥肯泰爾上尉座機，為幸運殘存的7架機體之一。

Star Base Confeito Defance MS 05 Battalion

金平島第5防宙MS大隊所屬機

RMS-179 #503

聯邦軍占領舊公國軍的所羅門宇宙要塞後，隨即將該處改稱為金平島，並作為前哨基地使用，準備從該處突破吉翁本土的最後防線。戰後也新增兵器研發工廠等設施，擴大規模作為據點運用，當然也為此陸續部署防衛戰力。圖中重現負責防衛N區方面的第五防宙MS大隊所屬機，該部隊在U.C.0086年設立時，共部署24架RMS-179，不過後來有半數於U.C.0088年1月換乘RMS-154巴薩姆。

MASTER ARCHIVE
EARTH FEDERATION FORCE
MOBILESUIT RGM-79 GM

VOLUME ONE

STAFF

Mechanical Illustrations

瀧川虚至　Kyoshi Takigawa

Writers

大脇千尋　Chihiro Owaki
岡島正晃　Masaaki Okajima
大里 元　Gen Osato
上石神威　Kamui Kamiishi
橋村 空　Kuu Hashimura

CG Modeling Works

ハギハラシンイチ　Shinichi Hagihara(number4 graphics)
後藤ユタカ　Yutaka Gotou

Pilot Suit Illustrations

しらゆき昭士郎　Syoushirou Shirayuki

Photographer

GA Graphic編集部　GA Graphic

SFX Works

GA Graphic編集部　GA Graphic
ハギハラシンイチ　Shinichi Hagihara(number4 graphics)

Cover & Design Works

ハギハラシンイチ　Shinichi Hagihara(number4 graphics)

Editors

佐藤 元　Hajime Sato
村上 元　Hajime Murakami
小芝龍馬　Ryoma Koshiba
原 毅彦　Takehiko Hara

Adviser

上石神威　Kamui Kamiishi
石井 誠　Makoto Ishii

Special Thanks

株式会社サンライズ　SUNRISE Inc.

草刈健一　Kenichi Kusakari

※背景写真提供
佐藤 充　Mitsuru Sato

機動戰士終極檔案 RGM-79 吉姆

出版　楓樹林出版事業有限公司
地址　新北市板橋區信義路 163 巷 3 號 10 樓
郵政劃撥　19907596 楓書坊文化出版社
網址　www.maplebook.com.tw
電話　02-2957-6096
傳真　02-2957-6435
翻譯　FORTRESS
責任編輯　江婉瑄
內文排版　楊亞容
港澳經銷　泛華發行代理有限公司
定價　380 元
初版日期　2020年5月

國家圖書館出版品預行編目資料

機動戰士終極檔案RGM-79吉姆 / GA Graphic作；FORTRESS翻譯. -- 初版. -- 新北市：楓樹林, 2020.05　面；　公分

ISBN 978-957-9501-66-8（平裝）

1. 玩具 2. 模型

479.8　109002695